Die Genehmigung der Durchführung von Großraum- und Schwertransporten

ERLANGER SCHRIFTEN ZUM ÖFFENTLICHEN RECHT

Herausgegeben von Max-Emanuel Geis, Heinrich de Wall,
Markus Krajewski, Bernhard W. Wegener, Andreas Funke
und Jan-Reinard Sieckmann

Band 5

PL ACADEMIC RESEARCH

Adolf Rebler

Die Genehmigung der Durchführung von Großraum- und Schwertransporten

PL ACADEMIC RESEARCH

Bibliografische Information der Deutschen Nationalbibliothek
Die Deutsche Nationalbibliothek verzeichnet diese Publikation in der Deutschen Nationalbibliografie; detaillierte bibliografische Daten sind im Internet über http://dnb.d-nb.de abrufbar.

Zugl.: Erlangen-Nürnberg, Univ., Diss., 2013

Umschlagabbildung:
Historisches Siegel der Universität Erlangen-Nürnberg.

Gedruckt auf alterungsbeständigem,
säurefreiem Papier.

D 29 (n2)
ISSN 2192-8460
ISBN 978-3-631-64859-9 (Print)
E-ISBN 978-3-653-03858-3 (E-Book)
DOI 10.3726/ 978-3-653-03858-3

PL Academic Research ist ein Imprint der Peter Lang GmbH.

Peter Lang – Frankfurt am Main · Bern · Bruxelles · New York · Oxford · Warszawa · Wien

Dieses Buch erscheint in einer Herausgeberreihe bei PL Academic Research und wurde vor Erscheinen peer reviewed.

www.peterlang.com

Vorwort

Die vorliegende Arbeit wurde im August 2013 vom Fachbereich Rechtswissenschaft der Rechts- und Wirtschaftswissenschaftlichen Fakultät der Friedrich-Alexander-Universität Erlangen – Nürnberg als Dissertation angenommen. Rechtsprechung und Literatur konnten bis Dezember 2012 berücksichtigt werden.

Die Dissertation entstand im Anschluss an ein Promotionsstudium „berufsbegleitend" neben meiner Tätigkeit bei der Regierung der Oberpfalz während ungezählter Nachmittage, Abende und Urlaubswochen.

Dies ist nun die Gelegenheit, all denjenigen zu danken, die mich während meiner vorbereitenden Studien und während des eigentlichen Promotionsverfahrens auf meinem nicht ganz immer leichten Weg begleitet haben.

Bedanken möchte ich mich zuerst bei Frau Ingrid Mümmler, die als Anlaufstelle im Sekretariat von Herrn Professor Dr. Geis immer als „guter Geist" zur Verfügung stand, und bei Frau Dagmar Schwarzbach vom Dekanat.

Dank sagen möchte ich auch meiner Übungsleiterin im Strafrecht, Frau Privatdozentin Dr. Gabriele Kett-Straub, die mir meine ersten Kontakte mit dem Strafrecht sehr erleichtert hat und die mir meine Scheu vor diesem für mich weitgehend unbekannten Rechtsgebiet durch gute Tipps und Literaturhinweise weitgehend nehmen konnte, und meinem Studienberater Herrn Dr. Martin Zwickel, der mir als „Externen" immer genau sagen konnte, was nun „wann und wo" noch zu erledigen war.

Ein ganz herzlicher Dank gebührt meinem Zweitgutachter, Herrn Privatdozenten Dr. Daniel Krausnick. Er nahm mich schon als Seminarleiter offen bei sich auf und stand auch danach noch mit Rat und Tat für mich bereit.

Mein ganz besonderer Dank aber gilt meinem Doktorvater, Herrn Professor Dr. Max-Emanuel Geis. Er war mir nicht nur ein Betreuer, sondern er setzte vor allem genug Vertrauen in einen Fachhochschulabsolventen, um diesem die Chance einer Promotion im Bereich der Rechtswissenschaften zu ermöglichen. Ohne ihn hätte dieses große Unterfangen schon niemals seinen Anfang nehmen können.

Widmen möchte ich dieses Buch meiner Frau Monika und meiner Tochter Michaela, die während der ganzen Zeit alle Probleme so weit wie möglich von mir ferngehalten haben, mir stets die Daumen drückten und mich auch während der schwierigsten Phasen zum Durchhalten bewegen konnten, weiterhin meiner Mutter und meinem 2006 verstorbenen Vater.

Maxhütte-Haidhof, Oktober 2013 *Adolf Rebler*

Inhaltsverzeichnis

Anlagen

I. Einleitung

Großraum- und Schwertransporte (GST) sind für eine funktionierende Wirtschaft unerlässlich. Ob eine Turbine für ein Kraftwerk, ein Schiffsmotor, eine komplette Getränkeabfüllanlage, die Raumfähre „Buran“ und ein ausgemusteter Seenotrettungskreuzer für das Technikmuseum oder einfach „nur“ Langholz oder der Bagger der Baufirma vor Ort- all diese Transporte rollen über die Straße. Die größten und schwersten Transporte erreichen hierbei ein Gewicht von über 400 t und eine Länge von mehr als 60 m. Sie stellen damit Anforderungen an das Straßennetz, die weit über das Normalmaß hinausgehen – sowohl im Hinblick auf die Straßenbeanspruchung als auch hinsichtlich der Verkehrssicherheit[1]. Wie viele Transporte tatsächlich jährlich durchgeführt werden, ist nicht bekannt[2]. Eine bundesweite Statistik existiert nicht[3]. Schätzungen gehen davon aus, dass im Jahr rd. 500.000 Großraum- und Schwertransporter über Deutschlands Straßen fahren. Damit solche Transporte gefahrlos und mit möglichst geringen Behinderungen für den übrigen Verkehr und ohne Schäden an den Straßen abgewickelt werden können, ist ein komplexes Verwaltungsverfahren vorgesehen, das Fahrzeug und Ladung hinsichtlich des Fahrtwegs einer aufwändigen Verträglichkeitsprüfung unterzieht. Die Prüfung erfolgt anhand von Vorschriften der Straßenverkehrs-Ordnung – StVO (§ 22, § 29 Abs. 3, § 46 Abs. 1 Nr. 5), der Straßenverkehrs-Zulassungs-Ordnung – StVZO (§ 70 Abs. 1 Nr. 1) und des Straßenrechts (z. B. § 8 FStrG, Art. 18 i. V. m. Art 21 BayStrWG oder andere landesrechtliche Vorschriften über Sondernutzung). Den Abschluss des jeweiligen Verfahrens stellt der Erlass eines Verwaltungsaktes (Bescheides) dar, der zur Gewährleistung der Verkehrssicherheit mit

1 *Naumann*, Brücken und Schwerverkehr – wo sind die Grenzen?, Bauingenieur 2007, 326 sieht in den „exponential zunehmenden“ Genehmigungen von Schwertransporten vor allem das Problem, dass die „Grenzen der Belastbarkeit bei etlichen Brücken erreicht wird oder zumindest die Nutzungsdauer sich erheblich verkürzen wird.“

2 Forschungs-Informations-System (FIS) des Bundesministeriums für Verkehr, Bau und Stadtentwicklung: Schwertransporte in Deutschland, http://fis.server.de/servlet/is/231492/.

3 Siehe auch Antwort Nr. 4 der Bundesregierung auf die Kleine Anfrage der Abgeordneten Beckmeyer, Bartol, Burkert u. a., BT-Drucks. 17/5325 v. 01.04.2011.

einem Katalog von Nebenbestimmungen versehen ist. Trotz seiner enormen praktischen wirtschaftlichen und verkehrsmäßigen Bedeutung ist das „Phänomen" Schwertransporte unter verwaltungsrechtlichen Gesichtspunkten kaum näher untersucht worden. Bei der Genehmigung von Großraum- und Schwertransporten überschneidet sich „technisches Recht" mit Verwaltungsrecht. Die formelle und materielle Rechtslage soll im Folgenden anhand eines konkreten Beispiels dargestellt werden.

II. Definition des Großraum- und Schwerverkehrs

1. Ableitung des Begriffs aus den gesetzlichen Regelungen

Eine Legaldefinition des Begriffes „Großraum- und Schwerverkehr“ (GST) fehlt. § 29 Abs. 3 Satz 1 StVO spricht nur davon, dass der „Verkehr mit Fahrzeugen und Zügen, deren Abmessungen, Achslasten oder Gesamtgewichte die gesetzlich allgemein zugelassenen Grenzen tatsächlich überschreiten“, einer (gesonderten) „Erlaubnis bedarf“. Satz 2 der Vorschrift stellt diesen Fahrzeugen und Zügen Fahrzeuge gleich, deren Bauart dem Führer kein ausreichendes Sichtfeld lässt. Nach § 70 Abs. 1 Nr. 1 StVZO können die höheren Verwaltungsbehörden in bestimmten Einzelfällen oder allgemein für bestimmte einzelne Antragsteller Ausnahmen von den Vorschriften der §§ 32 (Abmessungen von Fahrzeugen und Fahrzeugkombinationen), 32 d (Kurvenlaufeigenschaften) und 34 (Achslast und Gesamtgewicht) StVZO genehmigen. Nur in der Überschrift der Verwaltungsvorschriften (VwV) zu § 29 Abs. 3 StVO erscheint ausdrücklich der Begriff „Großraum- und Schwerverkehr“. Randnummer (RN) 79 f. der VwV zu § 29 StVO[4] erläutert den Begriff „gesetzlich allgemein zugelassene Grenzen“, indem dort Bezug auf die Straßenverkehrs-Zulassungs-Ordnung (StVZO) genommen wird: „Fahrzeuge und Fahrzeugkombinationen, deren Abmessungen, Achslasten oder Gesamtgewichte die nach den §§ 32 und 34 StVZO zulässigen Grenzwerte überschreiten oder bei denen das Sichtfeld (§ 35 b Abs. 2 StVZO) eingeschränkt ist, bedürfen einer Ausnahmegenehmigung nach § 70 StVZO. Die Abmessungen eines Fahrzeugs oder einer Fahrzeugkombination[5] sind auch dann überschritten, wenn Vorschriften über die Kurvenläufigkeit (§ 32 d StVZO) nicht eingehalten werden.“

---

4 Diese Zitierweise der VwV hat des Bayerische Staatsministerium des Innern (BStMI) mit Schreiben (IMS) vom 26.07.1999 Nr. IC4-3611.08-4 für den Freistaat Bayern festgelegt.

5 Eine Fahrzeugkombination ist ein Sattel-Kfz oder ein Zug, also ein Kfz mit einem oder zwei Anhängern (§ 32 Abs. 4 StVZO).

§ 22 StVO (Ladung) enthält – vergleichbar insoweit der allerdings rein fahrzeugbezogenen Regelung des § 32 StVZO – Bestimmungen über die Abmessungen[6] von Fahrzeug mit Ladung. Danach dürfen Fahrzeug und Ladung[7] zusammen nicht breiter als 2,55 m und nicht höher als 4 m sein. Fahrzeug oder Zug samt Ladung darf nicht länger als 20,75 m sein[8]. Auch von dieser Vorschrift sind Ausnahmen zulässig (§ 46 Abs. 1 Satz 1 Nr. 5 StVO). Die VwV zu dieser Vorschrift entspricht im Wesentlichen der zu § 29 StVO, weist aber zusätzlich darauf hin, dass Fahrzeuge, die aufgrund einer Ausnahmegenehmigung die Maße und Gewichte der StVZO überschreiten dürfen, eine Erlaubnis nach § 29 StVO brauchen – und zwar dann, wenn sie tatsächlich zu lang, zu breit, zu hoch oder zu schwer sind.

2. Begriffsbestimmung

a) Großraumtransport

Unter einem Großraumtransport wird damit ein Transport mit Fahrzeugen und Fahrzeugkombinationen verstanden, deren Gewichte innerhalb der Grenzen des § 34 StVZO liegen, deren Abmessungen jedoch nicht den Vorgaben des § 32 StVZO über die Länge, Breite oder Höhe eines Fahrzeugs oder den Bestimmungen der §§ 18, 22 StVO über die Abmessungen von Fahrzeug und Ladung[9] entsprechen. Im weiteren Sinne fallen auch noch Fahrzeuge darunter, die die gesetzlichen Kreisfahrwerte (Vorschriften über die Kurvenläufigkeit – § 32 d StVO) nicht

---

6 Nicht auch Gewichte.

7 Eine gesetzliche Ausnahme besteht nach § 22 Abs. 2 Satz 2 und Satz 3 StVO bereits für Fahrzeuge, die für land- oder forstwirtschaftliche Zwecke eingesetzt werden. Sie dürfen, wenn sie mit land- oder forstwirtschaftlichen Erzeugnissen oder Arbeitsgeräten beladen sind, samt Ladung 3 m breit sein. Sie dürfen samt Ladung auch höher als 4 m sein.

8 § 22 StVO enthält auch Bestimmungen darüber, wie weit die Ladung über ein Fahrzeug hinausragen darf. In der Praxis werden Transporte, bei denen **nur** Ausnahmen von **diesen** Regelungen notwendig werden, nicht als GST angesehen.

9 Fahrzeug und Ladung dürfen zusammen nicht breiter als 2,55 m und nicht höher als 4 m sein (§ 22 Abs. 2 Satz 1 StVO). Fahrzeug oder Zug samt Ladung darf nicht länger als 20,75 m sein (§ 22 Abs. 4 Satz 2 StVO). Fahrzeug und Ladung dürfen zusammen nicht höher als 4 m und breiter als 2,55m sein (§ 18 Abs. 1 Satz 2 StVO). § 22 StVO enthält auch Vorschriften darüber, wie weit die Ladung über das Fahrzeug hinausragen darf. Hierbei handelt es aber nicht um Vorschriften, die sich nach dem Gesetzeswortlaut auf **Fahrzeug und Ladung** beziehen.

erfüllen, die also aufgrund ihrer eingeschränkten Manövrierfähigkeit möglicherweise nicht abbiegen können, ohne teilweise auf die Gegenfahrbahn zu geraten.

b) Schwertransport

Ein Schwertransport ist ein Transport mit Fahrzeugen und Fahrzeugkombinationen, deren Gewichte und Achslasten über den Grenzwerten der StVZO liegen.

c) Großraum- und Schwertransport

Sind sowohl die gesetzlichen Längen-, Breiten- und/oder Höhenmaße als auch das zulässige Gewicht überschritten, handelt es sich um einen „Großraum- und Schwertransport".

d) Einschränkung der Definition durch Aufnahme des Verwendungszwecks (Beschränkung auf den Transport unteilbarer Ladung)

Eine weitere Einengung des Begriffs könnte man im Hinblick auf den hauptsächlichen Ausnahmegrund vornehmen: die VwV zu § 29 und § 46 StVO geben als Voraussetzung für die Erteilung einer Ausnahmegenehmigung/Erlaubnis an, dass unteilbare Ladung transportiert werden muss und dass ein Fahrzeug mit Normalmaßen dazu nicht geeignet sein darf. Danach könnte man die oben gefundene Definition erweitern um die Voraussetzung, dass nur solche Transporte unter den Begriff „Großraum- und Schwerverkehr" fallen, die der Beförderung unteilbarer Ladung dienen und die mit herkömmlichen Fahrzeugen nicht bewältigt werden können.

e) Schwersttransporte

Von einem „Schwersttransport“ kann man sprechen, wenn ein Fahrzeug mit Ladung ein Gesamtgewicht von 100 t überschreiten oder die Achslast[10] mehr als 14 t beträgt[11].

10 Die Achslast ist die Gesamtlast, die von den Rädern einer Achse oder einer Achsgruppe auf die Fahrbahn übertragen wird (§ 34 Abs. 1 StVZO). Anders ausgedrückt ist die Achslast (auch Radsatzlast genannt) also der Anteil der Gesamtmasse eines Fahrzeugs (Fahrzeugmasse + Masse der Ladung), der auf eine Achse wirkt und so über die Reifen auf die Fahrbahn übertragen wird. Die Achslast wird in Tonnen (t) angegeben. Die Höhe der Achslasten – weniger das Gesamtgewicht eines Fahrzeugs, das über die Anfügung zusätzlicher Achsen besser verteilt werden kann- ist ein entscheidender Faktor für das Maß der Fahrbahnbeanspruchung.

11 Schreiben des Bayer. Staatsministeriums des Innern vom 13.07.1989 Nr. IC4-3636.1/61. Für solche Transporte wird in Bayern ein Gutachten für das beladene Fahrzeug verlangt. Dadurch soll sichergestellt werden, dass die für das Transportfahrzeug zulässige Lastverteilung eingehalten wird, insbesondere die zulässigen Achslasten nicht überschritten werden.

III. Notwendigkeit und Funktion eines verwaltungsrechtlichen Prüfungsverfahrens

1. Rechtfertigung der besonderen verwaltungsrechtlichen Zulassung

§ 16 StVZO statuiert den Grundsatz der Verkehrsfreiheit für Fahrzeuge[12]. Zum Verkehr auf öffentlichen Straßen sind alle Fahrzeuge zugelassen, die den Vorschriften der StVZO und der Straßenverkehrs-Ordnung[13] entsprechen. Es besteht danach grundsätzlich ein Rechtsanspruch auf die Inbetriebnahme von Fahrzeugen[14], allerdings unter der Voraussetzung, dass diese die zum Schutz der Verkehrsinfrastruktur und im Interesse der Verkehrssicherheit erlassenen[15] (materiellen) Anforderungen der StVZO und StVO erfüllen. Soweit es sich dabei um den Verkehr auf öffentlich gewidmeten Straßen i. S. d. Straßen- und Wegerechts (vgl. § 2 Abs. 3 FStrG bzw. entsprechende Vorschriften des Landesrechts) handelt, folgt das Recht, ein „normales" Fahrzeug – auch zum Transport von Gütern[16] – zu benutzen, als Teil des straßenrechtlichen Gemeingebrauchs unmittelbar aus den einfach-gesetzlichen Vorschriften[17] (z. B. § 7 FStrG); im Übrigen ergibt sich dieses Recht aus der allgemeinen Freiheitsgewährleistung des Art. 2 Abs. 1 GG: danach fällt in den Schutzbereich dieses Grundrechts jede Tätigkeit, zu welcher der Bürger selbständig ohne Hilfe des Staates in der Lage ist[18]. Ein generelles (materielles) Verbot mit Erlaubnisvorbehalt, das die private Tätigkeit in das gewährende

12 *Hentschel/König/Dauer*, Straßenverkehrsrecht, 41. Auflage 2011, § 16 StVZO RN 2.

13 Als fahrzeugbezogene Vorschrift ist hier § 22 StVO anzusehen. Die StVO schreibt den Verkehrsteilnehmern ihr Verhalten vor. In § 22 werden aber Anforderungen auch an Fahrzeuge bzw. an Fahrzeuge und Ladung gestellt. Es gehen hier Bauvorschriften und Betriebsvorschriften (Abmessungen des – beladenen- Fahrzeugs und Beladung des Fahrzeugs nicht über bestimmte Maße hinaus) ineinander über.

14 VG München, Urt. v. 07.12.1994 – M 6 K93/3825- DAR 1995, 417.

15 VG Augsburg, Urt. v. 08.12.2009 – Au 3 K 09.672 – juris.

16 *Stahlhut* in: *Kodal*, Straßenrecht, 7. Auflage 2010, Kap. 25 Rn. 76.

17 *Di Fabio* in: *Maunz-Dürig-Herzog-Scholz*, Grundgesetz, Stand: Jan. 2011, Art. 2 GG RN 59 sieht die Teilnahme am Gemeingebrauch in seinem Kerngehalt sogar als Teilhaberecht an, das unter dem Schutz von Art. 2 Abs. 1 GG steht.

18 BVerfG, Entscheidung v. 05.08.1966 – 1 BvF 1/61 – NJW 1966, 1651.

Ermessen des Staates stellt, ist nicht zulässig[19]. Möglich ist nur ein formelles Verbot des Tätigwerdens ohne Erlaubnis (Verbot mit Erlaubnisvorbehalt)[20]. Dieser Erlaubnisvorbehalt ermöglicht der Behörde die rechtzeitige Nachprüfung, ob sich die beabsichtigte Tätigkeit materiell im Bereich des gesetzlich Erlaubten hält oder schon verboten ist[21]. Ein solches formelles Erlaubnisverfahren ist die in (nun)[22] in § 3 FZV vorgesehene Zulassung für Kraftfahrzeuge mit einer bauartbedingten Höchstgeschwindigkeit von mehr als 6 km/h und ihren Anhängern.

Kein aus § 16 StVZO folgender Zulassungsanspruch besteht aber dann, wenn ein Fahrzeug nicht den Anforderungen (Bau- und Betriebsvorschriften) der StVZO entspricht. Hier bewegt sich der Fahrzeughalter oder Unternehmer im Bereich des materiell Verbotenen. Eine Teilnahme am Verkehr ist nur nach Erteilung einer Ausnahmegenehmigung möglich. Diese Ausnahmegenehmigung erlaubt aber nur die Sondernutzung. Sie ermächtigt nicht zur Teilnahme am Gemeingebrauch[23].

Im Rahmen der Prüfung während einer Zulassung wird von der Verwaltungsbehörde festgestellt, ob ein Fahrzeug den Vorgaben der StVZO[24] entspricht. Schon definitionsgemäß ist das aber bei GST nicht der Fall. Diese Fahrzeuge fallen im wahrsten Sinne des Wortes „aus dem Rahmen“.

2. Die Straßenbaustandards als begrenzender Faktor für die Fahrzeugdimensionen

Diesen „Rahmen“ setzt die StVZO, und zwar aufgrund straßenbautechnischer Zwänge. Die Straßen sind nur für den normalen Verkehr gebaut (RN 1 VwV zu § 46 StVO). Straßenbaustandards und Festlegung technischer Vorgaben für Fahrzeuge stehen also in einer Wechselwirkung zueinander. Die Straßen werden – je nach Funktion und Verkehrsbedeutung- in verschiedene Klassen eingeteilt.

---

19 *Schwerdtfeger*, Öffentliches Recht in der Fallbearbeitung, 13. Auflage 2008, RN 148.

20 *Schenke/Schenke* in *Steiner* (Hrsg.): Besonderes Verwaltungsrecht, 8. Auflage 2006, Kap. 25 RN 311 ff.

21 BVerfG, Entscheidung v. 05.08.1966 – 1 BvF 1/61 – NJW 1966, 1651.

22 Vor Inkrafttreten der Fahrzeug-Zulassungs-Verordnung am 01.03.2007 war auch das Zulassungsverfahren in der StVZO geregelt.

23 *Wiget* in: *Zeitler*, Bayer. Straßen- und Wegegesetz, Stand Sept. 2011, Art. 14 BayStrWG RN 21.

24 Den „Anlass“ zur behördlichen Befassung erkennt im Rahmen des § 22 StVO allerdings der Transporteur schon selbst, wenn er feststellt, dass die gesetzlichen Bestimmungen nicht eingehalten sind.

Es gibt die Autobahnen und Bundesstraßen[25], Landes- oder Staatsstraßen, Kreisstraßen und Gemeindestraßen (Ortsstraßen, Gemeindeverbindungsstraßen)[26].

Sowohl die auf die Straßenklassen abgestimmten Straßenquerschnitte als auch die durch den Unterbau bestimmte Tragfähigkeit werden durch technische Normen und Vorschriften festgelegt, die – allein schon aus fiskalischen Gründen- nur bestimmte Regelstandards vorsehen.

So geht man bei der Festlegung des Straßenquerschnitts von einem so genannten „Bemessungsfahrzeug“ aus[27]. Dieses „standardisierte“ Fahrzeug hat eine Breite von 2,50 m[28] und eine Höhe von 4,00 m. Zu diesen Fahrzeugabmessungen werden für die Straßenplanung ein seitlicher Bewegungsspielraum von 0,25 bis 1,25 m und ein oberer Bewegungsspielraum von 0,25 m addiert. Der Verkehrsraum setzt sich dann zusammen aus dem vom Bemessungsfahrzeug eingenommenen Raum, den seitlichen und oberen Bewegungsspielräumen sowie den Räumen über den Randstreifen bzw. befahrbaren Entwässerungsrinnen und dem Standstreifen[29]. Hinzu kommen noch die seitlichen Sicherheitsräume (0,75 bis 1,25 m) und der obere Sicherheitsraum (0,25 m)[30]. So kommt man zu Straßenbreiten von beispielsweise 10,50 m (zwei Fahrstreifen[31] von je 3,50 m) oder 20,0 m (4 Fahrstreifen mit je 3,25 m).

---

25 § 1 Abs. 2 FStrG.

26 Art. 3 BayStrWG bzw. Straßengesetze der Länder.

27 Nr. 2.1.1 der „Richtlinien für die Anlage von Straßen (RAS-Q 96).

28 Fußnote 1 zu Nr. 2.1.1 der RAS-Q weist darauf hin, dass die Breite des zugrunde gelegten Bemessungsfahrzeugs „nicht identisch“ ist „mit der maximal zulässigen Breite eines Fahrzeugs, die gemäß StVZO, § 32 auf 2,55 m, in bestimmten Sonderfällen auf 2,60 m festgelegt ist.“ Das Maß von 2,50 m entspricht der Regelung in der StVZO aus dem Jahr 1960 (BGBl I, 898; VkBl. 1960, 398), die noch eine maximale Fahrzeugbreite von 2,50 m vorsah.

29 Nr. 2.2 der RAS-Q.

30 Siehe auch Nr. 1 der „Richtlinie für die Kennzeichnung von Ingenieurbauwerken mit beschränkter Durchfahrtshöhe über Straßen (Ausgabe 2000)“ in „Hinweise für das Anbringen von Verkehrszeichen und Verkehrseinrichtungen (HAV)“, 12. Auflage 2002, 207: Ingenieurbauwerke über Straßen sollen eine lichte Höhe von mindestens 4,50 m besitzen. Die lichte Höhe ergibt sich aus der zulässigen Fahrzeughöhe einschließlich Ladung von 4 m (§ 32 Abs. 2 StVZO und § 22 Abs. 2 StVO) plus einem Sicherheitsabstand von mindestens 0,50 m.

31 Fahrstreifen ist der Teil einer Fahrbahn, den ein mehrspuriges Fahrzeug zum ungehinderten Fahren im Verlauf der Fahrbahn benötigt (§ 7 Abs. 1 Satz 2 StVO).

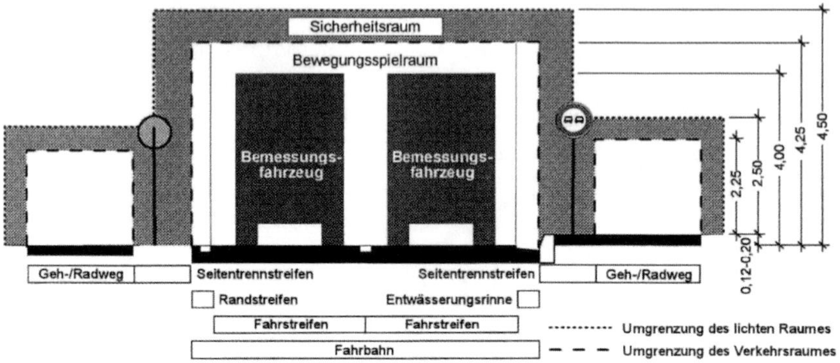

Bild 1 der RAS-Q: Bestandteile des Straßenquerschnitts

Für die Bemessung der Kurvenradien werden nach Nr. 7.5 der Richtlinien für die Anlage von Straßen (RAS-L)[32] bestimmte Fahrzeugparameter zugrunde gelegt. Das sog. „Deichselmaß" (Radstand plus Überhanglänge vorn) beträgt für Pkw 4 m, für Lkw 8,00 m und für Lastzüge 10,0 m. Die straßenbautechnischen Kreisfahrwerte finden sich fahrzeugtechnisch umgesetzt in § 32 d StVZO (Kurvenlaufeigenschaften) wieder. Die Begrenzung der Fahrzeuglänge dagegen erfolgt nicht unmittelbar aufgrund straßenbautechnischer Standards, d. h. um Straßenbau- und Unterhaltungskosten im Rahmen zu halten[33]. Sie hat vor allem Bedeutung für die Verkehrssicherheit (Überholen durch andere Verkehrsteilnehmer, Räumen von Bahnübergängen[34]).

Die in § 34 StVZO geregelten Gewichtsgrenzen sind zum Zweck der Straßenschonung festgelegt[35]. Straßenbautechnisch wird bei der Bemessung der

32 Richtlinien für die Anlage von Straßen (RAS-L), Ausgabe 1995.

33 So die amtl. Begründung zu §§ 32, 34 StVZO anlässlich der Heraufsetzung von Abmessungen und Gewichte der Nutzfahrzeuge (VkBl. 1960, 464).

34 OLG Hamm, Urt. v. 23.10.2006 – 13 U 2/06 – juris.

35 OVG Nordrhein-Westfalen, Urt. v. 17.05.2006 – 8 A 1388/05 – DAR 2006, 579; VG Augsburg, Urt. v. 08.12.2009 – Au 3 K 09.672 – juris; VG Aachen, Urt. v. 01.03.2005 – 2 K 1643/03 – juris: „Die Erwägung der Beklagten, dass die Lastkraftwagen der Klägerin bei einem die Werte des § 34 StVZO überschreitenden Gesamtgewicht durch erhöhten Druck auf den Straßenkörper auch schwerwiegendere Straßenschäden verursachen, steht mit dem Zweck der Ermächtigungsnorm im Einklang."- Siehe auch *Lütkes*, Straßenverkehrsrecht, Stand: Juli 2011, § 70 StVZO RN 38: „Schwerer

Oberbaustärken von Fahrbahnen eine Belastung durch Schwerverkehr in Form von so genannten „10-t-Achsübergängen zugrunde" gelegt[36].

Nach einer „Faustformel"[37] steigt die Straßenbelastung durch die Achslast in der 4. Potenz mit dem Gewicht (4 Potenz-Regel). In der Praxis bedeutet dies:

Anstieg der Straßenbelastung durch Erhöhung der Achslast

- von 8,0 t auf 10,0 t: $8^4 = 4.096$; $10^4 = 10.000$; 10.000: 4.096 = Faktor 2,44
- von 8,0 t auf 11,5 t: $8^4 = 4.096$; $11{,}5^4 = 17.490$; 17.490: 4096 = Faktor 4,27

Die Straßenbelastung durch eine Achslast von 11,5 t ist also 4,27-mal höher als durch eine Achslast von 8,0 t.

Die Maße und Gewichte der StVZO gelten als unbedenklich[38]. Abweichungen von den als „gemeinverträglich" angesehenen Werten der StVZO und des § 22 StVO müssen aber dann durch Auflagen und Bedingungen kompensiert werden. Dafür haben GST ein Erlaubnis- und Genehmigungsverfahren zu durchlaufen, in welchem festgestellt wird, ob das vorhandene Straßennetz den Transport zulässt. Es besteht insbesondere auch keine Verpflichtung der Straßenbaubehörde, auf allen Straßen auch für den Großraum- und Schwerverkehr einen ausreichend sicheren Straßenzustand zu gewährleisten[39].

Verkehr wirkt sich mit hohen Gesamtgewichten und Achslasten einerseits in jedem Fall unmittelbar auf die Brückenbauwerke und die Fahrbahnbeläge aus, andererseits sind langfristig durch Wiederholungen und Aufsummierung am gleichen Ort Strukturschäden zu befürchten."

36 Nr. 2.2.4 der Richtlinien für die Standardisierung des Oberbaus von Verkehrsflächen" (RSTO 01), Ausgabe 2011. – Die maximal zulässige Achslast beträgt nach derzeitiger Rechtslage 11,5 t. Die StVZO aus dem Jahr 1960 (BGBl I, 898; VkBl. 1960, 398) sah aber noch eine Achslast von max. 10,0 t vor.

37 Bundesanstalt für Straßenwesen, Auswirkungen von neuen Fahrzeugkonzepten auf die Infrastruktur des Bundesfernstraßennetzes, 2. Auflage 2006, S. 14 f.; siehe auch *Brinkrolf*, Gigaliner, Megaliner, 60-Tonner – einige Fakten zu Straßenschäden – http://www.brinkrolf.de/lkw/index.htm.

38 *Hentschel/König/Dauer*, Straßenverkehrsrecht, 41. Auflage 2011, § 29 StVO RN 8.

39 OLG Frankfurt, Urt. v. 05.06.1997 – 1 U 139/95 – OLGR Frankfurt1998, 117.

IV. (Gesetzliche) Grenzwerte für Fahrzeuge

1. Nationale Regelungen in der StVZO

a) Abmessungen von Fahrzeugen und Fahrzeugkombinationen (§ 32 StVZO)

§ 32 StVZO bestimmt abschließend[40] die Höchstmaße für Fahrzeuge und Fahrzeugkombinationen (Sattelkraftfahrzeuge und Lkw-Züge). Es handelt sich um fahrzeugbezogene Regelungen; ein etwaiger Ladungsüberstand wird nicht berücksichtigt. Ladung, die über die Fahrzeugsilhouette hinausragt, wird von § 22 StVO[41] erfasst. Eine Besonderheit ergibt sich für Langmaterialzüge, bei denen das Zugfahrzeug mit dem Nachläufer[42] (Anhänger) nur durch die Ladung (Brückenträger, Baumstamm) verbunden ist. Hier zählt die Ladung bis zur Hinterkante des Nachläufers zur Fahrzeuglänge, ein überstehender Teil fällt unter § 22 StVO.

aa) Breite

Nach § 32 Abs. 1 Satz 1 Nr. 1 StVZO gilt für Kraftfahrzeuge und Anhänger eine allgemeine Breite von 2,55 m[43]. Besitzt das Fahrzeug eine

---

40 Zum abschließenden Charakter der StVZO hinsichtlich der Bau- und Betriebsvorschriften von Fahrzeugen siehe OLG Celle, Beschl. v. 19.09.1978 – 1 Ss OWi 486/78, VRS 56, 137.

41 Regelungen, die Abmessungen betreffen, enthält für Autobahnen auch § 18 StVO.

42 Nachläufer sind Anhänger für besonders lange Güter wie Baumstämme oder Betonträger, die i. d. R. durch das auf Drehschemeln befestigte Ladegut mit dem Zugfahrzeug verbunden sind. Nachläufer sind keine Sattelanhänger; sie sind als gewöhnliche Anhänger zu beurteilen. Der Nachläufer bildet mit ziehenden Fahrzeug einen Zug im Sinne des § 34 Abs. 6 StVZO (BayObLG, Beschl. v. 26.02.2001 – 2 ObOWi 22/2001 – VRS 100, 386).

43 Land- oder forstwirtschaftliche Arbeitsgeräte, Zugmaschinen mit angebauten land- oder forstwirtschaftlichen Arbeitsgeräten und Fahrzeuge mit angebauten Geräten für den Straßenunterhalt dürfen 3,0 m, Kühlfahrzeuge 2,60 m breit sein.

Ladeflächenverbreiterung und überschreitet das Fahrzeug in ausgezogenem Zustand die Breite von 2,55 m, ist im Zulassungsverfahren von der maximal möglichen Breite auszugehen.

bb) Höhe

Die maximale Höhe von Kraftfahrzeugen und Anhängern darf 4,00 m betragen (§ 32 Abs. 2 Satz 1 StVZO).

cc) Länge

§ 32 Abs. 3 enthält Vorschriften über die Länge von Einzelfahrzeugen. So darf beispielsweise ein Kfz[44] oder ein Anhänger maximal 12,00 m lang sein. Die Vorschrift gilt nicht für Sattelanhänger[45].

Von Bedeutung für die Durchführung von GST sind aber in erster Linie die Fahrzeugkombinationen, also die Sattelkraftfahrzeuge und die Lkw-Züge (Lkw mit Anhänger). Aus Gründen der wirtschaftlichen Gleichbehandlung (ausnutzbare Ladefläche) wird bei den gesetzlichen Längenangaben zwischen Sattel-Kfz und Zügen unterschieden; weiter wird danach differenziert, ob die sog. „Teillängen" eingehalten werden. Die Teillängen sind bei Sattel-Kfz eingehalten, wenn die Entfernung zwischen der Achse des Zugsattelzapfens bis zur hinteren Begrenzung 12,00 m und der vordere Überhangradius 2,04 m nicht überschreiten.

---

44 Fahrzeugarten, die für den GST keine Rolle spielen, werden im Folgenden nicht berücksichtigt.

45 Auch die Bestimmungen für Züge (Zugfahrzeug mit Anhänger) gelten nur für solche Kombinationen, bei denen das gezogene Fahrzeug sich nicht mit einem Teil des Gewichts auf das ziehende Fahrzeug stützt (BayVGH, Urt. v. 19.07.1990 – 21 B 90.00335 – BayVBl. 1991, 243). Zur Definition des Sattelanhängers siehe auch § 2 Nr. 19 FZV. Zum Zweck der Güterbeförderung sind stets Sattelzugmaschine und Sattelanhänger (zusammen: Sattel-Kfz, vgl. § 32 Abs. Satz 1 Nr. 1 StVZO) nötig. Sattelzugmaschine und Sattelanhänger sind Einzelfahrzeuge, für die je ein eigener Fahrzeugschein und Fahrzeugbrief ausgefertigt werden. Dabei ergibt sich wegen des Sattelvormaßes („Überstand" über den zum Ankuppeln benutzten Zapfen) die Länge des Sattelzuges nicht durch Addition der aus den Fahrzeugscheinen ersichtlichen Länge der Einzelfahrzeuge. Sattelzugmaschinen und Sattelanhänger müssen auch im Zulassungsverfahren als Einzelfahrzeuge behandelt werden; ihre Zulassung hängt davon ab, ob sie die für Einzelfahrzeuge geltenden Bestimmungen erfüllen.

Bei Zügen dürfen die Teillängen nicht über den in § 32 Abs. 4 Satz 2 genannten Werten liegen[46]:

- Abstand zwischen dem Beginn der Ladefläche des Lkw und dem Ende der Ladefläche des Anhängers abzüglich des Freiraums zwischen den Bordwänden von Lkw und Anhänger: 15,65 m
- und Abstand zwischen dem Beginn der Ladefläche des Lkw und dem Ende der Ladefläche des Anhängers: 16,40 m

Mit diesen Bestimmungen wird indirekt die Größe der Ladefläche reguliert.

Prinzipskizze über die „Teillängen" bei Zügen

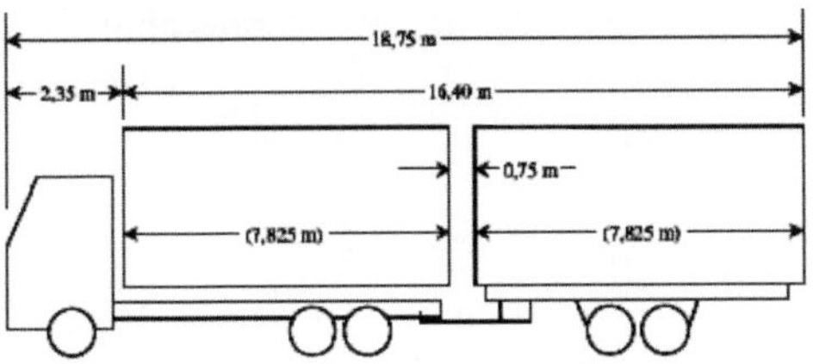

Summe der Ladeflächenlängen = 15,65 m

Teillänge bei Sattel-Kfz (Abstand Mitte Zugsattelzapfen bis hintere Fahrzeugbegrenzung 12,00 m und vorderer Überhangradius 2,04 m)

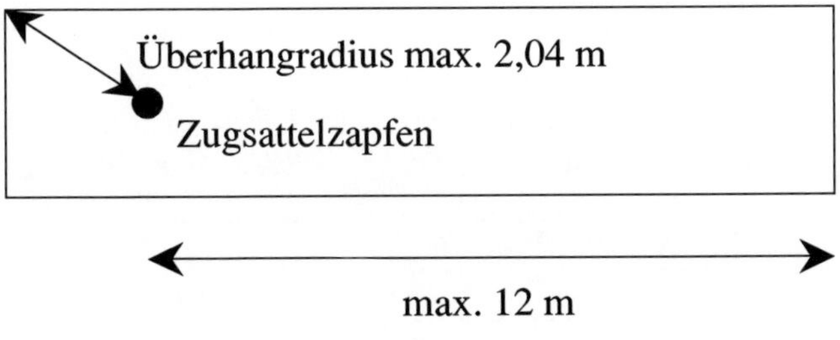

46 Bei den Längen von Zügen wird zwischen der Ladelänge und der Systemlänge (Ladelänge + Kupplungslänge) unterschieden. Mit StVZO-ÄndVO vom 12.8.1997 wurde die Länge von Lastzügen auf 18,75 m (Systemlänge 16,40 m) angehoben. Dabei blieb die Ladelänge von 15,65 m unverändert; für die Kupplung blieben nun allerdings 0,75 m statt (vorher) 0,35 m (siehe VkBl. 1997, 656).

Die höchstens zulässigen Längen betragen damit gem. § 34 Abs. 4 StVZO:

Länge / Fzg.-Art	15,50 m	16,50 m	18,00 m	18,75 m
	Sattel-Kfz und Züge nach Art eines Sattel-Kfz ohne Einhaltung der Teillängen	Sattel-Kfz mit Einhaltung der für Sattel-Kfz geltenden Teillängen	Züge mit einem oder zwei Anhängern (nicht zur Güterbeförderung bzw. ohne Einhaltung der Teillängen)	Züge, bestehend aus einem Lkw und einem Anhänger zur Güterbeförderung bei Einhaltung der Teillängen

Besitzt das Fahrzeug eine Ladeflächenverlängerung und überschreitet es in ausgezogenem Zustand die zulässige Länge, ist im Zulassungsverfahren von der maximal möglichen Länge auszugehen.

dd) Kurvenlaufeigenschaften (§ 32 d StVZO)[47]

Die Abmessungen eines Fahrzeugs oder einer Fahrzeug-Kombination sind auch dann nicht eingehalten, wenn die Vorschriften über die Kurvenlaufeigenschaften nicht eingehalten sind (RN 80 VwV zu § 29 StVO). Dass die Kurvenlaufeigenschaften (§ 32d StVZO) erfüllt sein müssen, bedeutet, dass Fahrzeuge so gebaut und eingerichtet sein müssen, dass bei einer Kreisfahrt bestimmte Kreisfahrwerte nicht überschritten werden. Die Vorschrift über die Ringflächenbreite (§ 32d Abs. 1 StVZO) stellt an lange und schlecht manövrierbare Fahrzeuge Anforderungen, die erfüllt sein müssen, damit die üblichen Kurvenradien von Straßen gefahrlos bewältigt werden können. Fahrzeuge schwenken beim Abbiegen in die jeweils entgegen gesetzte Richtung über die Hinterachse aus und gefährden dadurch andere Fahrzeuge, die vorbeifahren wollen. Das Ausschermaß ist deshalb in § 32 d Abs. 2 StVZO auf 0,8 m festgelegt.

Kreisfahrwerte		
Außenradius	m	12,50
Kreisfahrt	Grad	360
Ringflächenbreite	m	7,20
Ausschermaß	m	0,8

47 Die Vorschrift gilt nur für deutsche Kraftfahrzeuge.

Grafische Darstellung des Spurkreises:

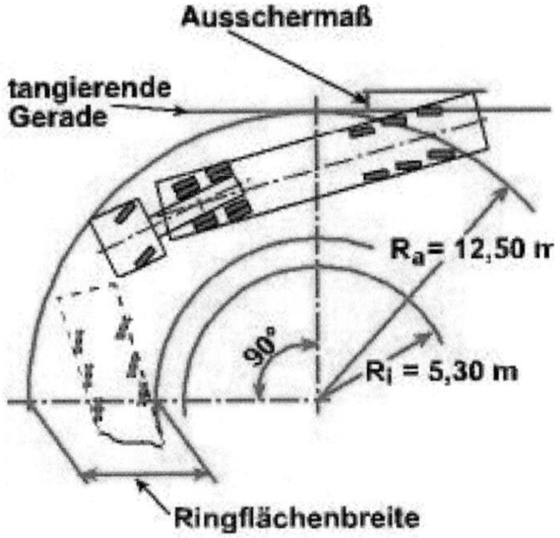

b) Achslasten und Gesamtgewicht[48] (§ 34 StVZO)

§ 34 legt die Grenzen für die Achslasten[49] und das Gesamtgewicht[50] eines Fahrzeugs fest. Die technisch zulässigen Achslasten/Gesamtgewichte können von den gesetzlich erlaubten abweichen; das wird selbst bei „Normalfahrzeugen“ oft so sein, da technisch immer eine gewisse Sicherheitsreserve bestehen muss.

---

48 Die neuen Zulassungspapiere verwenden – im Gegensatz zur StVZO selbst – den physikalisch zutreffenderen Begriff der „Masse“ statt des „Gewichts“. In der Zulassungsbescheinigung Teil I werden im Feld F.1 die „Technisch zulässige Gesamtmasse in kg“, im Feld F.2 die „Im Zulassungsmitgliedstaat zulässige Gesamtmasse in kg“, in Feld (7) die „Technisch zulässige maximale Achslast/Masse je Achsgruppe in kg“ angegeben und im Feld (8) die „Zulässige maximale Achslast im Zulassungsmitgliedstaat in kg“. Die Felder „technisch zulässig“ wurden in den Fahrzeugschein aufgenommen, um den Verkauf von Lkw in Länder zu erleichtern, in denen höhere Gesamtgewichte bzw. Achslasten gelten.

49 Definition siehe oben Fußnote 9.- Nr. 2.7 der Richtlinie 97/27/EG definiert die „technisch zulässige Achslast“ als die „vom Fahrzeughersteller angegebene größte ruhende Vertikalkraft, die auf Grund der Bauart von Fahrzeug und Achse von der Achse auf die Fahrbahnoberfläche ausgeübt werden darf“.

50 Das Gesamtgewicht setzt sich zusammen aus dem Leergewicht eines Kfz und der Nutzlast.

Der Begriff des zulässigen Gesamtgewichts deckt sich mit dem im Zulassungsverfahren festgestellten Gesamtgewicht, wie es im Fahrzeugschein eingetragen ist, wobei das technisch zulässige Gesamtgewicht das amtlich zulässige übersteigen kann[51]. Ist die technische Grenze höher als die gesetzliche, hat die gesetzliche Vorrang[52]. Für den zulässigen Betrieb der Fahrzeuge von Bedeutung sind die Eintragungen der Zulassungsbehörde[53]. Änderungen können auch nur die Zulassungsbehörden vornehmen[54]. Schwertransportfahrzeuge überschreiten die gesetzlich zulässigen Achslasten oder Gesamtgewichte, i. d. R. sogar beides[55]. Durch Ausnahmegenehmigung zugelassene Erhöhungen der Gewichte und Achslasten sind in die Zulassungsbescheinigung einzutragen[56]. Das zulässige Gesamtgewicht errechnet sich bei Zügen aus der Summe der Gesamtgewichte des ziehenden Fahrzeugs und des Anhängers (§ 34 Abs. 7 Satz 1 Nr. 1 StVZO). Für Sattelanhänger (§ 2 Nr. 19 FZV) gibt es in § 34 Abs. 3 StVZO keinen Höchstwert für das Einzelfahrzeug; der Sattelanhänger „stützt" sich auf die Sattelplatte des Zugfahrzeugs. Für die Kombination aus Zugfahrzeug und Sattelanhänger (Sattel-Kfz) enthält deshalb § 34 Abs. 7 Satz 1 Nr. 3 StVZO eine Berechnungsformel, nach der sich das zulässige Gesamtgewicht aus der Summe der zulässigen Gesamtgewichte der Sattelzugmaschine und des Sattelanhängers, vermindert um den jeweils höheren Wert der zulässigen Sattellast der Sattelzugmaschine oder der der zulässigen Aufliegelast des Sattelanhängers ergibt.

Vor allem folgende Gewichte sind im Schwerverkehrsbereich von Bedeutung (vereinfachte Darstellung)[57]:

---

51 OLG Düsseldorf, Beschl. v. 21.10.1991 – 5 Ss (OWi) 431/91 – (OWi) 169/91 I, 1 Ws (OWi) 951/91; BayObLG, Beschl. v. 10.07.1997- 1 ObOWi 259/97 – DAR 1997, 452.

52 *Lütkes*, Straßenverkehrsrecht, Stand: Juli 2011, § 34 StVZO RN 4.

53 OLG Koblenz, Beschl. v. 28.11.1979 – 1 Ss 628/79 – VRS 59, 63.

54 *Jagow*, Abmessungen und Gewichte für Nutzfahrzeuge, VD 1986, 173/179.

55 Technisch gesehen kann das Gesamtgewicht niemals höher sein als die Summe der Achslasten. Das Gesamtgewicht eines Fahrzeugs oder einer Fahrzeugkombination kann i. d. R. durch Addieren der Achslasten ermittelt werden. Ungleichmäßige Beladung kann dazu führen, dass zwar das zulässige Gesamtgewicht eingehalten wird, dass aber die einzelnen Achslasten überschritten werden.

56 VkBl. 2004, 564

57 Eine vollständige Kommentierung der StVZO findet sich bei: *Rebler* in: *Ferner/Bachmeier/Müller*, Fachanwaltskommentar Verkehrsrecht, 1. Auflage 2009.

Gewicht in t / Fzg.-Art	10,0	11,5	19,0	18,0	18,0	26,0	40,0	44,0[58]
	Einzel-Achslast	Einzel-Achslast angetrieben	Doppel-Achslast Kfz	Doppel-Achslast Anhänger	zGG Kfz u. Anhänger mit 2 Achsen	zGG Kfz mit mehr als 2 Achsen	zGG Fzg.-Kombinationen mit mehr als 4 Achsen	zGG Kombi- Verkehr

2. Verhaltensbezogene Regelungen in §§ 18, 22 StVO

Nach § 18 Abs. 1 Satz 2 StVO dürfen auf der Autobahn Fahrzeug und Ladung zusammen nicht höher als 4 m und nicht breiter als 2,55 m sein. Nach § 22 Abs. 1 Satz 1 StVO dürfen Fahrzeug und Ladung zusammen nicht breiter als 2,55 m und nicht höher als 4 m sein. Fahrzeug oder Zug samt Ladung darf nicht länger als 20,75 m sein (§ 22 Abs. 4 Satz 2 StVO). Es handelt sich – wie bei allen Vorschriften der StVO- von der Zielrichtung her um verhaltensbezogene Normen (Betriebsvorschriften[59]). Derjenige, der das Fahrzeug in Betrieb nimmt, darf das Fahrzeug nicht über die in §§ 18, 22 StVO hinausgehenden Maße beladen. Bleibt die Ladung innerhalb der Fahrzeugsilhouette, gelten die Vorschriften in § 32 StVZO als (fahrzeugbezogene) Spezialvorschriften.

3. Ausländische Fahrzeuge

Ausländische Fahrzeuge sind grundsätzlich auch zum vorübergehenden Verkehr im Bundesgebiet zugelassen (§ 20 Abs. 1 und 2 FZV)[60]. Für sie gelten die

58 Um die Verlagerung des Straßengüterverkehrs auf die Schiene bzw. das Schiff zu fördern, gilt im Kombinierten Verkehr eine besondere Gewichtsgrenze von 44,0 t (§ 34 Abs. 6 Nr. 6 StVZO und 53. Ausnahme-VO zur StVZO).

59 BayObLG, Beschl. v. 27.07.1977 – 1 Ob OWi 102/77 – DAR 1978, 110. Als solche gilt beispielsweise auch § 32 a StVZO (Mitführen von Anhängern).

60 Die Bestimmungen haben § 1 Abs. 1 IntVO abgelöst (VkBl. 2006, 591 und 614).

Vorschriften der StVZO nicht[61]; sie müssen „nur" verkehrssicher sein (§ 20 Abs. 3 FZV). Ausländische Kraftfahrzeuge und ihre Anhänger müssen aber in Gewicht und Abmessungen den §§ 32 und 34 entsprechen (§ 31 d StVZO[62]). § 32 d StVZO, der in § 31 d StVZO nicht erwähnt wird, gilt dagegen nur für deutsche Fahrzeuge[63]. Als verhaltensbezogene Vorschriften gelten §§ 18, 22 StVO bereits unmittelbar[64]. Eine dem § 31d StVZO entsprechende Regelung ist deshalb insoweit nicht notwendig. Teilweise sind in den europäischen Nachbarländern höhere Gesamtgewichte erlaubt; die Niederlande lassen beispielsweise bis zu 50 t zu. Aber auch wenn im Heimatstaat eines im Ausland zugelassenen Lkw oder Anhängers andere (d. h. höhere) Gesamtgewichte und Achslasten bzw. Abmessungen gelten, darf das Fahrzeug im Inland nur in den Grenzen der §§ 32, 34 StVZO betrieben werden. Das gilt bereits vom ersten Augenblick des Grenzübertritts an, unabhängig von der Dauer des Aufenthalts oder der Fahrtstrecke[65]. Eine Ausnahmegenehmigung nach § 70 Abs. 1 Nr. 1 StVZO ist nicht allein deshalb zu erteilen, weil im

---

61 *Huppertz*, Betriebs- und Verkehrssicherheit ausländischer Fahrzeuge, SVR 2010, 121/123; *Huppertz*, Überprüfung ausländischer Fahrzeuge, PVT 2011, 195 f.; *Bouska*, Reifenprofil an außerdeutschen Kraftfahrzeugen, VD 1977, 324: „Es besteht Einigkeit darüber, dass ...außerdeutsche Kraftfahrzeuge und ihre Anhänger nicht den Bau- und Betriebsvorschriften der StVZO entsprechen müssen. Dies ergibt sich u. a. aus § 3 VOInt, der die §§ 32, 34 und 35 StVZO ausdrücklich auch auf außerdeutsche Kraftfahrzeuge erstreckt; der Verordnungsgeber geht also ersichtlich davon aus, dass die übrigen Bau- und Betriebsvorschriften keine Anwendung finden."

62 Eine entsprechende Regelung war vor Erlass der FZV in § 3 der IntVO enthalten.

63 Schreiben des Bundesministers für Verkehr vom 12.06.1967 – StV 7- 8064 K/67 zum früheren § 32 Abs. 2 StVZO.

64 *Bouska*, Reifenprofil an außerdeutschen Kraftfahrzeugen, VD 1977, 324 (zu § 23 Abs. 1 StVO): „Die Führer außerdeutscher Kraftfahrzeuge müssen allerdings nach § 4 Abs. 3 VOInt die inländischen Vorschriften über das Verhalten im Straßenverkehr, also die Straßenverkehrs-Ordnung, beachten. Nach § 23 Abs. 1 Satz 2 StVO muss der Fahrzeugführer u. a. dafür sorgen, dass das Fahrzeug vorschriftsmäßig ist. Diese Vorschrift wird zwar hinsichtlich möglicher Fahrzeugmängel für die im Inland zugelassenen Fahrzeuge durch § 69 a i. V. m. der jeweiligen Bau- oder Betriebsvorschrift der StVZO verdrängt...Da aber, wie ausgeführt, bei außerdeutschen Kraftfahrzeugen die StVZO nicht anwendbar ist, ist § 23 Abs. 1 StVO hier einschlägig."; BayObLG, Beschl. v. 27.07.1977 – 1 Ob OWi 102/77 – DAR 1978, 110.

65 OVG Nordrhein-Westfalen, Urt. v. 17.05.2006 – 8 A 1388/05 – DAR 2006, 579. Das Gericht deutet aber an, dass sehr kurze Fahrtstrecken – etwa 800 m – nicht vom Regelungszweck des § 31 d StVZO erfasst sein könnten.

Heimatstaat eines Unternehmens höhere Fahrzeuggewichte zulässig sind als in der Bundesrepublik Deutschland[66].

4. Europarechtliche Vorgaben

Unterschiede zwischen den Vorschriften der EU-Mitgliedstaaten über Gewichte und Abmessungen von Nutzfahrzeugen können sich nachteilig auf die Wettbewerbsbedingungen auswirken und den Verkehr zwischen den Staaten erschweren[67]. Mit der „Richtlinie 96/53/EG zur Festlegung der höchstzulässigen Abmessungen für bestimmte Straßenfahrzeuge im innerstaatlichen und grenzüberschreitenden Verkehr in der Gemeinschaft sowie zur Festlegung der höchstzulässigen Gewichte im grenzüberschreitenden Verkehr“ hat die EU deshalb Grenzwerte festgelegt, die in jedem Mitgliedstaat gelten. Hält ein Fahrzeug diese harmonisierten Grenzwerte ein, ist sein Betrieb europaweit zulässig. Die Richtlinie sieht Höchstmaße für Gewichte und Abmessungen vor. Sie differenziert zwischen Fahrzeugen, die im grenzüberschreitenden Verkehr eingesetzt werden und solchen, die nur innerstaatlich betrieben werden sollen (Art. 3 Abs. 1 der Richtlinie)[68]. Nur die Vorschriften über Abmessungen gelten sowohl innerstaatlich als auch grenzüberschreitend. Das hat zur Folge, dass jedes Mitgliedsland seine eigenen Gewichtsgrenzen vorsehen kann, die dann jedoch im Nachbarland nicht mehr gelten. Hält ein Fahrzeug aber die harmonisierten Gewichtsgrenzen ein, darf es selbst dann im grenzüberschreitenden Verkehr eingesetzt werden, wenn die nationalen Grenzwerte des Nachbarstaates niedriger als die EU-Grenzwerte liegen sollten.

---

66 OVG Nordrhein-Westfalen, Urt. v. 17.05.2006 – 8 A 1388/05 – DAR 2006, 579.

67 Richtlinie 96/53/EG zur Festlegung der höchstzulässigen Abmessungen für bestimmte Straßenfahrzeuge im innerstaatlichen und grenzüberschreitenden Verkehr in der Gemeinschaft sowie zur Festlegung der höchstzulässigen Gewichte im grenzüberschreitenden Verkehr, ABl. Nr. L 235 v. 25.07.1996, S. 59 Erwägungsgrund Nr. 3. Die Richtlinie wurde mit Richtlinie 2002/7/EG v. 18.02.2002 (ABl. Nr. L 67 v. 09.03.2002, S. 47) geändert.

68 In der ursprünglichen Fassung traf die Richtlinie darüber hinaus noch eine Unterscheidung zwischen „Fahrzeugen“ und „Fahrzeugen für die Güterbeförderung“: „Die Mitgliedstaaten dürfen in ihrem Gebiet den Einsatz von … Fahrzeugen für die Güterbeförderung, die in einem der Mitgliedstaaten zugelassen oder in Betrieb genommen sind, im innerstaatlichen Verkehr nicht aus Gründen, die die Abmessungen betreffen, verweigern oder verbieten, wenn diese Fahrzeuge mit den in Anhang I festgelegten Grenzwerten übereinstimmen.“ (Artikel 3 Absatz 1 Unterabsatz 1 der Richtlinie).

Fahrzeuge oder Fahrzeugkombinationen, die die Höchstabmessungen überschreiten, dürfen (sowohl für den innerstaatlichen wie auch für den grenzüberschreitenden Verkehr) nur mit Sondergenehmigungen zugelassen werden und nur dann, wenn diese Fahrzeuge unteilbare Ladung befördern oder für deren Beförderung bestimmt sind (Art. 4 Abs. 3 der Richtlinie). In Artikel 2 der Richtlinie wird „unteilbare Ladung" definiert als „Ladung, die für die Zwecke der Beförderung auf der Straße nicht ohne unverhältnismäßig hohe Kosten oder Schadensrisiken in zwei oder mehr Einzelladungen geteilt werden kann und die aufgrund ihrer Abmessungen oder Massen nicht von einem Kraftfahrzeug, Anhänger, Lastzug oder Gelenkfahrzeug, das in jeder Hinsicht den Vorschriften dieser Richtlinie entspricht, befördert werden kann". EU-Richtlinien sind nicht unmittelbar geltendes Recht. Sie bedürfen der Umsetzung durch die Mitgliedstaaten. In der Bundesrepublik wurden die Werte der Richtlinie durch die StVZO umgesetzt.

V. Der konkrete Fall: Transport von Bauteilen für eine Windkraftanlage

1. Vorbemerkung

Das Genehmigungsverfahren und die materiellen Verwaltungsentscheidungen sollen im Folgenden sukzessive anhand eines konkreten Falles dargestellt werden. Es handelt sich um eine Fahrzeugkombination, die zum Transport eines Bauteils für eine Windkraftanlage eingesetzt wurde. Für den Transport des Bauteiles wurden eine 3-achsige Sattelzugmaschine, ein Zwischenanhänger und ein Nachläufer verwendet. Es handelt sich hier um eine „Zwitterkonstruktion“: Zugfahrzeug und Zwischenanhänger bilden ein Sattel-Kfz, Sattel-Kfz und Nachläufer bilden einen Zug. Der Zwischenanhänger wurde eingefügt, um das Gewicht der Ladung, die bei einer reinen Nachläufer-Konstruktion nur auf Nachläufer und Zugfahrzeug verteilt wäre, über die zusätzlichen Achsen des Zwischenanhängers abzupuffern.

2. Fahrzeugbeschreibung/Erläuterung der genehmigungsrelevanten Fahrzeugdaten:

	Sattel-zugmaschine	**Zwischen-Sattelanhänger**	**Anhänger f. Langmaterial (Nachläufer)**	**Fzg.-Kombination**
amtl. Kennzeichen				
Hersteller	DAIMLER (D)	DOLL	DOLL	–
Typ	934.24	D3L-0	–	–
Fz.-Ident.-Nummer	WDB9342411*	W09M27330B*	W09M19550B*	
Höchstgeschw. in km/h	80	80	80	80
Motorleistung in kW	440	–	–	4,09–4,51 kW/t
Leergewicht in t	10,70	8,80	11,50	31,0

	Sattel-zugmaschine	Zwischen-Sattelanhänger	Anhänger f. Langmaterial (Nachläufer)	Fzg.-Kombination
Sattel-/ Aufliegelast in t	16,78/–	–/21,0	–	–
zul. Gesamtgewicht in t	27,50	51,0	max. 50,0 / gen. 40,0	max. 107,5 / gen. 97,50
Nutzlast in t	–	–	28,50–38,50	66,50–76,50
Kupplungsmaß a)/b) nach Rili 9653/EG in m	5,00	7,25	9,95	–
Höhe in m	3,70	4,00	3,80	4,00
Länge in m	7,30	8,00	10,0	min. 22,20 / max. 65,0 / gen. 32,0
Breite in m	2,50	2,55	2,55	2,55
Anzahl der Achsen/ angetrieben	3/2	3	5	11
Achslasten in t	9,0 / 10,0 / 10,0	10,0 / 10,0 / 10,0	5-mal 10,0	–

Bei diesem Fahrzeug handelt es sich um eine Kombination aus einem Sattel-Kfz und einem Zug: das Zugfahrzeug (der Lkw) und der 3-achsige Zwischenanhänger bilden zusammen ein Sattel-Kfz, durch Hinzufügen des 5-Achs-Nachläufers entsteht ein Lkw-Zug. Insgesamt gilt die Fahrzeugkombination als Zug nach § 32 Abs. 4 Satz 1 Nr. 3 StVZO.

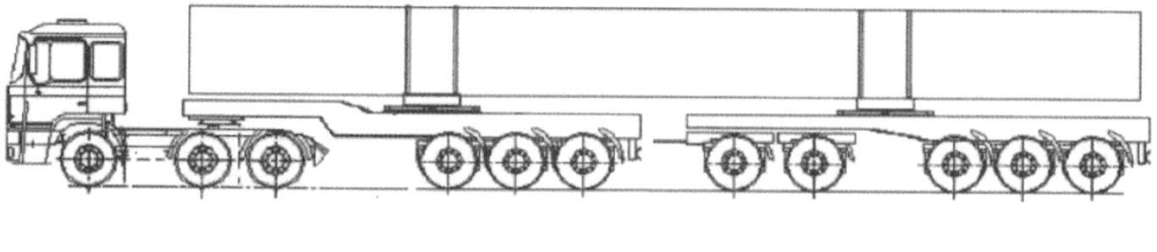

Das Fahrzeug weist vor allem folgende Besonderheiten auf:

Zugfahrzeug (Lkw)

- Die beiden hinteren Achsen weisen eine Doppelachslast[69] von 20,0 t (statt 19,0 t) auf.
- Das zulässige Gesamtgewicht des Lkw beträgt 27,50 t (statt 26,0 t).

Zwischenanhänger bzw. Nachläufer

- Die Fahrzeuge haben eine Doppelachslast von 20,0 t (statt 18,00 t).
- Die Fahrzeuge haben eine Dreifachachslast von 40 t (statt 32,00 t).
- Die Fahrzeuge haben ein Gesamtgewicht von 30,0 t bzw. 50,0 t (statt 24,0 t).

Gesamte Fahrzeugkombination

- Die Länge[70] beträgt bis zu 65,00 m (statt 18,00 m). Bereits im Grundzustand (mit direkt an den Zwischenanhänger angekoppelten Nachläufer) ist das Fahrzeug allerdings schon 22,20 m lang.
- Das zulässige Gesamtgewicht beträgt bis zu 107,5 t (statt 40,0 t).

Das zulässige Gesamtgewicht (zGG) errechnet sich hier aus den Gewichten des Sattel-Kfz und des Anhängers.

---

69 Ob die einzelnen Achsen eines Fahrzeugs auch rechtlich als „Einzelachsen" angesehen werden oder ob sie in die Kategorien „Doppelachslast" oder „Dreifachachslast" fallen, hängt von den Achsabständen ab. Je geringer der Achsabstand ist, desto höher ist der Bodendruck und entsprechend niedriger ist auch der gesetzlich zulässige Wert. Hat ein Fahrzeug mehr als drei Achsen, werden die zulässigen Achslasten ermittelt, indem man die Werte von Einfach-, Zweifach- und Dreifachachslasten unter Berücksichtigung ihrer rechtlichen Einordnung aufgrund der Achsabstände kombiniert. (Zu einem Beispiel eines 3-Achsers, bei dem der Achsabstand zwischen Vorder- und Mittelachse 1,3 m und der Abstand zwischen Mittel- und Hinterachse 1,41 m beträgt, siehe *Braun/Konitzer*, StVZO, Stand: Feb. 2011, § 34 RN 9: Man geht von zwei Doppelachsen aus (18 t + 18 t) und zieht die Mittelachse, da zweimal berücksichtigt, ab (9 t) und kommt so zum Ergebnis 27,0 t.)

70 Die Länge einer Fahrzeugkombination ergibt sich nicht aus der Addition der Einzellängen. Dieser Wert wäre zu hoch, da auch der Abstand zwischen der Verbindungseinrichtung (z.B. Zugmaul) zum Fahrzeugende (Bordwand) mitgezählt würde. Die Gesamtlänge berechnet man daher anhand der Kupplungsmaße.

Gewicht des Sattel-Kfz:		
– Gewicht des Lkw	27,50 t	
– Gewicht des Sattelanhängers	51,00 t	
– Summe	78,50 t	
– abzügl. Aufliegelast	21,00 t	
– Gewicht (§ 34 Abs. 7 Satz 1 Nr. 3 StVZO)		57,50 t
zzgl. Gewicht des Nachläufers		50,00 t
Gesamtgewicht (§ 34 Abs. 7 Satz 1 Nr. 1 StVZO)		107,50 t

Das Fahrzeug überschreitet die Gewichtsgrenzen und die zulässige Länge nach der StVZO; es handelt sich um einen Großraum- und Schwertransport. Eine „normale“ Zulassung ist nicht möglich.

VI. Die unterschiedlichen Gestattungen

1. Abgrenzung

Für Großraum- und Schwertransporter ist ein besonderes Erlaubnisverfahren vorgesehen, weil von diesen Fahrzeugen erhöhte Gefahren ausgehen, die eine besondere Überwachung und Kontrolle notwendig machen[71]. Für die Zulassung eines Großraum- oder Schwertransportes sieht das Verkehrsrecht 4 mögliche Gestattungen vor, die z. T. alternativ, unter Umständen aber sogar kumulativ, vorliegen müssen. Die entsprechenden Fallgestaltungen zählen RN 79 ff. der VwV zu § 29 StVO auf:

- Fahrzeuge und Fahrzeugkombinationen, deren Abmessungen, Achslasten oder Gesamtgewichte die nach den §§ 32 und 34 StVZO zulässigen Grenzen überschreiten, bedürfen einer „technischen/fahrzeugbezogenen" Ausnahmegenehmigung nach § 70 StVZO (RN 79 VwV zu § 29 StVO). Im Genehmigungsverfahren nach § 70 StVZO wird nur generell geprüft, ob für das Fahrzeug überhaupt geeignete Straßen zur Verfügung stehen, nicht dagegen, ob eine konkrete Strecke geeignet ist[72]. Zur Erteilung einer Erlaubnis nach § 29 Abs. 3 StVO hat der Antragsteller dann eine Genehmigung nach § 70 StVZO vorzulegen.
- Überschreitet das Fahrzeug oder die Fahrzeugkombination bei einem (konkreten) Transport die in der StVZO festgelegten Grenzen dann auch noch tatsächlich, liegt Erlaubnispflicht nach § 29 Abs. 3 StVO vor (§ 29 Abs. 3 Satz 1

71 OLG München, Urt. v. 29.06.1995 – 1 U 6856/94 – OLGR München 1996, 63.

72 *Büff*, Die Erteilung von Ausnahmegenehmigungen nach § 70 StVZO für Schwerlastfahrzeuge, VD 1979, 51/52: „Die Trennung des Erlaubnisverfahrens von dem Genehmigungsverfahren nach § 70 StVZO hat zur Folge, dass die Verwaltungsbehörde im Verfahren nach § 70 StVZO nur generell zu prüfen hat, ob für das Schwerlastfahrzeug jemals eine Erlaubnis nach § 29 Abs. 3 StVO erteilt werden könnte, d. h. ob geeignete Straßen grundsätzlich zur Verfügung stehen. Besteht die Möglichkeit, dass das Fahrzeug später für eine einzelne Fahrt und eine konkrete Fahrtstrecke eine Erlaubnis nach § 29 Abs. 3 StVO erhalten könnte, so darf die Ausnahmegenehmigung nicht mit der Begründung versagt werden, es seien keine geeigneten Strecken vorhanden."

StVO). Im Verfahren wird dann geprüft, ob eine beantragte Fahrtstrecke geeignet ist („streckenbezogene“ Erlaubnis)[73].

- Eine Erlaubnis nach § 29 Abs. 3 StVO ist nicht erforderlich, wenn nicht das Fahrzeug oder die Fahrzeugkombination, sondern nur die Ladung zu breit oder zu hoch ist oder die Vorschriften nur deshalb nicht eingehalten werden, weil die Ladung nach vorn oder nach hinten zu weit hinausragt[74]; in diesem Fall ist nur eine Ausnahme von den in Betracht kommenden Vorschriften des § 22 und gegebenenfalls des § 18 Abs. 1 Satz 2 erforderlich (RN 81 VwV zu § 29 StVO). Rechtsgrundlage für eine solche Ladungsgenehmigung ist § 46 Abs. 1 Satz 1 Nr. 5 StVO. Wird beim Transport der Ladung das gesetzlich zulässige Gesamtgewicht oder (und) werden (auch) die zulässigen Achslasten überschritten, genügt eine Ausnahmegenehmigung nach § 46 StVO allein nicht. Denn die Ladungsgenehmigung ermöglicht schon vom Wortlaut des § 22 StVO her nur Ausnahmen von Abmessungen. Nicht der Anwendungsbereich des § 46 Abs. 1 Satz 1 Nr. 5 StVO, sondern der des § 70 StVZO ist allerdings eröffnet, wenn eine Fahrzeug mit ausziehbaren Spriegeln ausgestattet ist und sich die Ladung innerhalb der über die Spriegel gezogenen Plane befindet.
- Eine Erlaubnis ist weiter nicht notwendig, wenn eine konstruktiv vorgesehene Verlängerung oder Verbreiterung des Fahrzeugs, z. B. durch Ausziehen der Ladefläche oder Ausklappen oder Anstecken von Konsolen usw., nicht oder nur teilweise erfolgt und das Fahrzeug in diesem Zustand den Bestimmungen des § 32 StVZO entspricht. Das Fahrzeug braucht hier zwar eine Ausnahmegenehmigung nach § 70 StVZO, da zulassungsrechtlich die maximalen Maße und Gewichte „abgebildet“ werden; solange diese aber tatsächlich nicht in Anspruch genommen werden sollen, wird eine Erlaubnis nach § 29 StVO nicht benötigt.

---

73 Die AllgVwV zu § 5 StVO 1956 (VkBl. 1956, 479) führt hierzu aus: „Bei Ausnahmegenehmigungen nach § 70 StVZO handelt es sich darum, ob ganz allgemein ein Fahrzeug wegen seiner Betriebs- und Verkehrssicherheit trotz Abweichung von allgemeinen Bau- und Betriebsvorschriften zum Verkehr zugelassen werden kann. Durch die Erlaubnis nach § 5 soll jedoch unabhängig davon der Straßenverkehrsbehörde die Möglichkeit gegeben werden, den Einsatz ungewöhnlich schwerer oder umfangreicher Fahrzeuge im Einzelfall auszuschließen oder auf bestimmte, genau festzulegende Straßen und Zeiten zu beschränken.“

74 In § 22 StVO wird auch geregelt, wie weit die Ladung nach vorn und nach hinten hinausragen darf. Wird hierbei die Gesamtlänge von 20,75 m nicht überschritten, zählt die Fahrt nach der hier verwendeten Definition nicht als GST, auch wenn eine Ausnahmegenehmigung nach § 46 Abs. 1 Nr. 5 StVO erforderlich ist (z. B. Klein-Lkw, der eine 2 m nach hinten hinausragende Stange über eine Strecke von 220 km transportiert).

- Wird das durch eine Ausnahmegenehmigung nach § 70 StVZO erhöhte Gesamtgewicht des Fahrzeugs oder werden erhöhte Achslasten tatsächlich nicht ausgenutzt, braucht man ebenfalls keine Erlaubnis nach § 29 StVO (RN 83 VwV zu § 29 StVO).

Nach § 8 Abs. 1 Satz 1 FStrG ist die Benutzung der Bundesfernstraßen über den Gemeingebrauch hinaus Sondernutzung. Sie bedarf der Erlaubnis der Straßenbaubehörde, in Ortsdurchfahrten der Erlaubnis der Gemeinde (§ 8 Abs. 1 Satz 2 FStrG). Diese Erlaubnis entfällt nach § 8 Abs. 6 Satz 2 FStrG, wenn nach den Vorschriften des Straßenverkehrsrechts eine Erlaubnis für eine übermäßige Straßenbenutzung oder eine Ausnahmegenehmigung erforderlich ist. Die Landesstraßengesetze enthalten entsprechende Bestimmungen (z. B. Art. 18 Abs. 1 Satz 1, Art. 21 BayStrWG). Fahrten mit überschweren und übergroßen Fahrzeugen oder mit überdimensionierter Ladung beanspruchen Straßen über den Gemeingebrauch hinaus und sind nach den materiellen Voraussetzungen Sondernutzung[75].

2. Kumulatives Vorliegen von Erlaubnistatbeständen

a) Grundsatz

Wird eine Ausnahmegenehmigung nach § 70 StVZO ausgenutzt, führt dies also immer dazu, dass auch eine Erlaubnis nach § 29 Abs. 3 StVO notwendig wird. Ragt die Ladung außerdem auch noch über die Fahrzeugsilhouette hinaus und ist sie mehr als 2,55 m breit oder mehr als 4 m hoch, wird zusätzlich noch die „Ladungsgenehmigung“ nach § 46 Abs. 1 Satz 1 Nr. 5 StVO benötigt (RN 13 VwV zu § 46 StVO). Es ist also möglich, dass bei einem Transport gleichzeitig 3 (4) Gestattungen vorliegen müssen.

b) Anwendung auf Langmaterialzüge

Langmaterialtransporte, bei denen das Zugfahrzeug mit dem Nachläufer lediglich durch die Ladung (z. B. Brückenträger) verbunden ist, brauchen dann eine Ausnahmegenehmigung nach § 70 Abs. 1 Nr. 1 StVZO und eine Erlaubnis nach

---

75 *Wiget* in: *Zeitler*, Bayer. Straßen- und Wegegesetz, Stand Sept. 2011, Art. 18 BayStrWG RN 13.

§ 29 Abs. 3 StVO, wenn das in § 32 Abs. 1 Nr. 3 d StVZO festgelegte Längenmaß (Abstand Vorderkante Zugmaschine zu Hinterkante Nachläufer) überschritten wird. Das gilt ebenfalls bei Überschreitung der zulässigen Achslasten und Gesamtgewichte und bei Überschreitung der zulässigen Fahrzeugbreite (auch durch Ladeflächenverbreiterungen).

Selbstlenkende Nachläufer sind keine Sattelanhänger; sie sind als gewöhnliche Anhänger zu behandeln[76]. Damit gilt gem. § 32 Abs. 4 Nr. 3 StVZO eine zulässige Höchstlänge von 18,00 m[77] für Züge (Kraftfahrzeuge mit einem oder zwei Anhängern).

Eine Ausnahmegenehmigung nach § 46 Abs. 1 Satz 1 Nr. 5 StVO wird zusätzlich benötigt, wenn – anders als in dem in Kap. V dargestellten Fall – die Ladung nach hinten mehr als 1,5 m hinausragt. Außerdem wäre auch eine Überschreitung einer Gesamtlänge (Fahrzeug und Ladung) von mehr als 20,75 m genehmigungsbedürftig.

c) Der konkrete Fall

Alle drei Gestattungen würden in dem in Kap. V dargestellten Fall benötigt, wenn Ladung mit einem Gewicht von mehr als 9 t und einer Breite von mehr als 2,55 m befördert würde.

- Dazu müsste die Ausnahmegenehmigung nach § 70 StVZO in Anspruch genommen werden.
- Die (tatsächliche) Gewichtsüberschreitung hätte zur Folge, dass auch die Erlaubnis nach § 29 Abs. 3 StVO erforderlich wird.
- Hätte die Ladung beispielsweise eine Breite von 3 – würde sie also um insgesamt 45 cm über das Fahrzeug hinausragen – wäre auch noch die Ladungsgenehmigung notwendig. (Nach hinten schließt die Ladung mit dem Fahrzeug ab.)

---

76 *Meyer*, „Was ist Wie“, Stand: 01.05.2011, Nr. 5.4 r Anm. 1 b.

77 Nr. 29.3.1 der (jetzt – AllMBl 2001, S. 668- aufgehobenen, materiell aber noch richtigen) bayer. Vollzugs-Bekanntmachung – VollzBek. zur StVO (AllMBl 1991, S. 650). Siehe auch *Ostheimer*, Handbuch für das Genehmigungs- und Erlaubnisverfahren im Transportbereiche, 3. Auflage 2006, S. 63: Die Länge des Zuges wird immer ohne Ladungsüberhang gemessen.

Bereits das unbeladene Fahrzeug kann aufgrund seiner Überlänge (22,20 m) nur unter Inanspruchnahme der Ausnahmegenehmigung nach § 70 StVZO und der Erlaubnis nach § 29 Abs. 3 StVO in Betrieb genommen werden.

3. Dauergenehmigung/Dauererlaubnis und Einzelfahrtgenehmigung

Grundsätzlich können sowohl die Ausnahmegenehmigungen nach § 70 StVZO und § 46 StVO als auch die Erlaubnis nach § 29 StVO als Dauergenehmigung oder Einzelfahrtgenehmigung bzw. als Dauererlaubnis bzw. Einzelfahrterlaubnis erteilt werden.

Nach den „Richtlinien zu § 70 StVZO" soll eine Dauer-Ausnahmegenehmigung für maximal 6 Jahre erteilt werden. Voraussetzung für eine Dauerausnahmegenehmigung ist, dass die in der Richtlinie genannten Werte nicht überschritten werden. Die Dauerausnahmegenehmigung gilt bundesweit und flächendeckend. Können die Werte der Richtlinie nicht eingehalten werden, muss jede Fahrt einzeln genehmigt werden (Zeitraum und Strecke).

Denkbar ist auch eine Kombination von Dauergenehmigung (etwa bei variablen Fahrzeugabmessungen wie ausziehbarer Ladefläche bis zu einer bestimmten Länge oder bei den Achslasten und Gesamtgewichten bis zum Erreichen einer bestimmten Gewichtsgrenze) und Einzelausnahmegenehmigung (für Fahrten, bei denen die in der Dauerausnahmegenehmigung festgelegten Werte überschritten werden).

Nach den Verwaltungsvorschriften zu § 29 StVO (RN 135 ff.) kann eine auf höchstens 3 Jahre befristete (und bundesweit geltende) allgemeine Dauererlaubnis erteilt werden. Diese Dauererlaubnis kann zusammen mit der Ausnahmegenehmigung nach § 70 StVZO verbunden werden (RN 140 VwV zu § 29 StVO). Voraussetzung ist die persönliche Zuverlässigkeit des Antragstellers. Außerdem darf das Fahrzeug bzw. die Fahrzeugkombination bestimmte, in RN 99 der VwV genannte Maße und Gewichte nicht überschreiten (sog. Anhörfreigrenzen):

Höhe		4 m
Breite		3 m
Länge	Einzelfahrzeuge (ausgenommen Sattelanhänger)	15 m
	Sattel-Kfz ohne Einhalten der Kreisfahrwerte	20 m
	Sattel-Kfz mit Einhalten der Kreisfahrwerte	23 m
	Züge	23 m

Achslasten	Einzelachsen	11,5 t
	Doppelachslasten	
	– Achsabstand 1 m bis weniger als 1,3 m	17,6 t
	– Achsabstand 1,3 m bis 1,8 m	20,0 t
Gesamtgewichte	Einzelfahrzeuge	
	– Fahrzeuge mit 2 Achsen (ausgenommen Sattelanhänger)	18,0 t
	– Kfz mit 3 Achsen	27,5 t
	– Anhänger mit 3 Achsen	25,0 t
	– Kfz mit 2 Doppelachsen, deren Mitten mind. 4,0 m voneinander entfernt sind	33,0 t
	– Sattelzugmaschinen und Zugmaschinen mit 4 Achsen	33,0 t
	Fahrzeugkombinationen (Züge und Sattelkraftfahrzeuge)	
	– mit 3 Achsen	29,0 t
	– mit 4 Achsen	38,0 t
	– mit mehr als 4 Achsen	41,8 t

Darüber hinaus gibt es – auch von Bundesland zu Bundesland – unterschiedliche Formen der Dauererlaubnis, etwa eine Dauererlaubnis für alle Straßen im Zuständigkeitsbereich der Erlaubnisbehörde und der benachbarten Behörde (RN 137 VwV zu § 29 StVO).

Auch die Ladungsgenehmigung nach § 46 Abs. Satz 1 Nr. 5 StVO kann als Dauergenehmigung für einen Zeitraum von höchstens 3 Jahren erteilt werden (RN 85 VwV zu § 46 StVO). Eine bundesweit gültige Ausnahmegenehmigung nach § 46 StVO kann beispielsweise zusammen mit der Ausnahmegenehmigung nach § 70 StVZO ergehen, wenn folgende Werte (RN 32 ff. VwV zu § 46 StVO) eingehalten sind:

Höhe (Fahrzeug/Fahrzeugkombination und Ladung)	4 m
Breite (Fahrzeug/Fahrzeugkombination und Ladung)	3 m
Länge (Fahrzeug/Fahrzeugkombination und Ladung)	22 m
Hinausragen der Ladung nach hinten	4 m
Hinausragen der Ladung über die letzte Achse	5 m
Hinausragen der Ladung nach vorn	1 m

4. Übersicht über die verschiedenen Gestattungen

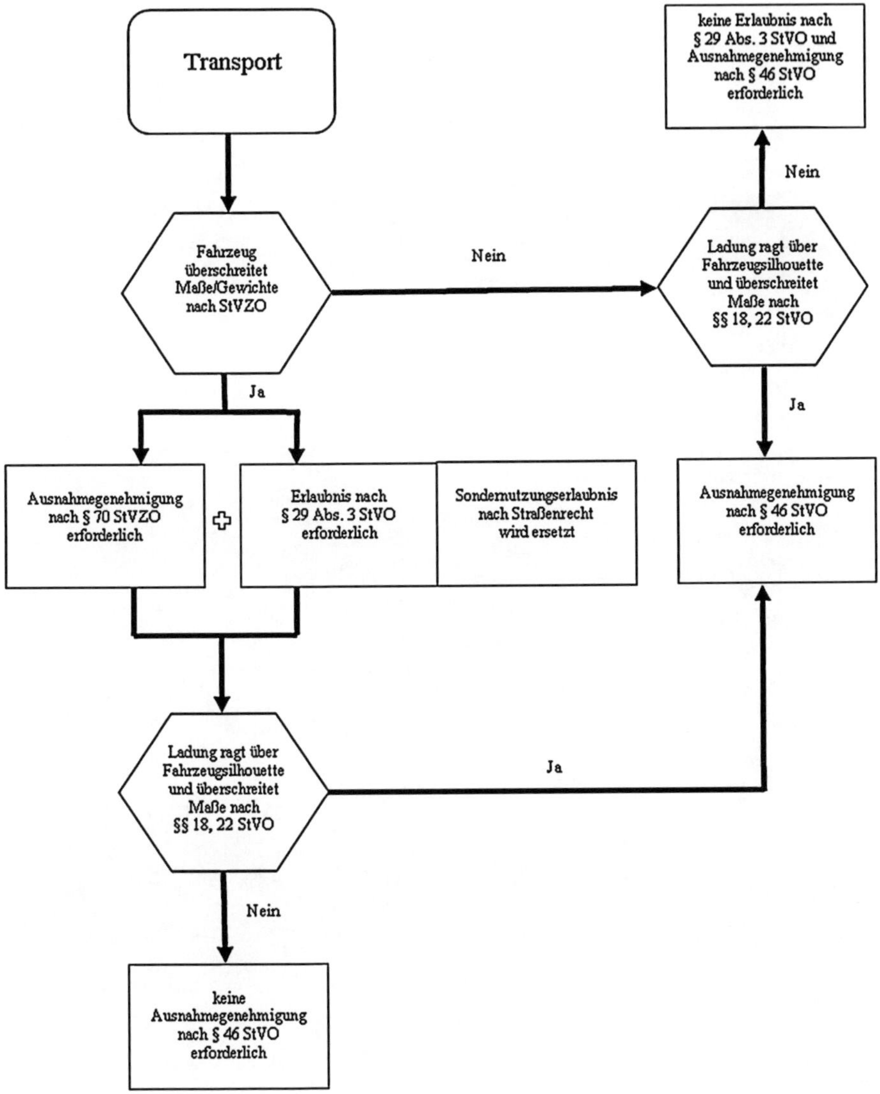

VII. Die Ausnahmegenehmigung nach § 70 StVZO (sog. „70er“)

1. Die Struktur der Norm

Nach § 70 Nr. 1 StVZO können die höheren Verwaltungsbehörden in bestimmten Einzelfällen oder allgemein für bestimmte Antragsteller Ausnahmen u. a. von den Vorschriften der §§ 32 und 34 StVZO genehmigen. § 70 StVZO fasst die Vorschriften über die Zuständigkeit zur Zulassung von Ausnahmen von den Bestimmungen der StVZO in einer speziellen Regelung zusammen[78]. Nach Wortlaut und Systematik ist die Bestimmung zunächst eine Zuständigkeitsregelung für die Erteilung von Ausnahmen; das ergibt sich aus der Eingangsformulierung „Ausnahmen können erteilen“ und der sich anschließenden nach Regelungsgegenstand und Bedeutung der Angelegenheit gestuften Zuweisung von Genehmigungskompetenzen[79].

Darüber hinaus enthält § 70 StVZO – auch – eine materiellrechtliche Ermächtigung zum Erlass von Ausnahmegenehmigungen[80]. Die Erteilung der Genehmigung steht im Ermessen der Behörde. § 70 StVZO soll Abweichungen von generellen Bestimmungen der StVZO ermöglichen, um besonderen Ausnahmesituationen Rechnung zu tragen, die bei strikter Anwendung der Bestimmungen nicht hinreichend berücksichtigt werden könnten. Ob ein solcher besonderer Ausnahmefall vorliegt, bemisst sich nach dem Ergebnis eines Vergleichs der Umstände des konkreten Falles mit dem typischen Regelfall, welcher dem generellen Verbot zugrunde liegt. Das so gewonnene Merkmal einer Ausnahmesituation ist sodann unverzichtbarer Bestandteil der einheitlich zu treffenden Ermessensentscheidung[81].

78 Amtl. Begr. zur Verordnung zur Änderung der Straßenverkehrs-Zulassungs-Ordnung und der Straßenverkehrs-Ordnung v. 24.08.1953 (VkBl. 1953, 439/447); *Dauer* in: *Hentschel/König/Dauer*, Straßenverkehrsrecht, 41. Auflage 2011, § 70 StVZO RN 2.

79 BVerwG, Urt. v. 14.04.2005 – 3 C 3/04 – DAR 2005, 582.

80 BVerwG, Urt. v. 21.02.2002 – 3 C 33/01 – DAR 2002, 281; BVerwG, Urt. v. 14.04.2005 – 3 C 3/04 – DAR 2005, 582.

81 BVerwG, Urt. v. 21.02.2002 – 3 C 33/01 – DAR 2002, 281; OVG Nordrhein-Westfalen, Urt. v. 08.03.2006 – 8 A 1117/05 – VRS 110, 455; OVG Nordrhein-Westfalen, Urt. v. 17.05.2006 – 8 A 1388/05 – VRS 111, 73: „Die Feststellung des „besonderen Ausnahmefalls“ setzt voraus, dass der typische Regelfall der jeweiligen Verbotsnorm

Die materiellen Voraussetzungen der Vorschrift ergeben sich also allein aus der Bedeutung des Wortes „Ausnahmen". Insofern weicht die Vorschrift vom Normalfall der „Ausnahme" ab, da die Voraussetzungen für die Ausnahmegenehmigung nicht in der ausnahmefähigen Vorschrift (Bau- und Betriebsvorschrift der StVZO) selbst enthalten sind, sondern die Genehmigung aufgrund genereller gesetzlicher Ermächtigung gewährt werden kann und insoweit den Charakter einer „Befreiung" (Dispens) hat[82]. „Ausnahmecharakter" gewinnt § 70 Abs. 1 StVZO tatsächlich dann, wenn sich aus der Vorschrift selbst, von welcher Ausnahmen zugelassen werden sollen, normative Einschränkungen des Ermessens für die die Ausnahme gewährende Behörde gewinnen lassen; das ist beispielsweise bei den Anlagen zur StVZO[83] der Fall. Im Bereich der GST ist dies aber ohne praktische Bedeutung.

Im Hinblick darauf, dass bei der Erteilung einer Ausnahmegenehmigung in weitem Umfang auch technisch-prognostische Entscheidungen zu treffen sind – nämlich darüber, welche Auswirkungen GST auf Verkehr und Straße haben

---

vor dem Hintergrund von Sinn und Zweck der Regelung sowie der damit verbundenen Intention des Verordnungsgebers ermittelt wird."

82 *Wolff/Bachof*, Verwaltungsrecht I, 12. Auflage 2007, § 46 RN 42: „Die Ausnahmebewilligung beruht auf einem speziellen Ausnahmevorbehalt, der in der ausnahmefähigen Vorschrift selbst enthalten ist. Ein Dispens liegt vor, wenn gemäß genereller gesetzlicher Ermächtigung ... Befreiung von zwingenden Vorschriften gewährt wird, die nicht unter speziellen Ausnahmevorbehalten stehen."- Zu einer Zulassung von grundsätzlich verbotenem Motorbootbetrieb auf einem Wasserweg als Befreiung von einem repressiven Verbot mit Dispensvorbehalt siehe VG Hamburg, Urt. v. 24.02.2010 – 5 K 122/08 – juris.

83 Beispielsweise Anlage XII (§ 34 Abs. 4 Nr. 2 Buchstabe d, Abs. 5 Nr. 2 Buchstabe b und Nr. 3 Buchstabe b, Abs. 6 Nr. 3 Buchstabe b) Bedingungen für die Gleichwertigkeit von Luftfederungen und bestimmten anderen Federungssystemen an der (den) Antriebsachse(n) des Fahrzeugs). – Siehe zu § 70 Ab. 1 Nr. 2 StVZO i. V. m. Anl. Va a. F. StVZO VG Koblenz, Urt. v. 15. 5. 2006 – 4 K 1442/05. KO – Juris: „Nach seinem Wortlaut enthält § 70 Abs. 1 Nr. 2 StVZO zwar eine pauschale Ermessensermächtigung zur Genehmigung von Ausnahmen von allen nicht speziell in § 70 Abs. 1 Nr. 1 StVZO angesprochenen Vorschriften der StVZO, die – abgesehen von der Einschränkung im 2. Halbsatz des § 70 Abs. 1 Nr. 2 – an keine weiteren einschränkenden Voraussetzungen gebunden ist. Die Vorschrift muss jedoch in ihrem systematischen Zusammenhang mit den Vorschriften der StVZO gesehen werden, von denen Ausnahmen genehmigt werden sollen. Soweit diese speziellen Vorschriften konkrete Einschränkungen enthalten, unter denen eine Ausnahme von ansonsten zwingenden Regelungen nur in Betracht kommt, wirken sie sich als spezielle normative Beschränkungen des Ermessensspielraums für die Entscheidung über die Genehmigung von Ausnahmen aus."

können – wäre grundsätzlich zu überlegen, ob der Genehmigungsbehörde bei ihrer Entscheidung ein Beurteilungsspielraum zusteht[84].

Allerdings ist das Modell des unbestimmten Rechtsbegriffs mit und ohne Beurteilungsspielraum ein Problem des gesetzlichen Tatbestandes, während das Ermessen erst auf der Rechtsfolgeseite zum Zuge kommt[85].

§ 70 StVZO (welcher im Übrigen als Ausnahmevorschrift für alle Bereiche der StVZO gilt und schon deshalb generalisierend- also passend auch für Vorschriften, die keinen Beurteilungsspielraum einräumen mögen – gefasst wurde) ist nicht so konzipiert, dass die Behörde zunächst die Tatbestandsvoraussetzungen einer Ausnahme zu prüfen und bei deren Nichtvorliegen den Antrag abzulehnen hat. Denn derartige tatbestandliche Voraussetzungen sind nicht normiert[86]. Mangels Tatbestandes sind die Regeln des Beurteilungsspielraumes auf § 70 StVZO nicht anwendbar.

Das heißt aber nicht, dass der Verwaltung nicht dennoch die Möglichkeit eingeräumt ist, ihren Sachverstand mit letzter Entscheidungsbefugnis in das Verfahren einzubringen. Dazu bedarf es nämlich nicht unbedingt der Einräumung eines Beurteilungsspielraums: denn in manchen Fällen kann ein bestimmtes gesetzgeberisches Ziel durch eine entsprechende Regelung entweder auf der Tatbestandsseite (unbestimmter Rechtsbegriff) oder auf der Rechtsfolgeseite (Ermessenseinräumung) erreicht werden[87]. Und diesen (letzteren) Weg ist der Verordnungsgeber im vorliegenden Fall gegangen- Ermessen hätte er ohnehin einräumen müssen, da nur so eine Entscheidung über einen Antrag eines Unternehmers unter Bezug auf den Grad der Abweichung getroffen werden kann; und eine Normierung eines festen Tatbestandes hätte zu einer unpraktikablen „Litanei" möglicher Ausnahmefälle geführt.

Die Struktur des § 70 StVZO wird plastisch dargestellt vom VG Augsburg[88]: „§ 70 StVZO ist somit nicht so konzipiert, dass die Behörde zunächst die tatbestandlichen Voraussetzungen einer Ausnahme zu prüfen und bei deren Nichtvorliegen den Antrag abzulehnen hat. Denn derartige tatbestandliche Voraussetzungen sind nicht normiert. Es mag sein, dass in Richtlinien, Rundschreiben, Erlassen

---

84 Zum Begriff des Beurteilungsspielraums siehe Maurer, Allgemeines Verwaltungsrecht, 18. Auflage 2011, § 7 RN 34.

85 *Detterbeck*, Allgemeines Verwaltungsrecht, 10. Auflage 2012, RN 380.

86 *Ossenbühl*, Tendenzen und Gefahren der neueren Ermessenslehre, DÖV 1968, 618 (FN 54a): „Wenn also der Gesetzgeber Ausnahmetatbestände im Voraus nicht fixieren kann, aber mit unerträglichen Verbotsauswirkungen rechnet, kann er einen „tatbestandslosen" Dispensvorbehalt vorsehen und die Ausnahmeentscheidung der Verwaltung anvertrauen."

87 *Maurer*, Allgemeines Verwaltungsrecht, 18. Auflage 2011, § 7 RN 51.

88 VG Augsburg, Urt. v. 22.07.2008 – Au 3 K 08.440 – juris.

oder ähnlichem festgelegt ist, unter welchen Voraussetzungen eine Ausnahmegenehmigung zu versagen ist. Derartige Regelungen als Verwaltungsvorschriften binden aber die Behörde nur im Innenverhältnis im Rahmen des hierarchischen Behördenaufbaus. Sie entfalten keine Rechtswirkungen nach außen, also Bewerbern um eine Ausnahmegenehmigung gegenüber. Vielmehr hat die Behörde die gegen die Ausnahme sprechenden Gesichtspunkte, in der Regel solche der Sicherheit und Leichtigkeit des Verkehrs, abzuwägen gegen die Interessen des Antragstellers an der Erteilung der Ausnahmegenehmigung."

Als abstrakt– genereller Regelung liegen der StVZO bestimmte typische Fallgestaltungen zu Grunde (Wie muss ein Lkw normalerweise beschaffen sein, um seine Transportaufgabe unter Benutzung des vorhandenen Straßennetzes erfüllen zu können?), eine Berücksichtigung jeder Besonderheit ist aber in einer Rechtsnorm nicht möglich. Um dieses Spannungsverhältnis von Verbindlichkeit und Flexibilität bzw. Einzelfallgerechtigkeit auflösen zu können, bedarf es des Instruments der Ausnahmegenehmigung. Ausnahmen sind erforderlich, um die Entwicklung der Technik nicht zu hemmen, unnötige Härten zu vermeiden oder die Ungewissheit über die Rechtslage zu beseitigen[89]. Im Falle der Genehmigung von GST sind auch öffentliche Belange in Form des staatlichen Interesses am Transport auch besonders schwerer oder besonders großer Wirtschaftsgüter zu berücksichtigen.

2. Die Ausnahmegenehmigung als begünstigender (dinglicher) Verwaltungsakt

Die Ausnahmegenehmigung nach § 70 StVZO ist ein begünstigender Verwaltungsakt (§ 35 VwVfG)[90], und zwar ein gestaltender und ein- grundsätzlich – dinglicher (sachbezogener). § 70 Abs. 3a StVZO („Durch Verwaltungsakt für ein Fahrzeug genehmigte Ausnahmen von…den Bau- und Betriebsvorschriften.") hat insofern nur deklaratorischen Charakter. Die Ausnahmegenehmigung bezieht sich – wie

89 *Lütkes*, Straßenverkehrsrecht, Stand: Nov. 2011, § 70 StVZO RN 2.

90 VG Saarland, Urt. v. 04.03.2009 – 10 K 1139/07 – VerkMitt 2009, Nr. 58; VG Augsburg, Urt. v. 08.12.2009 – Au 3 K 09.672 – juris. – Obwohl das Straßenverkehrsgesetz (StVG) in § 6 Abs. 1 Nr. 2 Buchst. x nun seit 03.05.2005 eine Ermächtigungsgrundlage zum Erlass einer „Verordnung für die Erteilung einer Betriebserlaubnis für Fahrzeuge/Fahrzeugkombinationen des Großraum- und Schwerverkehrs" enthält, werden erforderliche Ausnahmegenehmigungen nach wie vor in jedem Einzelfall durch Bescheid erteilt. Ob von der Ermächtigung des StVG jemals Gebrauch gemacht werden wird, ist völlig offen.

die Erteilung der Betriebserlaubnis – auf das Fahrzeug, grundsätzlich unabhängig vom jeweiligen Halter, und gilt normalerweise (unbefristet) für die gesamte „Lebensdauer“ des Fahrzeugs[91]. Anders verfahren wird in der Praxis allerdings häufig bei den Ausnahmen für die Großraum- und Schwertransportfahrzeuge, bei denen die Ausnahmeregelung durch ausdrückliche Bestimmung im Genehmigungsbescheid befristet und an den „jeweiligen Halter“ gebunden ist[92]. Hier sollen – vor allem im Bereich der für mehrere Jahre geltenden Dauerausnahmegenehmigungen – Zuverlässigkeits- und Sicherheitsaspekte mit einfließen. So soll beispielsweise einem Halter, der Transporte ohne Ausnahmegenehmigung/Erlaubnis oder unter Verstoß gegen Auflagen durchgeführt hat, für einen „angemessenen Zeitraum“ keine Dauergenehmigung mehr erteilt werden[93]. In (verkehrs-) technischer Hinsicht gewährleistet die Befristung die regelmäßige Überprüfung, ob ein Fahrzeug auch im Hinblick auf (möglicherweise) geänderte Verkehrverhältnisse und unter Einbeziehung modernisierter Fahrzeugtechnik noch „genehmigungsfähig“ ist.

3. Wirkung der Ausnahmegenehmigung

Durch den Verwaltungsakt der Ausnahmegenehmigung werden materiell–rechtliche Gesetzesvorschriften außer Kraft gesetzt und es wird gleichsam neues objektives Recht für den Einzelfall geschaffen. Insofern wird das geltende Recht ad hoc aufgehoben oder geändert[94]. Die Erteilung einer Ausnahmegenehmigung kommt deshalb ihrem Wesen nach einer besonderen Art von Rechtsetzung durch einen

91 *Rebler*, Das System von Ausnahmegenehmigungen und Erlaubnissen nach der StVO und der StVZO, NZV 2004, 450/451; OVG Lüneburg, Urt. v. 16.11.2009 – 12 LC 264/07 – VerkMitt 2010, Nr. 22: „Die Vorschrift des § 70 StVZO suspendiert von der Einhaltung bestimmter Vorschriften nach der StVZO, die grundsätzlich Voraussetzung für die Erteilung einer Betriebserlaubnis für Kraftfahrzeuge ist… Eine Ausnahmegenehmigung nach § 70 StVZO wird …fahrzeugbezogen erteilt und betrifft die allgemeine Verkehrszulassung eines Kraftfahrzeugs.“

92 I. d. R. ergibt sich für den neuen Halter dann aber jedenfalls ein Anspruch auf Übertragung.

93 So ausdrücklich RN 91 der VwV zu § 29 StVO. Nach *Lütkes*, Straßenverkehrsrecht, Stand: Nov. 2011, § 70 StVZO RN 2 ist die Forderung nach der Zuverlässigkeit auch ein Ausgleich für den Verzicht auf die Schutzwirkung der Norm, von deren Einhaltung befreit wird.

94 *Rebler*, Das System von Ausnahmegenehmigungen und Erlaubnissen nach der StVO und der StVZO, NZV 2004, 450; dem folgend OLG Bamberg, Beschl. v. 14.05.2007 – 2 Ss OWi 597/06 – NZV 2007, 638.

rechtsgestaltenden Verwaltungsakt gleich[95]. Für den konkreten Einzelfall gelten dann also nicht mehr die „normalen" Bestimmungen der StVZO (z. B. Breite von 2,55 m) als verbindlich, sondern das, was der Ausnahmebescheid festsetzt. Es ist, als wäre die jeweilige Bestimmung in der StVZO „ausradiert" und mit der Ausnahmeregelung „überschrieben" worden. Das ist insbesondere bei Verstößen gegen die Ausnahmegenehmigung von Bedeutung: bei Gewichtsüberschreitungen „fällt" beispielsweise ein Unternehmer grundsätzlich[96] nur auf die höheren genehmigten Werte „zurück". Das gilt, solange die Ausnahmegenehmigung wirksam (d. h. nicht nichtig, wenn auch vielleicht rechtswidrig; kein Eintritt einer auflösenden Bedingung) i. S. des § 43 VwfG ist.

4. Voraussetzungen für die Erteilung einer Ausnahmegenehmigung; Ermessensentscheidung

Die Erteilung einer Ausnahmegenehmigung ist eine Ermessensentscheidung der Behörde[97]: § 70 StVZO ermächtigt ganz allgemein zum Erlass eines Verwaltungsaktes, ohne die Voraussetzungen dafür abschließend zu regeln[98]. Bei dieser Ermessensentscheidung ist einerseits zu prüfen, ob die Auswirkungen einer Ausnahmegenehmigung den Zwecken des Verbots nicht zuwider laufen, andererseits ist eine geltend gemachte und bestehende Ausnahmesituation in diesem Lichte zu gewichten[99].

Das Ermessen ist entsprechend dem Zweck der Ermächtigung auszuüben (§ 40 VwVfG). Welche Überlegungen bei der Ausübung des Ermessens anzustellen sind, ergibt sich bei der Zulassung von GST aus den Verhaltensvorschriften

---

95 So zur „Abweichung" im Baurecht: *Simon*, BayBO, i. d. F. der 56. Ergänzungslieferung (August 1997), Art. 77 RN 9.

96 Zu einem Ausnahmefall (die Gewichtsüberschreitung führt zur Ungültigkeit der Erlaubnis nach § 29 Abs. 3 StVO, das wiederum zur Unwirksamkeit der Ausnahmegenehmigung nach § 70 StVZO) siehe *Rebler/Borzym*, Bedingungen in einer Ausnahmegenehmigung für Großraum- und Schwertransporte, VD 2008, 63.

97 BayVGH, Urt. v. 10.02.1992- 11 B 91.552 – VRS 84, 65; VG Berlin, Urt. v. 07.12.1992 – 27 A 22.92 – juris; VG Koblenz Urt. v. 15.5.2006 – 4 K 1442/05. KO – Juris.

98 Zu diesem Kriterium siehe *Kopp/Ramsauer*, VwVfG, 12. Auflage 2011, § 40 VwVfG RN 42 und *Breuer*, Konditionale und finale Rechtsetzung, AöR 2002, 523/547: „…die Ausübung der gewährten Befugnisse an keinerlei Voraussetzungen gebunden ist."

99 BVerfG, Beschl. v. 10.12.1975 – 1 BvR 118/71 – BVerfGE 40, 371; OVG Nordrhein-Westfalen, Urt. v. 12.05.2000- 8 A 2698/99 – NZV 2000, 514.

der StVO und den Bau- und Betriebsvorschriften der StVZO, die auf der Ermächtigungsgrundlage des § 6 Abs. 1 Nr. 2 StVG beruhen. Danach ist es Zweck der Regelungen, die Verkehrssicherheit zu gewährleisten und den Schutz der Verkehrsteilnehmer sicherzustellen. Diese Belange hat die Behörde unter Beachtung des Grundsatzes der Verhältnismäßigkeit und der Gleichbehandlung mit den Interessen des Antragstellers sowie den für eine Ausnahme sprechenden Umständen andererseits abzuwägen[100]. Da die sicherheitsrechtlichen[101] Verkehrsvorschriften aber (nur) dazu dienen, die ordnungsgemäße Benutzung der Straße zu gewährleisten, ist andererseits primär auch die Aufgabe der Straße als Verkehrsmittler[102] in die Abwägung einzustellen. Kann die Straße im Einzelfall ihre Transportaufgabe nur unter (teilweiser) Zurückdrängung sicherheitsrechtlicher Bestimmungen erfüllen, ist eine Ausnahmegenehmigung zu erteilen, wenn durch entsprechende Nebenbestimmungen ein Ausgleich möglich ist. Motiv und Ausnahmegrund ist bei der Genehmigung von GST der Transport unteilbarer Ladung[103].

Als Ausnahmeregelung ist § 70 StVZO grundsätzlich eng auszulegen[104]. Bei der Erteilung entsprechender Ausnahmen ist ein strenger[105], aber kein zu strenger Maßstab anzulegen. Ausnahmen dürfen deshalb nicht nur dann genehmigt werden, wenn dies nach Abwägung der Interessen der Allgemeinheit und des Antragstellers im öffentlichen Interesse liegt oder zur Vermeidung einer unbilligen, vom Verordnungsgeber nicht beabsichtigten Härte erforderlich ist[106]. Nach Nr. 1.1. der Vorbemerkungen zu den „Richtlinien für die Erteilung von Ausnahmegenehmigungen nach § 70 StVZO für bestimmte Arbeitsmaschinen und bestimmte andere Fahrzeugarten (Richtlinien zu § 70 StVZO)“ dürfen „Ausnahmen nur genehmigt werden, wenn alle zumutbaren Möglichkeiten zur Einhaltung der Vorschriften der StVZO voll ausgeschöpft sind. Hierbei ist ein „strenger Maßstab“ anzulegen.

100 VG Würzburg, Urt. v. 05.10.2011 – W 6 K 10.1006 – juris zur ausnahmsweisen Anerkennung eines privaten Pkw als Einsatz- und Kommandofahrzeug der Feuerwehr.

101 BVerfG, Beschl. v. 10.12.1975 – 1 BvR 118/71 – BVerfGE 40, 371.

102 *Sauthoff*, Öffentliche Straßen, 2. Auflage 2010, RN 9.

103 Zu diesem Kriterium ausführlich weiter unten.

104 VG Würzburg, Urt. v. 05.20.2011 – W 6 K 10.1006 – juris.

105 BayVGH, Urt. v. 10.02.1992- 11 B 91.552 – VRS 84, 65: „Die Ausnahmevorschrift des § 70 Abs. 1 Nr. 1 StVZO ist restriktiv zu handhaben.“

106 VG Hannover, Urt. v. 20.07.2005 – 5 A 3675/04: Ausnahmen nicht nur dann möglich, wenn dies im öffentlichen Interesse liegt oder bei unbilliger Härte; *Lütkes*, Straßenverkehrsrecht, Stand: Nov. 2011, § 70 StVZO RN 2.

Die Behörde handelt aber rechtmäßig, wenn sie auf der Verwirklichung der Regelvorschrift in einem typischen Fall besteht und die Genehmigung einer gesetzlich vorgesehenen Ausnahme ablehnt, um keinen Bezugsfall zu schaffen[107]. Bei der Ermessensentscheidung über Ausnahmen kann sich die Behörde an (behördeninternen) Verwaltungsvorschriften orientieren. Dies befreit sie jedoch nicht von der Pflicht, nach den Umständen des Einzelfalls in eigener Verantwortung zu entscheiden[108]. Die „sture" Berufung auf Richtlinien (in einem atypischen Fall) würde einen Ermessensfehler (Ermessensausfall) bedeuten.

Die Erteilung von Ausnahmegenehmigungen für GST erfolgt nach den – (derzeit) nicht veröffentlichten – „Richtlinien für die Erteilung von Ausnahmegenehmigungen nach § 70 StVZO für bestimmte Arbeitsmaschinen und bestimmte andere Fahrzeugarten (Richtlinien zu § 70 StVZO)"[109] des Bundesministeriums für Verkehr, die die – veröffentlichten – Richtlinien vom 12.05.1980[110] abgelöst haben.

Unter den Voraussetzungen einer Ermessensreduzierung auf Null besteht ein Rechtsanspruch auf die Erteilung einer Ausnahmegenehmigung[111]. Ausnahmen, die bei Anwendung des Gleichheitsgrundsatzes zur völligen Aufhebung der betreffenden Vorschrift führen würden, sind aber auch durch § 70 StVZO nicht mehr gedeckt[112]. Wirtschaftliche oder Wettbewerbsgesichtspunkte rechtfertigen aber keine Ausnahmegenehmigung[113].

---

107 BayVGH, Urt. v. 10.02.1992- 11 B 91.552 – VRS 84, 65; *Lütkes*, Straßenverkehrsrecht, Stand: Nov. 2011, § 70 StVZO RN 2 unter Verweis auf das im Baurecht ergangene Urteil des OVG Berlin v. 14.02.1969 – OVG II B 70/68 – NJW 1970, 110.

108 BayVGH, Urt. v. 10.11.1987 – 1 B 85 A.2052 – VRS 74, 234; BayVGH, Urt. v. 10.02.1992- 11 B 91.552 – VRS 84, 65.

109 Abgedruckt im Anhang.

110 VkBl. 1980, 433.

111 VG Würzburg, Urt. v. 05.20.2011 – W 6 K 10.1006 – juris.

112 *Lütkes*, Straßenverkehrsrecht, Stand: Nov. 2011, § 70 StVZO RN 2.

113 BayVGH, Urt. v. 10.02.1992- 11 B 91.552 – VRS 84, 65; VG Augsburg, Urt. v. 08.12.2009 – Au 3 K 09.672 – juris; Dauer in: Hentschel/König/Dauer, Straßenverkehrsrecht, 41. Auflage 2011, § 70 StVZO RN 2; zweifelnd insoweit VG Augsburg, Urt. v. 22.07.2008 – Au 3 K 08.440 – juris: „Vielmehr hat die Behörde die gegen die Ausnahme sprechenden Gesichtspunkte, in der Regel solche der Sicherheit und Leichtigkeit des Verkehrs, abzuwägen gegen die Interessen des Antragstellers an der Erteilung der Ausnahmegenehmigung. Ob dabei angesichts der geforderten einheitlichen Ermessensentscheidung von vornherein Gesichtspunkte der Wirtschaftlichkeit, der Schaffung gleicher Wettbewerbsbedingungen und des Konkurrentenschutzes

5. Nebenbestimmungen; Zulässigkeit von Bedingungen

Ausnahmen bedeuten den Verzicht auf eine zum Schutz der Allgemeinheit erforderliche Bestimmung. Die Genehmigungsbehörde muss mit Nebenbestimmungen dafür sorgen, dass dieser Verzicht auf die Schutzwirkung der Verbotsnorm durch Vorkehrungen anderer Art soweit wie möglich kompensiert wird[114]. Das ist durch Nebenbestimmungen sicherzustellen. Die in einer Erlaubnis/Ausnahmegenehmigung vorgeschriebenen Sicherungsmaßnahmen tragen der von einem Schwertransport ausgehenden Betriebsgefahr Rechnung. Sie sollen die von einem solchen Transport ausgehenden Gefahren auf die einfache Betriebsgefahr (20 %) reduzieren[115].

§ 71 StVZO (Auflagen bei Ausnahmegenehmigungen) lautet: „Die Genehmigung von Ausnahmen von den Vorschriften dieser Verordnung kann mit Auflagen verbunden werden; der Betroffene hat den Auflagen nachzukommen." Nach dem (scheinbaren) Regelungsgehalt der Norm können Ausnahmegenehmigungen also nur mit Auflagen versehen werden. § 71 trifft hinsichtlich der Zulässigkeit anderer Nebenbestimmungen aber überhaupt keine Aussage. Die Vorschrift wurde am 25.7.1963 (BGBl I, 539) erlassen, um die Nichtbefolgung von Auflagen, die bei der Genehmigung von Ausnahmen erlassen wurden, mit Bußgeld (§ 69a Abs. 5 Nr. 8) ahnden zu können[116].

Die „Erwähnung" von Bedingungen zu diesem Zweck war schon deshalb nicht nötig, weil beim Eintritt einer auflösenden oder beim Nichteintritt einer aufschiebenden Bedingung der Begünstigte ein Fahrzeug ohne gültige Ausnahmegenehmigung betreibt und damit der Tatbestand der Nichteinhaltung der jeweiligen Bau- und Betriebsvorschrift (und damit eine der zahlreichen Bußgeldvorschriften des § 69a) erfüllt ist. Dass Ausnahmegenehmigungen nach der StVZO auch widerruflich erteilt und mit anderen Nebenbestimmungen als Auflagen versehen werden können, ergibt sich aus dem direkten Vergleich mit der „parallelen" Regelung in der StVO. § 46 Abs. 3 Satz 1 StVO lässt ausdrücklich den Widerrufsvorbehalt, Bedingungen, Befristungen und Auflagen zu. Die Interessenlage und die Regelungsgründe sind hier dieselben wie in der StVZO (vgl. z. B. die durchaus

---

außer Betracht zu bleiben haben, erscheint auch auf Grund der rapiden Zunahme des Gütertransports auf der Straße fraglich."

114 *Lütkes*, Straßenverkehrsrecht, Stand: Nov. 2011, § 70 StVZO RN 2.

115 AG Löbau, Urt. v. 17.03.1999 – 6 C 0653/98, 6 C 653/98 – DAR 2000, 412. Zur „normalen" Betriebsgefahr von 20 % siehe auch Schleswig-Holsteinisches OLG, Urt. v. 17.02.2005 – 7 U 168/03 – juris.

116 *Hentschel*, Straßenverkehrsrecht, 39. Auflage 2007, § 71 StVZO.

auch „fahrzeugbezogenen“ Vorschriften in § 22 Abs. 2 StVO). Dafür, dass es in zwei so „verzahnten“ Bereichen einer Rechtsmaterie unterschiedliche Regelungen geben sollte, gibt es keinen Grund. Die Formulierung in § 71 StVZO ist nicht auf einen bewussten gesetzgeberischen Ausschluss, sondern auf eine gewisse „Nachlässigkeit“ (oder zumindest „zurückhaltende Beschränkung“) des VO-Gebers zurückzuführen. Denn auch schon vor Erlass des VwVfG im Jahre 1976 war es allgemeine Meinung, dass begünstigende Verwaltungsakte, auf die –wie bei einer Ausnahme der Fall- kein Anspruch besteht, nach pflichtgemäßem Ermessen mit allen Arten von Nebenbestimmungen versehen werde können[117].

Und seit Erlass des VwVfG bietet – da die Subsidiaritätsklausel des § 1 Abs. 2 VwVfG insoweit kein Hindernis darstellt, als § 71 StVZO keine vorgehende Spezialregelung enthält- § 36 VwVfG eine hinreichende Grundlage. § 71 StVZO steht also anderen Nebenbestimmungen als Auflagen nicht entgegen[118].

6. Befristete Erteilung, rückwirkende Erteilung

Dauerausnahmegenehmigungen für die Zulassung von GST sind nach Nr. 1.3 der Vorbemerkungen zu den „Richtlinien für die Erteilung von Ausnahmegenehmigungen nach § 70 StVZO für bestimmte Arbeitsmaschinen und bestimmte andere Fahrzeugarten (Richtlinien zu § 70 StVZO)“ auf höchstens 6 Jahre zu befristen[119]. Vor

---

117 BVerwG, Urt. v. 22.03.1966 – I C 21.65 – DÖV 1966, 761; BVerwG, Urt. v. 03.05.1974 – IV C 42.72 – BayVBl. 1974, 702.

118 *Rebler/Borzym*, Bedingungen in einer Ausnahmegenehmigung für Großraum- und Schwertransporte, SVR 2008, 133; dem folgend OLG Celle, Beschl. v. 11.01.2011 – 322 SsRs 390/10 – NZV 2011, 311; anders noch im Hinblick auf eine nicht (erkennbar) als Bedingung formulierte Nebenbestimmung OLG Bamberg, Beschl. v. 14.05.2007 – 2 Ss OWi 597/06 – NZV 2007, 638.

119 Bedenken gegen eine ungeprüfte Umsetzung der in Verwaltungsvorschriften enthaltenen Vorgabe, nur eine befristete Ausnahmegenehmigung zu erteilen, äußerte der BayVGH im Urteil vom 10.11.1987 – 1 B 85 A.2052 – VRS 74, 234: „Wenngleich § 71 StVZO nur vorsieht, dass die Ausnahmegenehmigung mit Auflagen verbunden werden kann, ist auch eine Befristung aufgrund Art. 36 Abs. 2 Nr. 1 BayVwVfG grundsätzlich möglich, allerdings ebenfalls nur im Rahmen pflichtgemäßen Ermessens. Im vorliegenden Fall hat die Behörde von dem ihr eingeräumten Ermessen in einer dem Zweck der Ermächtigung nicht entsprechenden Weise Gebrauch gemacht. Während im Bescheid vom 28.08.1984 Ermessenserwägungen noch völlig fehlen…wird in Nr. 2.1 des Widerspruchsbescheids die Befristung mit …Nr. 3 der Vorbemerkungen zur Richtlinie für die Erteilung von Ausnahmegenehmigungen nach § 70 vom 12.05.1980 (VkBl. S. 433) gerechtfertigt. Zusätzlich wird ausgeführt, dass

der Erneuerung oder Verlängerung ist durch einen amtlich anerkannten Sachverständigen für den Kraftfahrzeugverkehr zu prüfen, ob die Ausnahmegenehmigung, besonders die Auflagen und Bedingungen, der Verkehrsentwicklung und dem Stand der Technik angepasst werden müssen.

---

dieser für alle Genehmigungsbehörden verbindliche Rechtsgrundsatz gewährleisten solle, dass die Ausnahmegenehmigung, besonders die Auflagen und Bedingungen, der Verkehrsentwicklung und dem Stand der Technik angepasst werden können. Vor der jeweiligen Erneuerung oder Verlängerung werde geprüft, ob die Genehmigung in der erteilten Form weiterhin Bestand haben könne oder neue Auflagen gemacht, die alten Auflagen verschärft oder auch gelockert bzw. aufgehoben werden müssten. Diese Ermessenserwägungen, mit denen im Wesentlichen die Formulierungen der Richtlinie bzw. der ministeriellen Entschließung übernommen werden, sind nicht frei von Rechtsfehlern. Wenn es auch grundsätzlich zulässig ist, dass sich die entscheidende Behörde bei der Ermessensausübung der Erwägungen aus behördeninternen Vorschriften bedient, so ist sie gleichwohl verpflichtet, den maßgeblichen Sachverhalt in jedem Einzelfall genau zu ermitteln und über den konkreten Antrag innerhalb des gegebenen rechtlichen Rahmens nach eigenem, an dem Zweck der Ermächtigung ausgerichteten pflichtgemäßen Ermessen zu entscheiden. Bereits im Urteil des Senats vom 14.05.1984 ist ausgeführt, das es dabei regelmäßig nicht genüge, dass die Behörde die behördeninternen beachtlichen Verwaltungsvorschriften gleich Rechtsvorschriften schematisch vollziehe…In besonderen Fällen könne eine Abweichung von den Verwaltungsvorschriften sogar geboten sein…Die Behörde übersieht, wenn sie die Richtlinie…als für alle Genehmigungsbehörden verbindlichen Rechtsgrundsatz ansieht, dass diese hinsichtlich der Aufnahme einer Befristung nicht jeglichen Entscheidungsspielraum ausschließen…Da die Behörde somit von einer in Wahrheit nicht bestehenden Beschränkung ihres Ermessensspielraums ausging, erweist sich die Befristung der Genehmigung auf drei Jahre als fehlerhaft. Im Rahmen der Neuverbescheidung des Antrags und der dabei vorzunehmenden Prüfung, ob die Gültigkeitsdauer der Ausnahmegenehmigung befristet werden soll, wird die Behörde zu bedenken haben, dass sich an den Konstruktions- und Ausstattungsmerkmalen der Fahrzeuge und Züge bisher nichts geändert hat und auch in Zukunft wohl nichts ändern wird, dass der technische Zustand der Fahrzeuge ohnehin periodisch nach § 29 StVZO überprüft wird…und die Klägerin …die ohnehin zulässigen Gewichtsgrenzen nur geringfügig überschreitet…Ferner wird zu bedenken sein, dass die jeweils benutzten Fahrzeuge ohnehin nur eine begrenzte Lebensdauer haben und neuere Erkenntnisse hinsichtlich Werkstoffbelastung bei Fahrzeugen und Straße im Rahmen der Zulassung von Erstfahrzeugen oder…durch den Widerrufsvorbehalt…berücksichtigt werden können.“ Der BayVGH verkennt hier jedoch umgekehrt den Spielraum, der den Behörden eingeräumt ist, auch unter den von ihm genannten Gesichtspunkten eine Ausnahmegenehmigung dennoch zu befristen. Die Lösung muss darin bestehen, einem Antragsteller bei unveränderten Verhältnissen grundsätzlich einen Rechtsanspruch auf Verlängerung zuzubilligen (Ermessensreduzierung auf Null).

Befristete Ausnahmegenehmigungen dürfen generell erneuert werden, solange die Voraussetzungen für die Erteilung der Genehmigungen vorliegen[120]; entscheidend für die Genehmigung ist das Vorliegen einer Ausnahmesituation, nicht ein bestimmter überschaubarer Zeitraum, in dem die Notlage andauert. Ein Grund für eine über Kontrollzwecke hinausgehende Befristung einer Ausnahmegenehmigung wäre es beispielsweise, dass ein Fahrzeug, das von den Bestimmungen der StVZO abweicht, nur für gewisse Zeit am öffentlichen Straßenverkehr teilnimmt (z. B. Baugeräte für die Dauer einer Baustelle). Auch die rückwirkende Erteilung von Ausnahmegenehmigungen ist grundsätzlich zulässig[121]. Die Möglichkeit, eine rückwirkende Genehmigung zu erteilen, entspricht einem allgemeinen Rechtsgrundsatz, der in § 184 Abs. 1 BGB[122] formuliert ist.

7. Geltungsbereich der Ausnahmen

Grundsätzlich kann jede zuständige Straßenverkehrs- oder Zulassungsbehörde eine Entscheidung (also auch Ausnahmeregelungen) für das gesamte Bundesgebiet treffen (§ 68 Abs. 2 Satz 3 StVZO; siehe auch die parallele Vorschrift in § 46 Abs. 4 StVO). Bei Ausnahmegenehmigungen wird oft ein beschränkter örtlicher Geltungsbereich festgelegt (z. B. bei landwirtschaftlichen Maschinen mit Überbreite, die nur im Bereich des Betriebssitzes des Halters eingesetzt werden) oder bei besonders großen oder schweren Transporten nur auf eine jeweils zu befahrende Einzelstrecke. § 70 Abs. 3 StVZO verlangt die ausdrückliche Festsetzung des Geltungsbereiches jeder Ausnahmegenehmigung. Wird allerdings im Bescheid nichts anderes verfügt, ist von einer bundesweiten Geltung ausgehen. Vom Rechtscharakter her kann man die Festlegung des Geltungsbereichs der Ausnahme als Genehmigungsinhaltsbestimmung ansehen.

---

120 BVerwG, Urt. v. 22.12.1993 – 11 C 45/92 – VRS 87, 235.

121 *Lütkes*, Straßenverkehrsrecht, Stand: Nov. 2011, § 70 StVZO RN 7 unter Hinweis auf VG Frankfurt/M., Urt. v. 14.05.1959 – I/1 – 1117/58 – NJW 1960, 261.

122 § 184 Abs. 1 BGB: „Die nachträgliche Zustimmung (Genehmigung) wirkt auf den Zeitpunkt der Vornahme des Rechtsgeschäfts zurück, soweit nicht ein anderes bestimmt ist." Gleiches kann auch dem Rechtsgedanken des § 31 Abs. 7 Satz 2 VwVfG (hier aber: Verfahrensfrist) entnommen werden. Zur rückwirkenden Verlängerung einer Fahrerlaubnis zur Fahrgastbeförderung siehe VG Braunschweig, Urt. v. 26.09.2003 – 6 A 108/01 – juris. – Siehe aber auch *Hentschel/König/Dauer*, Straßenverkehrsrecht, 41. Auflage 2011, § 70 StVZO RN 4: „Ausnahmegenehmigungen für Fahrzeuge sind vor Baubeginn einzuholen, nachträgliche Genehmigungen werden im Allgemeinen nicht erteilt."

8. Anhörung der Bundesländer; Bindungswirkung von Stellungnahmen

Vor der Genehmigung einer Ausnahme von den §§ 32 (Abmessungen von Fahrzeugen und Fahrzeugkombinationen), 32d (Kurvenlaufeigenschaften) und 34 StVZO (Achslast und Gesamtgewicht) sind nach § 70 Abs. 2 StVZO die obersten Straßenbaubehörden der Länder und, wo noch nötig, die Träger der Straßenbaulast zu hören[123]. Die Frage ist, welche Bindungswirkung die Stellungnahmen dieser Behörden entfaltet. Klar ist jedenfalls, dass eine positive Stellungnahme keinerlei Bindungswirkung hat, weil sich die Aussagen der Straßenbaubehörden auf rein straßenbautechnische Gesichtspunkte beschränken, während bei einer Entscheidung über eine Ausnahmegenehmigung vor allem technische Aspekte im Vordergrund stehen[124]. Im Übrigen gilt das allgemeine verwaltungsrechtliche Prinzip, dass die zustimmende Äußerung einer zu beteiligenden Behörde die Ablehnung durch den Entscheidungsträger nicht verhindern kann[125].

---

123 Der praktische Wert dieses Anhörungsverfahrens ist allerdings sehr fraglich. Zum einen findet eine streckenbezogene Anhörung ohnehin im Rahmen des Verfahrens nach § 29 Abs. 3 StVO statt. Zum anderen ist das Ergebnis des Verfahrens, das wohl eher dazu dienen sollte, technische Entwicklung und Straßenbau in Einklang zu bringen, in vielen Fällen wenig sachgerecht. Schon *Klewe*, Anhörung nach § 70 Abs. 2 StVZO für die Zulassung von Großraum- und Schwerfahrzeugen, VD 1979, 104/107 führt hierzu aus: „In mit Vertretern von obersten Straßenbaubehörden geführten Gesprächen ist deutlich geworden, dass die Bedeutung des nach § 70 Abs. 2 StVZO vorgeschriebenen Anhörverfahrens nicht ausschließlich aus straßenbautechnischer Sicht gesehen, sondern vielmehr die Absicht darin gesehen wird, den Verkehr mit Großraum- und Schwerfahrzeugen scheinbar kontrolliert in den Griff zu bekommen. Besonders deutlich wird dies aus den häufigen Stellungnahmen, im Land X werden aus grundsätzlichen Erwägungen nur Längenüberschreitungen bis 25 m zugelassen." Auch das Bayerische Staatsministerium für Wirtschaft und Verkehr kündigt im Schreiben vom 02.08.1993 Nr. 7320 a 70 – VII/10 b – 34291 (Einführungserlass zu den „Richtlinien für die Erteilung von Ausnahmegenehmigungen nach § 70 StVZO für bestimmte Arbeitsmaschinen und bestimmte andere Fahrzeugarten – Richtlinien zu § 70 StVZO") an, als „weiterer Schritt" sei „beabsichtigt, künftig die Vorschrift des § 70 Abs. 2 StVZO über das Anhörverfahren zu streichen".

124 So auch *Büff*, Die Erteilung von Ausnahmegenehmigungen nach § 70 StVZO für Schwerlastfahrzeuge, VD 1979, 51/53.

125 Zur Baugenehmigung siehe BVerwG, Beschl. v. 16.12.1969 – IV B 121.69 – DÖV 1970, 349: „Daraus, dass die Gemeinde nach § 36 Abs. 1 Satz 1 BBauG ihr Einver-

Hinsichtlich der Wirkung einer negativen oder einschränkenden Stellungnahme ist auf den Charakter der vorgeschriebenen Mitwirkung abzustellen. Bei den Formen einer verwaltungsinternen Mitwirkung sind die „Zustimmung", das „Einvernehmen", das „Benehmen" und die „Anhörung" zu unterscheiden[126]. Hier haben die Zustimmung und das Einvernehmen erhebliches sachliches Gewicht, während die Beteiligungsformen des Benehmens und der Anhörung der Zweitbehörde grundsätzlich geringere Beteilungsrechte einräumen[127]. Wenn das Gesetz nur eine Anhörung vorschreibt, ist die Stellungnahme der angehörten Stelle oder Behörde für die den Bescheid erlassende Stelle nicht verbindlich[128]. Die Anhörung soll der entscheidenden Behörde (nur) einen Katalog von Kriterien an die Hand geben, nach dem sie ihre Entscheidung ausrichten kann. Einer ablehnenden Stellungnahme einer nach § 70 Abs. 2 anzuhörenden Behörde kann man also keine Bindungswirkung beimessen[129].

9. Die Richtlinien zu § 70 StVZO

Am 14.03.1967 hat das Bundesverkehrsministerium die „Richtlinien für die Durchführung des Anhörverfahrens nach § 70 Abs. 2 StVZO bei Ausnahmegenehmigungen für bestimmte Arbeitsmaschinen und bestimmte andere Fahrzeugarten" veröffentlicht[130]. Zweck der Richtlinien war es, das Anhörverfahren nach § 70 Abs. 2 StVZO „zu vereinfachen und zu beschleunigen". Außerdem sollten die Richtlinien ein „einheitliches Vorgehen bei der Genehmigung oder Versagung von Ausnahmen" ermöglichen. Für die „in den Richtlinien beschriebenen Ausnahmen" war „das Anhörverfahren allgemein durchgeführt worden". Die Richtlinien sollten jedoch „keinen Anspruch auf Genehmigung einer Ausnahme" begründen. Insbesondere sollte „die Berechtigung der zuständigen Länderbehörden zu weitergehenden Auflagen und Bedingungen als in den Richtlinie vorgesehen", „unberührt"

---

nehmen erklärt hat, ergibt sich für die Baugenehmigungsbehörde kein Hindernis, die beantragte Baugenehmigung dennoch zu versagen."

126 BVerwG, Urt. v. 19.11.1965 – IV C 184.65 – BVerwGE 22, 342.

127 BVerwG, Urt. v. 19.11.1965 – IV C 184.65 – BVerwGE 22, 342.

128 *Linhart*, Schreiben, Bescheide und Vorschriften in der Verwaltung, Stand 16.12.1011, § 19 RN 200.

129 *Büff*, Die Erteilung von Ausnahmegenehmigungen nach § 70 StVZO für Schwerlastfahrzeuge, VD 1979, 51/53.

130 VkBl. 1967, 218. – Veröffentlicht ist auch die Allgemeine Verwaltungsvorschrift zur Straßenverkehrs-Ordnung (VwV-StVO) – VkBl. 2009, 610 ff.

bleiben. Die Richtlinien wurden am 06.05. 1970[131] und am 12.05.1980[132] neu gefasst und im Verkehrsblatt öffentlich bekannt gemacht.

Eine Veröffentlichung der derzeit anwendbaren „Richtlinien für die Erteilung von Ausnahmegenehmigungen nach § 70 StVZO für bestimmte Arbeitsmaschinen und bestimmte andere Fahrzeugarten (Richtlinien zu § 70 StVZO)" aus dem Jahre 1993[133] ist bisher nicht erfolgt, wird aber vorbereitet.

Es gibt derzeit 11 Richtlinien zu § 70 StVZO. Die Richtlinien betreffen:

1 – Turmdrehkräne (Sattelkraftfahrzeuge und Züge mit Turmdrehkrananhängern)
2 – selbstfahrende Kräne (Autokräne, Mobilkräne) und Gelenkmastfahrzeuge (Betonpumpen, Arbeitsbühnen, Feuerlöschfahrzeuge)
3 – Bagger (ausgenommen Schaufellader)
4 – Planiermaschinen (Motorgrader)
5 – Schaufellader
6 – Autoschütter (Dumper)
7 – Muldenkipper
8 – Züge für Großraum- und Schwertransporte
9 – Sattelkraftfahrzeuge für Langmaterial-, Großraum- und Schwertransporte
10 – Langmaterialzüge (Zugfahrzeuge mit gelenkten Nachläufern)
11 – Fahrzeugkombinationen im Schaustellergewerbe

Generell sind Richtlinien nach ständiger Rechtsprechung des Bundesverwaltungsgerichts keine Rechtssätze, sondern indizieren nur eine bestimmte Verwaltungspraxis[134]. Richtlinien, die im Einklang mit den gesetzlichen Vorgaben stehen, können das Ermessen zur Gewährleistung eines gleichmäßigen Verwaltungsvollzugs im Hinblick auf Art. 3 GG (Gleichbehandlungsgrundsatz) lenken oder binden[135]. Sie dürfen aber nicht schematisch nach Art konditionaler Rechtsvorschriften vollzogen werden. Richtlinien als generelle Ermessensparameter schaffen zwar im Rahmen des Gleichbehandlungsgebots über das Institut der Selbstbindung für die Behörde gegenüber dem Bürger beachtliches Innenrecht, das sich aber an dessen gesetzlich geregelten Rechten und Pflichten orientieren

---

131 VkBl. 1970, 294.
132 VkBl. 1980, 433.
133 Schreiben des Bundesverkehrsministeriums vom Januar 1993 – Az.: StV 13/36.39.21-00.
134 BVerwG, Beschl. v. 04.08.2006 – 2 B 12/06 – Grundeigentum 2009, 391.
135 VG Würzburg, Urt. v. 05.20.2011 – W 6 K 10.1006 – juris.

muss, so dass die Behörde bei der Anwendung ihrer Richtlinien im Einzelfall dennoch stets inzident zu prüfen hat, ob sich diese gerade im zu entscheidenden Fall im Einklang mit den gesetzlichen Normen befinden[136]. Aus dem Erlass von Richtlinien resultiert für den Betroffenen kein Anspruch auf Umsetzung der (Verwaltungs-)Vorschrift, sondern lediglich auf Beachtung des Gleichbehandlungsgrundsatzes[137]. Ob bei der Anwendung der Richtlinie gegen den Gleichheitssatz verstoßen wird, ist eine Frage der jeweiligen Einzelfallkonstellation[138].

Die „Richtlinien zu § 70 StVZO" haben zuerst einmal Auswirkungen auf das Verwaltungsverfahren. Hält sich ein Fahrzeug oder eine Fahrzeugkombination innerhalb der Grenzen der Richtlinien, entfällt das Anhörverfahren „in jedem Fall"[139]. Darüber hinaus zeichnen die Richtlinien auch die materielle Entscheidung in bestimmtem Umfang vor: Fahrzeuge, die sich innerhalb der Richtlinien halten, dürften grundsätzlich noch genehmigungsfähig sein. Je mehr ein Fahrzeug „aus dem Rahmen fällt", desto problematischer ist auch seine Zulassung. Maßstab der Entscheidung ist aber immer nur § 70 StVZO. Aus diesem Grund ist auch eine Veröffentlichung der jeweils geltenden Richtlinien aus rechtsstaatlichen Grundsätzen nicht zwingend geboten: eine solche Pflicht ergibt sich nur bei Verwaltungsvorschriften mit unmittelbarer Außenwirkung gegenüber Dritten[140]. Unmittelbare Außenwirkung dürfte den Richtlinien zu § 70 StVZO aber schon deshalb versagt sein, weil sie – selbst in ihrem Anwendungsbereich – keinen Anspruch auf erschöpfende Interpretation des § 70 StVZO erheben[141].

---

136 VG Augsburg, Beschl. v. 07.07.2000 – Au 3 E 00.770 – Au 3 E 00.779 – juris. Das Gericht weiter: „Dies gilt insbesondere im Hinblick darauf, dass sowohl § 70 StVZO als auch die hierzu ergangenen Richtlinien eine Vielzahl unterschiedlichster Fallgestaltungen regeln wollen, ohne dass dem durch eine entsprechend differenzierte Ausgestaltung der Richtlinien Rechnung getragen würde." Im konkreten Fall war nach Auffassung des Gerichts der Aspekt, dass die Versagung der beantragten Ausnahmegenehmigung aus Gründen der Zuverlässigkeit (mehrfache Verstöße gegen Auflagen in bereits erteilten Ausnahmegenehmigungen) faktisch einer Stilllegung des Betriebes gleichgekommen wäre, nicht ausreichend mit dem öffentlichen Interesse an der Gewährleistung der Verkehrssicherheit abgewogen worden.

137 OVG Hamburg, Urt. v. 02.11.2010 – 3 Bf 82/09 – VRS 120, 226.

138 BVerwG, Beschl. v. 04.08.2006 – 2 B 12/06 – Grundeigentum 2009, 391.

139 Undatiertes Schreiben des Bundesministers für Verkehr aus dem Jahre 1993 Az.: StV 13/36.39-21-00; zur Altfassung der Richtlinien siehe VkBl. 1980, 433, Nr. 6 der Vorbemerkungen.

140 BVerwG, Urt. v. 25.11.2004 – 5 CN 1/03 – BVerwGE 122, 264.

141 Das gilt sowohl hinsichtlich der Fahrzeugarten (seit langem geplant ist eine Richtlinie auch für land- oder forstwirtschaftliche Fahrzeuge) und ihren Abmessungen und

10. Der Antragsteller

Ausnahmen können in bestimmten Einzelfällen oder allgemein für bestimmte einzelne Antragsteller genehmigt werden. Das bedeutet, dass eine Ausnahmegenehmigung individuell ergehen muss. Der Verordnungsgeber geht davon aus, dass der durch die Ausnahmegenehmigung Begünstigte bekannt sein muss, bevor er den Ausnahmetatbestand verwirklicht[142]. Nur so ist eine wirksame Vorabkontrolle möglich.

Zum „Antragsteller" im Sinne des § 29 Abs. 3, § 47 Abs. 1 Satz 3 StVO hat das OVG Nordrhein-Westfalen im Jahre 1992[143] entschieden, dass dieser Begriff ohne Rücksicht auf die materiellen Voraussetzungen der Erlaubnis formal zu bestimmen ist; Antragsteller in diesem Sinne sei jeder, der in eigenem Namen die Erlaubnis begehre. Damit hat das Gericht die Praxis gutgeheißen, dass ein „Genehmigungs-Service", der sich mit der Beschaffung von Erlaubnissen für GST nach § 29 Abs. 3 StVO und der Organisation dieser Transporte befasst, bei seiner Heimatbehörde die Erlaubnisse für alle seine Kunden beantragt, unabhängig davon, wo diese tatsächlich sitzen.

Nach dem OVG Lüneburg[144] soll für einen Antragsteller, der eine Ausnahmegenehmigung nach § 70 StVZO benötigt, etwas anderes gelten. Im Hinblick auf den fahrzeugbezogenen Charakter der Ausnahmegenehmigung müsse ihr „Inhaber" der Fahrzeughalter sein. Nach dessen Sitz richte sich auch die Zuständigkeit der Genehmigungsbehörde. Diese Entscheidung übersieht aber, dass sich Antragsteller und Inhaber einer Ausnahmegenehmigung voneinander unterscheiden können. Das wird auch in der Praxis so gehandhabt: es ist durchaus üblich[145],

---

Gewichten als auch hinsichtlich der Ausnahmegründe, also dem Transport unteilbarer Ladung und dessen Definition. So wäre es zum Beispiel denkbar, „unteilbare Ladung" auch dann anzunehmen, wenn Ladung „funktionell" unteilbar ist, etwa beim Transport von Mähdrescher und abgenommenem und längs vor dem Maschinenkörper abgelegtem Schneidwerk. Die funktionelle Unteilbarkeit ergibt sich hier aus der gesetzlichen Definition der selbstfahrenden Arbeitsmaschine in § 2 Nr. 17 FZV („mit dem Fahrzeug fest verbundenen Einrichtungen zur Verrichtung von Arbeiten"). Nicht ausdrücklich erfasst ist bisher auch der Transport von Kranzubehör. – Siehe hierzu Kap. XII. 2. e.

142 BVerwG, Urt. v. 22.12.1993 – 11 C 45/92 – VRS 87, 235; siehe auch BVerwG, Urt. v. 13.03.2008 – 3 C 18/07 – DAR 2008, 656.

143 OVG Nordrhein-Westfalen, Beschl. v. 26.02.1992 – 13 B 149/92 – VRS 83, 298.

144 OVG Lüneburg, Urt. v. 16.11.2009 – 12 LC 264/07 – juris.

145 Diese Verfahrensweise ist auch beispielsweise bei ausländischen Fahrzeughaltern, die inländische Firmen mir der „Einholung" der Genehmigung beauftragen, für die Genehmigungsbehörde oft sehr viel praktikabler.

dass ein Genehmigungsservice im Auftrag des Fahrzeughalters (im eigenen Namen) den Antrag stellt. Als „Inhaber“ der Genehmigung wird im Genehmigungsbescheid selbst dann der Fahrzeughalter angeführt[146]. Adressat der Bekanntgabe eines Verwaltungsaktes und Adressat des Inhalts des Verwaltungsaktes können durchaus verschiedene Personen sein[147].

11. Gutachten als Grundlage für die Erteilung der Ausnahmegenehmigung

Die Erteilung der Genehmigung erfolgt i. d. R auf Grundlage eines vom Antragsteller vorzulegenden Gutachtens (sog. „Ausnahmegutachten“) eines Sachverständigen[148], das als Datenbasis für die behördliche Entscheidung dient. Das Gutachten besteht aus einer Beschreibung des Fahrzeugs bzw. der Fahrzeugkombination, aus einer Auflistung der Abweichungen von den Vorschriften der StVZO und aus Vorschlägen für Auflagen oder Bedingungen. Gegenstand der Begutachtung sind nur die Abweichungen von den materiellen Bau- und Betriebsvorschriften und die (technischen) Möglichkeiten, die dadurch hervorgerufenen Defizite auszugleichen. Eine Überprüfung der (allgemeinen) Verkehrssicherheit, etwa im Umfang einer Hauptuntersuchung nach § 29 StVZO, findet dagegen nicht statt.

---

146 Selbst die fehlende Beauftragung durch den Schwertransportunternehmer würde (nur) dazu führen, dass ein Antrag unter Hinweis auf das fehlende Sachbescheidungsinteresse abgelehnt werden müsste. (Siehe hierzu auch BVerwG, Urt. v. 23.03. 1973 – IV C 49.71 – NJW 1973, 1518 zum vergleichbaren Fall eines Bauantrags durch einen Nicht-Eigentümer: „Der Anspruch auf Erteilung einer Baugenehmigung oder Bebauungsgenehmigung findet seine Grundlage (auch) in Art 2 Abs 1 GG. Er setzt daher nicht voraus, dass der Antragsteller Eigentümer oder in vergleichbarer Weise am Grundstück berechtigt ist. Eine Genehmigung darf jedoch dann versagt werden, wenn sie wegen der bestehenden privatrechtlichen Hindernisse nutzlos wäre.“)

147 *Linhart*, Schreiben, Bescheide und Vorschriften in der Verwaltung, Stand 16.12.1011, § 18 RN 28.

148 Nr. 1.2 der Vorbemerkungen zu den Richtlinien. – Diese Sachverständigen müssen – als „amtlich anerkannte Sachverständige für den Kraftfahrzeugverkehr“ – der jeweiligen Technischen Prüfstelle des Landes im Sinne des § 10 des Kraftfahrsachverständigengesetzes – KfSachVG angehören (in den alten Bundesländern meistens TÜV, in den neuen meist DEKRA).

12. Eintragung der Ausnahmegenehmigung in die Fahrzeugpapiere

In die Zulassungsbescheinigung Teil I (Fahrzeugschein) werden die gesetzlich bzw. amtlich zulässigen Grenzwerte eingetragen[149]. Welche(s) Gesamtgewicht (Gesamtmasse) bzw. welche Achslast technisch möglich ist, ergibt sich nun bereits aus Nr. F.1 bzw. Nr. 7 der Zulassungsbescheinigung Teil I. Diese technisch möglichen höheren Werte dürfen aber nur in Anspruch genommen werden, wenn eine Ausnahmegenehmigung **tatsächlich** erteilt worden ist. Auf die Ausnahmegenehmigung wird dann in Nr. 33 (Fahrzeugschein in der Fassung vor Oktober 2005) bzw. Nr. 22 des Fahrzeugscheins Bezug genommen.

149 Zur Eintragung in die Fahrzeugpapiere hat das Bundesverkehrsministerium erklärt (Schreiben vom 17.10.1966 – StV 2 Nr. 2169 Va/66 II – VkBl. 1966, S. 570): „Hängt die Erteilung einer Betriebserlaubnis von der Genehmigung einer Ausnahme ab, müssen die Ausnahme und die genehmigende Behörde im Kfz-Schein bezeichnet werden (§ 20 Abs. 3 Satz 3, § 21 Satz 6 StVZO); die Angaben sind auch in den Kraftfahrzeug- oder Anhängerschein zu übernehmen; stößt die Eintragung von Ausnahmegenehmigungen (und der damit verbundenen Auflagen) im Schein wegen des begrenzten Raumes der Vorducke auf Schwierigkeiten, so genügt es, dass in die Fahrzeugpapiere nur der wesentliche Inhalt der Ausnahmegenehmigung (etwa in Form einer zusammenfassenden Kurzbezeichnung unter Angabe der Paragrafen), das Datum der Genehmigung und die genehmigende Behörde eingetragen werden. Der volle Wortlaut ergibt sich aus der mitzuführenden Genehmigung selbst. Diese ist unter den Voraussetzungen des § 70 Abs. 3a StVZO im Original oder in beglaubigter Abschrift bei Fahrten mitzuführen und zuständigen Personen auf Verlangen zur Prüfung auszuhändigen. Es empfiehlt sich, auf die Pflicht aus § 70 Abs. 3a StVZO in der Ausnahmegenehmigung hinzuweisen.“. Der „Leitfaden zur Ausfüllung der Zulassungsbescheinigung Teil I und Teil II“ sagt nun dazu: „Feld (22): Bemerkungen und Ausnahmen – Es sind die Angaben aus dem CoC bzw. der Datenbestätigung oder dem EBE-Gutachten oder dem bisherigen Fahrzeugbrief zu übernehmen. Die Übernahme beschränkt sich grundsätzlich auf solche Daten, die für die Zulassungsbescheinigung Teil I relevant sind sowie auf Ausnahmen und Auflagen… Bezüglich der mit der ABE erteilten Ausnahmen und Auflagen ist, wenn diese in Feld (22a) oder einem besonderen Auszug aus der Allgemeinen Betriebserlaubnis dargestellt werden, im Feld (22) zwingend folgender Hinweis (ggf. sinnvoll gekürzt) anzubringen: „Nachweis über genehmigte Ausnahmen § 70 Abs. 3a StVZO und Auflagen ist mitzuführen“.“

13. Der konkrete Fall

Für die Zulassung der Fahrzeugkombination hat die zuständige Verwaltungsbehörde eine Ausnahmegenehmigung nach § 70 StVZO erteilt. Ausnahmegrund ist der Transport unteilbarer Ladung; im konkreten Fall handelt es sich um Bauteile für Windkraftanlagen. Um diese Bauteile vom Herstellungs- zum Einsatzort zu bringen, stehen keine „handelsüblichen" Fahrzeuge zur Verfügung. Die Verwendung der Fahrzeuge für den Transport unteilbarer Ladung wurde als „Bedingung" in den Bescheid aufgenommen:

> **„D. Bedingungen**
>
> **Die Ausnahmegenehmigung gilt nur, wenn die Ladungen nicht auf vorschriftsmäßigen Fahrzeugen befördert werden können und den Einsatz eines entsprechenden Spezialfahrzeuges bzw. –Kombination erfordern. Die Fahrzeugkombination muss dabei der Ladung möglichst so angepaßt sein, dass z. B. Längenüberschreitungen möglichst gering bleiben.**
>
> **Das Fahrzeug/der Zug darf nur für die Beförderung folgender Ladungen verwendet werden:**
>
> a) Einer unteilbaren Ladung. Unteilbar ist eine Ladung, wenn ihre Zerlegung aus technischen Gründen unmöglich ist oder die Zerlegung und der Zusammenbau unzumutbare Kosten verursachen würde.
> b) Die Genehmigungsbehörde kann zur Vorbereitung der Entscheidung die Beibringung eines Sachverständigengutachtens über die Unteilbarkeit der Ladung bzw. über die Kosten der Zerlegung und des Zusammenbaus verlangen.
> c) Einer aus zwei Teilen bestehenden Ladung, wenn die Teile aus Festigkeitsgründen nicht als Einzelstücke befördert werden können und diese unteilbar sind.
> d) Mehrerer einzelner Teile, die je für sich unteilbar sind und jeweils wegen ihrer Länge, Breite oder Höhe die Benutzung eines Fahrzeuges/Zuges mit einer entsprechenden Ausnahmegenehmigung nach § 70 StVZO erfordern, jedoch unter Einhaltung der nach § 34 StVZO zulässigen Achslasten und Gesamtgewichte. Kürzere Ladungsstücke dürfen bei Langmaterialtransporten beigeladen werden, wenn mindestens 50% des Gesamtgewichts der Ladung aus überlangen unteilbaren Ladungsstücken besteht, die eine Überlänge des Fahrzeugs erfordern und im übrigen die Vorschriften des § 34 StVZO eingehalten werden.
> e) Zubehör zu Ladungen nach a) oder c) darf 10% des Gesamtgewichts der Ladung nicht überschreiten und muss in dem Begleitpapier mit genauer Bezeichnung aufgeführt sein.

f) Einer teilbaren Ladung, im Zulauf zu oder im Ablauf von einem Großraum- oder Schwertransport, wenn die Ladefläche(n) des Fahrzeugs bzw. der Fahrzeugkombination die nach § 32 StVZO zulässigen Abmessungen einhält, die nach § 34 StVZO zulässigen Grenzwerte nicht überschritten werden und dieser Transport in der Erlaubnis nach § 29 StVO für den einzelnen Transport ausdrücklich genehmigt worden ist."

Hier handelt es sich tatsächlich[150] um eine Bedingung im Sinne des § 36 Abs. 2 Nr. 2 VwVfG, und zwar in Form der „Potestativbedingung"[151]. Einer Einstufung als Auflage würde die Bedeutung der Bestimmung nicht gerecht: ein Verstoß gegen die Regelung soll dazu führen, dass die Genehmigung erst gar nicht gültig wird[152].

Der verfügende Teil des Bescheides, also die Regelung i. S. des § 35 VwVfG, besteht aus der „Erteilung der Ausnahmegenehmigung" in Verbindung mit den im Einzelnen aufgelisteten „Abweichungen".

Als Abweichungen wurden genehmigt:

	Vorschrift (StVZO)	**gesetzlich vorgesehen**	**genehmigt**
Sattelzugmaschine	§ 34 Abs. 4 Nr. 2 Buchst. d (Doppelachslast)	19,0 t	20,0 t
	§ 34 Abs. 5 Nr. 2 Buchst. b (Gesamtgewicht)	26,0 t	27,50 t
	§ 52 Abs. 4 (gelbe Rundumleuchte)[153]	nicht zulässig	zulässig

150 Die von Behörden verwendete Terminologie muss nicht immer dem materiellen Gehalt der jeweils verwendeten Regelung entsprechen (*Kopp/Ramsauer*, VwVfG, 12. Auflage 2011, § 36 RN 14).

151 Zur Potestativbedingung, die dadurch gekennzeichnet ist, dass die Herbeiführung eines Ereignisses vom Willen eines Beteiligten abhängt, siehe *Kopp/Ramsauer*, VwVfG, 12. Auflage 2011, § 36 RN 19.

152 Zu diesem Kriterium, das der Unterscheidung von Bedingung und Auflage dient, siehe *Kopp/Ramsauer*, VwVfG, 12. Auflage 2011, § 36 RN 34.

153 Hier handelt es sich – streng genommen – nicht um eine Abweichung. § 52 Abs. 4 Nr. 3 StVZO lässt das Führen einer Kennleuchte für gelbes Blinklicht bei GST zu, wenn die (den GST) genehmigende oder erlaubende Behörde das Führen des Blinklichtes **vorgeschrieben** hat. Die Ausrüstung mit gelbem Blinklicht ist damit keine Begünstigung (Ausnahme von Vorschriften der StVZO), sondern eine Verpflichtung (Auflage im Genehmigungs-/Erlaubnisbescheid). Das gelbe Blinklicht ist eine Vorkehrung zum Schutz

	Vorschrift (StVZO)	gesetzlich vorgesehen	genehmigt
Sattelanhänger/ Anhänger	§ 34 Abs. 4 Nr. 3 Buchst. c (Doppelachslast)	18,0 t	20,0 t
	§ 34 Abs. 5 Nr. 2 Buchst. c (Gesamtgewicht)	24,0 t	30,0 t bzw. 50,0 t
	§ 34 Abs. 4 Nr. 4 (Dreifachachslast)	24,0 t	30,0 t bzw.
Sattel-Kfz mit Nachläufer	§ 32 Abs. 4 Satz 1 Nr. 3 (Länge)	18,0 m	65,0 m
	§ 32 a (Mitführen eines Anhängers hinter einem Sattel-Kfz)	nicht zulässig	zulässig
	§ 32 d (Kurvenlaufeigenschaften)	12,50 m	40,0 m
	§ 34 Abs. 6 Nr. 5 (zulässiges Gesamtgewicht)	40,0 t	107,5 t
	§ 34 Abs. 9 (Abstand zwischen den Achsen von Kfz und Anhänger)	mind. 2,5 m	2,45 m
	§ 35 (Motorleistung)	mind. 5 kW/t	4,09 kW/t

In der Grundform wurde die Genehmigung als Dauergenehmigung für 6 Jahre erteilt.

Ab einer Länge von 32 m und/oder einem Gesamtgewicht von 97,50 t benötigt das Fahrzeug eine (streckenbezogene) Einzelfahrtgenehmigung:

- die Richtlinie 10 lässt nur eine Gesamtlänge von 32 m zu
- der Nachläufer darf ein Gesamtgewicht von höchstens 40 t haben (27,50 t + 40 t + 51 t – 21 t = 97,50 t).

bzw. zur Warnung anderer Verkehrsteilnehmer. Da manche Fahrzeuge aber nicht ausschließlich für die Durchführung von GST eingesetzt werden und der Abbau für die Zeit, in der konventionelle Transporte durchgeführt werden, i. d. R. nicht zumutbar ist, wird in der Praxis meist die dauerhafte Ausrüstung mit dem gelben Rundumlicht genehmigt.

VIII. Die Erlaubnis nach § 29 Abs. 3 StVO (sog. „29er“)

1. Die gesetzliche Einführung der Erlaubnispflicht

Eine gesetzliche Regelung der Erlaubnispflicht von GST erfolgte erst 1956[154]. Die Vorgängerfassung der StVO[155] beschränkte sich in § 5 Abs. 3 auf Bestimmungen über den Betrieb von Lautsprechern auf öffentlichen Straßen. Erst die StVO in der Fassung vom 29. März 1956[156] bestimmte in § 5 Abs. 1 Nr. 2, dass der Verkehr mit „Fahrzeugen, deren Gesamtgewicht oder Abmessungen ungewöhnlich groß sind“, der Erlaubnis der Straßenverkehrsbehörde bedarf. Vor Erteilung der Erlaubnis war nach § 5 Abs. 2 StVO 1956 die Polizei zu hören. Außerdem war auch die Straßenbaubehörde zu beteiligen, wenn geprüft werden musste, ob zum Schutz der Straßen „Bedingungen gestellt“ werden mussten. Die amtliche Begründung[157] der Änderungsverordnung führt hierzu aus: „Nach § 5 Abs. 3 alter Fassung sollten Genehmigungen zum Betrieb von Lautsprechern nur in dringenden Fällen erteilt werden. Aus dieser Fassung konnte gefolgert werden, dass Anträge auf Erlaubniserteilung für eine mehr als verkehrsübliche Inanspruchnahme der Straßen großzügiger zu behandeln seien. Dies entspricht jedoch nicht dem Willen des Gesetzgebers. Vielmehr ist es nach dem Sinn und Zweck des § 5 notwendig, auch bei der Genehmigung z. B. von Schwer- und Großraumtransporten einen strengen Maßstab anzulegen. Ist man aber der Auffassung, dass jede außergewöhnliche Inanspruchnahme der Straße nur zu gestatten ist, wenn der Forderung der Sicherheit und Leichtigkeit des Verkehrs entsprochen wird, erscheint es gesetzestechnisch unrichtig, die Regelung

154 Zu den damaligen Genehmigungsvoraussetzungen siehe auch BVerwG, Urt. v. 12.10.1965 – VII C 173.64 – BVerwGE 22, 212: „Der Verkehr mit Fahrzeugen, deren Gesamtgewicht oder Abmessungen ungewöhnlich groß sind, ist stets als eine Veranstaltung anzusehen, für die öffentliche Straßen mehr als verkehrsüblich in Anspruch genommen werden. Ob eine Erlaubnis gem. § 5 StVO wegen ungewöhnlicher Größe eines Fahrzeugs erforderlich ist, kann nur im Einzelfall unter Berücksichtigung des Gesamtgewichts und der Abmessungen des Fahrzeugs, der Intensität des Straßenverkehrs und der Kapazität der Straßen entschieden werden.“

155 StVO i. d. F. vom 24.08.1953, VkBl. 1953, 401/403.

156 VkBl. 1956, 476.

157 VkBl. 1956, 425.

insoweit den allgemeinen Verwaltungsvorschriften zur Straßenverkehrs-Ordnung zu überlassen, den weniger bedeutungsvollen Betrieb von Lautsprechern hingegen in die Straßenverkehrs-Ordnung selbst aufzunehmen."

2. Die Struktur der Norm

Gem. § 29 Abs. 3 Satz 1 StVO bedarf einer Erlaubnis der Verkehr mit Fahrzeugen und Zügen, deren Abmessungen, Achslasten oder Gesamtgewichte die gesetzlich allgemein zugelassenen Grenzen tatsächlich überschreiten. § 29 Abs. 3 StVO stellt damit nur die Erlaubnis**pflicht** von GST fest. Unter welchen **Voraussetzungen** eine Erlaubnis erteilt werden kann, regelt § 29 Abs. 3 StVO dagegen nicht. Eine solche normativ nicht näher vorbestimmte Ermessensbetätigung muss ihre Rechtfertigung in dem Zweck des der Entscheidung zugrunde liegenden Gesetzes und der vom Gesetzgeber gewollten Ordnung der jeweiligen Rechtsmaterie finden (§ 40 VwVfG)[158]. Wann eine Erlaubnis nach § 29 Abs. 3 StVO erteilt werden kann, ist unter Rückgriff auf die Regelungen der Ausnahmegenehmigung nach § 70 StVZO zu ermitteln[159].

Diese Folge ergibt sich aus dem Charakter der „29er" als „Erlaubnis": während bei einem (präventiven) Verbot mit Erlaubnisvorbehalt ein prinzipiell zulässiges Verhalten nur zu Kontrollzwecken einer vorangehenden Prüfung unterzogen wird, um festzustellen, ob dieses Verhalten unbedenklich ist, kann beim (repressiven) Verbot mit Dispensmöglichkeit ein Verhalten, das grundsätzlich sozialschädlich ist, im Hinblick auf die Besonderheiten des Einzelfalls ausnahmsweise für zulässig erklärt werden[160]. Anders als der Dispens aktualisiert die Erlaubnis nur eine vorher schon latent vorhandene Berechtigung, deren Ausübung lediglich aus Gründen der präventiven Kontrolle bis zur Erlaubniserteilung aufgehoben wird[161].

Dieses (nun) erlaubte Verhalten, nämlich die Nutzung überdimensionierter Fahrzeuge im Straßenverkehr, ergibt sich aus der Wirkung der (vorher eingeholten)

---

158 *Sauthoff*, Öffentliche Straßen, 2. Auflage 2010, RN 361 zur straßenrechtlichen Sondernutzungserlaubnis.

159 Die Erteilung einer Erlaubnis nach § 29 Abs. 2 StVO für die Durchführung von Veranstaltungen hat beispielsweise im Wesentlichen zur Voraussetzung, dass Verkehrsbeeinträchtigungen durch verkehrsrechtliche Maßnahmen (Verkehrsregelungen nach § 45 StVO – Verkehrszeichen) vermieden oder minimiert werden können. Im Erlaubnisverfahren wird also in erster Linie geprüft, ob solche Verkehrsregelungen zum Zeitpunkt der Durchführung der Veranstaltung vorliegen oder vorliegen können.

160 *Schenke* in: *Steiner*, Besonderes Verwaltungsrecht, 8. Auflage 2006, Kap. II RN 311 ff.

161 *Schenke* in: *Steiner*, Besonderes Verwaltungsrecht, 8. Auflage 2006, Kap. II RN 311 ff.

Ausnahmegenehmigung nach § 70 StVZO: soweit diese reicht, schafft sie neues Recht und sorgt dafür, dass sich der Fahrzeughalter im Rahmen des (nun) Zulässigen bewegt[162]. Damit wird der Transport unteilbarer Ladung[163] aber unmittelbar zur Tatbestandsvoraussetzung einer Erlaubnis.

Gegenstand des Verfahrens nach § 29 Abs. 3 StVO ist die Prüfung, ob sich eine bestimmte Strecke für die Durchführung eines konkreten Transportes eignet. Durch das Erlaubnisverfahren soll insbesondere sichergestellt werden, dass die Straßenverkehrsbehörden von vornherein erkennbare Störungen verhindern oder in zumutbaren Grenzen halten und bei der Kollision von Rechtsgütern verschiedener Rechtsträger einen Interessenausgleich schaffen können[164].

Soweit die Erlaubnis nach § 29 Abs. 3 StVO nach straßenrechtlichen Kollisionsnormen (§ 8 Abs. 6 Satz 1 FStrG, Art. 21 BayStrWG) auch Sondernutzungen zulässt, die den Gemeingebrauch beeinträchtigen (z. B. bei Straßensperrungen durch Durchführung von Transporten), weist sie – da auf sie keine Rechtsanspruch besteht – Züge einer Ausnahmegenehmigung auf[165].

3. Die Erlaubnis als (begünstigender) Verwaltungsakt

Die Erlaubnis ist ein begünstigender Verwaltungsakt[166]. Er wird von der Straßenverkehrsbehörde[167] durch Erlaubnisbescheid erlassen. Regelungsgegenstand ist

---

162 Siehe oben VII.3.

163 Zulässig ist daneben auch eine Überführungsfahrt (Leerfahrt) eines Fahrzeugs, das (schon in unbeladenem Zustand) die nach den §§ 32 und 34 StVZO zulässigen Grenzen überschreitet (RN 86 VwV zu § 29 StVO).

164 *Sauthoff*, Öffentliche Straßen, 2. Auflage 2010, RN 361 zur straßenrechtlichen Sondernutzungserlaubnis.

165 Siehe auch *Wiget* in: *Zeitler*, Bayer. Straßen- und Wegegesetz, Stand Sept. 2011, Art. 18 BayStrWG RN16, der die Notwendigkeit einer Sondernutzungserlaubnis nach Art. 18 BayStrWG – generell- als Verbot mit Erlaubnisvorbehalt ansieht.

166 VG München, Beschl. v. 13.09.2007 – M 23 S 07.3927 – juris zur Erlaubnis nach § 29 Abs. 2 StVO.

167 Die Erlaubnis nach § 70 StVZO wird dagegen von einer Zulassungsbehörde erteilt. Die Regierungen in Bayern sind sowohl (höhere) Straßenverkehrsbehörde als auch (höhere) Zulassungsbehörde, so dass sie – wenn sie eine Ausnahmegenehmigung erteilen und die Erlaubnis nach § 29 Abs. 3 StVO einschließen – in einer Doppelfunktion tätig werden.

die Zulassung eines Transportes in einem bestimmten Bereich (maximaler Geltungsbereich: Bundesrepublik Deutschland) oder – bei Überschreiten der Anhörfreigrenzen[168] – auf einer bestimmten Strecke (festgelegter Fahrtweg)[169]. Der Bescheid kann auch Fahrzeitbeschränkungen[170] treffen[171] und unter Bedingungen und Auflagen ergehen[172].

4. Wirkung der Erlaubnis

Die Erlaubnis nach § 29 Abs. 3 StVO berechtigt zur Durchführung eines GST. Sie bezweckt allerdings nicht, es dem Spediteur zu ermöglichen, ohne weiteren Erkundigungsaufwand und ohne eigene Risiko eine Fahrtstrecke ausgesucht zu erhalten, die er dann bedenkenlos befahren kann[173].

Die Erlaubnis befreit auch nicht von den durch Verkehrszeichen getroffenen Verkehrsregelungen (z. B. einer „roten Ampel" oder einem Verkehrsverbot[174]) oder den sonstigen Bestimmungen der StVO. Eine solche Befreiung ist nur durch Erteilung einer Ausnahmegenehmigung nach § 46 Abs. 1 Satz 1 Nr. 11 StVO möglich.

---

168 Siehe oben VI.3.

169 RN 114 VwV zu § 29 StVO. – Siehe auch VG Saarland, Urt. v. 04.03.2009 – 10 K 1139/07 – VerkMitt 2009, Nr. 58: „Nach ihrer sachlichen Reichweite erfassen die erteilten Ausnahmegenehmigungen und Erlaubnisse die Befugnis der Beigeladenen, den Bereich der M.- und L. Straße zwischen den Hauptgebäuden I-Straße und 1a sowie den in der M. Straße und L. Straße gelegenen auswärtigen Lagern, deren Belegenheit jeweils nach den Feststellungen der Kammer im durchgeführten Ortstermin feststeht, mit den Gabelstaplern zu befahren und dabei auch Ladungen in Übergröße zu transportieren."

170 Hierbei handelt es sich um eine Genehmigungsinhaltsbestimmung.

171 RN 115 VwV zu § 29 StVO.

172 RN 122 VwV zu § 29 StVO.

173 OLG München, Urt. v. 29.06.1995 – 1 U 6856/94 – juris. – In eine Dauererlaubnis ist nach RN 138 VwV zu § 29 StVO dementsprechend auch die Auflage aufzunehmen, dass der Antragsteller vor der Durchführung des Verkehrs in eigener Verantwortung zu überprüfen hat, ob der beabsichtigte Fahrtweg für den Verkehr geeignet ist. Das Gleiche gilt auch, wenn ein Anhörverfahren nicht stattgefunden hat (RN 134 VwV zu § 29 StVO).

174 Beispielsweise hat der Fahrer eines GST trotz vorhandener bundesweit gültiger flächendeckender Erlaubnis eine mit Z 250 (Verbot für Fahrzeuge aller Art) verfügte Straßensperre zu beachten.

§ 29 steht also gleichrangig neben anderen Bestimmungen der StVO, während § 46 insoweit einen „höheren Rang“ hat.

5. Voraussetzungen für die Erteilung der Erlaubnis; Ermessensentscheidung

Die Erlaubnis nach § 29 StVO regelt den „Einsatz“ der vorher aufgrund einer Ausnahmegenehmigung nach § 70 StVZO zugelassenen Fahrzeuge[175]. Eine Erlaubnis nach § 29 Abs. 3 StVO ist also nicht erforderlich, wenn die Überlänge des Fahrzeugs lediglich durch die Ladung verursacht wird (also ladungs-, nicht konstruktionsbedingt)[176]. Eine „29er“ wird dagegen aber auch benötigt für die Überführung eines Fahrzeugs oder einer Fahrzeugkombination, dessen/deren tatsächliche Abmessungen, Achslasten oder Gesamtgewichte die nach §§ 32 und 34 StVZO zulässigen Grenzen überschreiten[177].

Eine 29er ist auch erforderlich, wenn ein Fahrzeug so konstruiert ist, dass es dem Fahrer kein ausreichendes Sichtfeld lässt (sog. „Sichtfeldeinschränkung“, § 29 Abs. 3 Satz 2 StVO)[178]. Nach § 35b Abs. 2 StVZO muss für den Fahrzeugführer unter allen Betriebs- und Witterungsverhältnissen ein ausreichendes Sichtfeld gewährleistet sein.

Für die Erteilung der streckenbezogenen Erlaubnis müssen – neben dem Erfordernis, dass unteilbare Ladung transportiert wird[179] – folgende verkehrsbezogene Voraussetzungen vorliegen[180]:

- Für den gesamten Fahrtweg müssen Straßen zur Verfügung stehen, deren baulicher Zustand durch den Verkehr nicht beeinträchtigt wird und für deren Schutz keine besonderen Maßnahmen erforderlich sind, oder es darf wenigstens die spätere Wiederherstellung der Straßen oder die Durchführung jener Maßnahmen vor allem aus verkehrlichen Gründen nicht zu zeitraubend oder zu umfangreich sein.

175 *Lütkes*, Straßenverkehrsrecht, Stand: Juli 2011, § 70 StVZO RN 14.

176 OLG Düsseldorf, Beschl. v. 15.03.1990 – 5 Ss (OWi) 50/90- (OWi) 28/90 I- VRS 79, 131.

177 RN 86 VwV zu § 29 StVO.

178 Diese Fallgruppe ist von besonderer Bedeutung bei Staplern (zum Begriff siehe § 2 Nr. 18 FZV), deren Sichtfeld durch das vor dem Führerhaus montierte Hubgerüst eingeschränkt ist.

179 RN 87 ff. VwV zu § 29 StVO.

180 RN 84 f. VwV zu § 29 StVO

- Der Verkehr darf nicht – wenigstens nicht zum größten Teil der Strecke – auf der Schiene oder auf dem Wasserweg möglich sein bzw. der Transport per Bahn oder per Schiff müsste unzumutbare Mehrkosten verursachen. (Diese Voraussetzung gilt gem. RN 143 VwV zu § 29 StVO nicht für Autokräne).

Die Erteilung der Erlaubnis nach § 29 Abs. 3 StVO ist eine Ermessensentscheidung[181]; dem Wortlaut der Vorschrift ist nichts zu entnehmen, was auf einen Anspruch des Antragstellers hindeuten könnte (etwa durch eine Formulierung wie: „die Erlaubnis ist zu erteilen, wenn…“)[182]. Auch das Verfassungsrecht gebietet es nicht von vorneherein – also über das Gleichbehandlungsgebot hinaus- die Erteilung der Erlaubnis als gebundene Entscheidung anzusehen: das käme einem Anspruch auf Schaffung eines (auch) für Großraum- und Schwertransporte geeigneten Straßennetzes gleich. Die Erlaubnisbehörde hat daher in einem konkreten Einzelfall nach pflichtgemäßem Ermessen zu entscheiden und dabei alle betroffenen Interessen sorgfältig abzuwägen[183]. Das Ermessen wird allerdings durch die Verwaltungsvorschriften zu § 29 StVO in so hohem Maße intendiert, dass eine ablehnende Entscheidung trotz Erfüllung der Vorgaben der VwV kaum mehr denkbar ist.

6. Nebenbestimmungen; das Vorliegen einer „29er“ als Bedingung

Die Erlaubnis nach § 29 StVO kann unter einer Bedingung (§ 36 Abs. 2 Nr. 2 VwVfG) erlassen oder mit einer Auflage (§ 36 Abs. 2 Nr. 4 VwVfG) verbunden werden (RN 122 VwV zu § 29 StVO). In der Praxis üblich sind auch Befristungen (§ 36 Abs. 2 Nr. 1 VwVfG) und ein Widerrufsvorbehalt (§ 36 Abs. 3 Nr. 3 VwVfG)[184].

---

181 VG Ansbach, Urt. v. 19.11.2012 – AN 10 K 12.00957 unter Hinweis auf die Strukturgleichheit zwischen der Erlaubnis nach § 29 StVO und der Sondernutzungserlaubnis.

182 VG Augsburg, Urt. v. 16.04.2013 – Au 3 K 12.839 zur Erlaubnis nach § 29 Abs. 2 StVO.

183 So zu einer Erlaubnis zur Durchführung eines Rennens Bayer. Staatsministerium des Innern vom 01.02.86 in: *Bauer/Roos/Götzfried/Kralik*, StVO in der Praxis, Stand: Dezember 2011, § 29/16.

184 Zum Widerrufsvorbehalt bei einer Dauererlaubnis siehe RN 141 zu § 29 StVO.

Das Vorliegen einer Erlaubnis nach § 29 StVO kann aber auch zur Gültigkeitsvoraussetzung der Ausnahmegenehmigung nach § 70 StVZO werden. In der Praxis enthalten die Bescheide, mit denen die Ausnahmegenehmigung nach § 70 StVZO erteilt wird, gem. Nr. 1.8 der Vorbemerkungen zu den „Richtlinien zu § 70 StVZO", meist folgende Formulierung:

> „Diese Ausnahmegenehmigung gilt nur in Verbindung mit einer gültigen Erlaubnis gem. § 29 Abs. 3 StVO."

Hier handelt es sich um eine Bedingung, deren Beifügung auch unter Verhältnismäßigkeitsgesichtspunkten zulässig ist[185]. Zwar kann im Rahmen eines Bescheidserlasses grundsätzlich geprüft werden, ob nicht einer Auflage als der weniger belastenden Nebenbestimmung der Vorzug vor der Bedingung gegeben wird. Denn wenn der entsprechenden Nebenbestimmung nicht nachgekommen wird, verliert der Genehmigungsinhaber bei einer Bedingung die Begünstigung, während bei einem Auflagenverstoß die Behörde nur einen vollstreckbaren Titel erhält[186].

Die Erlaubnis nach § 29 ist nach dem Gesetzeswortlaut zwingende Voraussetzung für den Verkehr mit Fahrzeugen und Zügen, deren Abmessungen, Achslasten oder Gesamtgewichte die gesetzlich allgemein zugelassenen Grenzen tatsächlich überschreiten. Und ein Betrieb eines Fahrzeugs ohne Straße ist nicht möglich. Damit ist vom gesetzlichen System her das Vorhandensein der „29er" als Bedingung für die Gültigkeit einer „70er" zulässig (wenn nicht sogar geboten).

Wird dann ein Transport ohne gültige[187] Erlaubnis durchgeführt, führt dies auch zum Wegfall der Ausnahmegenehmigung nach § 70 StVZO[188]. Maßstab für einen Gesetzesverstoß des Unternehmers sind dann allerdings nicht mehr die genehmigten Maße und Gewichte, sondern die niedrigeren gesetzlichen Werte. Damit wird ein Unternehmer mit gültiger „70er", aber ohne „29er", so behandelt wie jemand, der auch nie eine „70er" besaß. Dieses Ergebnis wird

---

185 *Rebler/Borzym*, Bedingungen in einer Ausnahmegenehmigung für Großraum- und Schwertransporte, SVR 2008, 133; dem folgend OLG Celle, Beschl. v. 11.01.2011 – 322 SsRs 390/10 – NZV 2011, 311; *König* in: *Hentschel/König, Dauer*, Straßenverkehrsrecht, 41. Auflage 2011, § 29 StVO RN 8; *Janker* in: *Burmann/Heß/Jahnke/Janker*, Straßenverkehrsrecht, 21. Auflage 2010, § 29 StVO RN 6.

186 *Weyreuther*, Über „Baubedingungen", DVBl 1969, 232/234.

187 Das bedeutet: fehlt die Erlaubnis ganz oder werden in der Erlaubnis getroffene Festlegungen nicht eingehalten.

188 OLG Celle, Beschl. v. 11.01.2011 – 322 SsRs 390/10 – NZV 2011, 311.

allerdings so nicht befriedigen. Man könnte daran denken, dass eine Ahndung nur über den § 30 Abs. 1 StVZO erfolgen sollte. Der Tatvorwurf würde sich dann darauf gründen, dass der Fahrer ein unvorschriftsmäßig gebautes Fahrzeug in Betrieb genommen und der Halter die Inbetriebnahme des Fahrzeuges angeordnet bzw. gestattet hat. Eine tateinheitliche Ahndung nach § 34 Abs. 3 StVZO (Überschreiten des zulässigen Gesamtgewichtes bzw. der Achslasten) könnte dann auf Basis der genehmigten Werte der Ausnahmegenehmigung gem. § 70 StVZO erfolgen. Durch diese Verfahrensweise würde der Unternehmer, der immerhin für sein Fahrzeug eine Ausnahmegenehmigung gem. § 70 StVZO erhalten hat, nicht gleich bzw. schlechter (da er auch die Kosten für die Genehmigung und ein technisches Gutachten tragen musste) gestellt als derjenige, der seine Fahrzeuge ganz ohne Genehmigungen in Betrieb nimmt.

7. Geltungsbereich der Erlaubnis und befriste Erteilung

Für die Durchführung größerer und/oder schwererer Transporte werden Fahrstrecke und Fahrtzeit genau festgelegt. Daneben gibt es auch eine auf drei Jahre befristete Dauererlaubnis für Fahrten zwischen bestimmten Orten (RN 137 VwV zu § 29 StVO- sog. „Dauerstreckenerlaubnis“). Eine Dauererlaubnis kann auch für alle Straßen im Zuständigkeitsbereich der Erlaubnisbehörde und der benachbarten Straßenverkehrsbehörden erteilt werden (RN 137 VwV zu § 29 StVO – sog. „Dauerflächenerlaubnis“).

Die höhere Verwaltungsbehörde kann in die Ausnahmegenehmigung nach § 70 StVZO auch eine Erlaubnis nach § 29 Abs. 3 StVO einschließen (§ 44 Abs. 3a StVO; RN 140 VwV zu § 29 StVO). Die Dauererlaubnis ist auf die Geltungsdauer, höchstens jedoch 3 Jahre, und den Geltungsbereich der Ausnahmegenehmigung zu beschränken. Voraussetzung für den Einschluss der „29er“ ist allerdings, dass sich die Fahrzeugabmessungen und das Fahrzeuggewicht innerhalb der Anhörfreigrenzen[189] bewegen.

---

189 Siehe oben unter Kap. VI.3.

8. Anhörung der Straßenbaulastträger; Ablauf des Erlaubnisverfahrens

Zuständig für die Erteilung der Erlaubnis nach § 29 Abs. 3 StVO ist die Straßenverkehrsbehörde, in deren Bezirk der Transport beginnt, oder die Straßenverkehrsbehörde, in deren Bezirk der Antragsteller seinen Wohnort, seinen Sitz oder eine Zweigniederlassung hat (§ 47 Abs. 1 Satz 3 StVO). Bei Überschreitung der Anhörfreigrenzen[190] ist nach RN 95 ff. ein Anhörverfahren durchzuführen. Die Anhörpflicht basiert vor allem auf § 8 Abs. 6 Satz 2 FStrG bzw. Art. 21 Satz 2 BayStrWG; sie ist der Ausgleich dafür, dass die straßenrechtliche Erlaubnis in der verkehrsrechtlichen aufgeht.

Nach § 8 Abs. 6 FStrG hat die Straßenverkehrsbehörde die sonst für die Sondernutzungserlaubnis zuständige (Straßenbau-)Behörde zu hören. Die von dieser geforderten Bedingungen, Auflagen und Sondernutzungsgebühren sind dem Antragsteller in der Erlaubnis oder Ausnahmegenehmigung aufzuerlegen. Art 21 Satz 2 BayStrWG sieht seit 01.01.2008 statt der Anhörung nun die Herstellung des „Einvernehmens“ vor. Die Beteiligungsform des „Einvernehmens“ ist grundsätzlich wesentlich stärker als die der bloßen „Anhörung“. Sie begründet die grundsätzliche und unabdingbare Verpflichtung der im Verhältnis zum Bürger allein regelungsbefugten Behörde, vor Erlass ihres Verwaltungsakts „aus den internen zwei Willenserklärungen letztlich nach außen nur einen gemeinsamen Willen zu bilden“[191]. Nach *Wiget*[192] wird durch die aktuelle Fassung des Art. 21 Satz 2 BayStrWG klargestellt, dass die Straßenverkehrsbehörde an dieses Einvernehmen gebunden ist, was sich im Übrigen auch aus der Formulierung des Art. 21 Satz 3 BayStrWG ergeben soll, wonach geforderte Bedingungen, Auflagen und Sondernutzungsgebühren in den Bescheid aufzunehmen sind[193]. Aus dieser Verpflichtung der Verkehrsbehörde lässt sich jedoch kein Veto-Recht des Straßenbaulastträgers ableiten[194]. Die mitwirkungsberechtigte Straßenbaubehörde kann weder

190 Siehe oben unter Kap. VI.3.

191 BVerwG, Urt. v. 19.11.1965 – IV C 184.65- BVerwGE 22, 342.

192 *Wiget* in: *Zeitler*, Bayer. Straßen- und Wegegesetz, Stand Sept. 2011, Art. 21 RN 13.

193 So auch die Begründung zum Änderungsgesetz (Landtags-Drucksache v. 15.01.2007 Nr. 15/7161). Die Änderung des BayStrWG erfolgte in der Absicht, eine Verfahrenskonzentration in Fällen zu erreichen, in denen nach baurechtlichen Vorschriften eine Baugenehmigung erforderlich ist und zugleich nach Straßenrecht eine erlaubnispflichtige Sondernutzung vorliegt

194 *Sauthoff*, Öffentliche Straßen, 2. Auflage 2010, RN 393.

die Erteilung der Erlaubnis verhindern noch Nebenbestimmungen selbst festsetzen[195]. Der Straßenverkehrsbehörde steht die alleinige Entscheidungsbefugnis zu. Sie kann die vorgebrachten Bedenken im Rahmen ihrer Ermessensentscheidung auch unberücksichtigt lassen; das gilt insbesondere dann, wenn diese allgemeiner (grundsätzlicher) Art sind[196]. Eine strikte Bindung an die Stellungnahme der Straßenbaubehörde wird sich dagegen dann ergeben, wenn es sich um Aspekte handelt, die ihren Grund in der örtlichen Beschaffenheit bestimmter Straßen haben, etwa die geringe Tragfähigkeit zu befahrender Brücken. (Reine) Verkehrssicherheitsaspekte sind demgegenüber nicht Gegenstand des Einvernehmens; denn im Verhältnis zum Straßenrecht hat allein das Verkehrsrecht die Aufgabe, Gefahren von den Verkehrsteilnehmern abzuwenden und den optimalen Ablauf des Verkehrs zu gewährleisten[197].

Der Ablauf des Erlaubnisverfahrens ist in RN 92 ff. zu § 29 StVO geregelt[198]. Es wird zwischen dem Anhörverfahren und dem Zustimmungsverfahren unterschieden. Im Anhörverfahren hat die zuständige Straßenverkehrsbehörde die Straßenbaulastträger der betroffenen Straßen (und ggf. auch die Polizei bzw. – beim Queren von Bahnübergängen – auch die Bahnunternehmen) in ihrem Bezirk zu hören. Geht die Fahrt über den Bezirk der Erlaubnisbehörde hinaus, hört sie auch die weiteren räumlich betroffenen Straßenverkehrsbehörden an, die ihre Stellungnahme wiederum nach Anhörung „ihrer" Straßenbaulastträger abgeben. Geht die Fahrt über das Gebiet eines Bundeslandes hinaus, ist die Zustimmung derjenigen höheren Verwaltungsbehörde einzuholen, durch deren Bezirk die Fahrt in den anderen Ländern jeweils zuerst geht. Die höhere Verwaltungsbehörde sammelt dazu die Stellungnahmen der von ihr in ihrem Zuständigkeitsbereich beteiligten Straßenbaubehörden und gibt diese weiter. Aufgrund der eingegangenen Stellungnahmen erstellt die Erlaubnisbehörde dann den Bescheid. Hält sich ein Transport innerhalb bestimmter Anhörfreigrenzen[199] und bestehen keine Zweifel an der Geeignetheit des Fahrtwegs, findet ein Anhörverfahren nicht statt (RN 98 VwV zu § 29 StVO).

---

195 *Wiget* in: *Zeitler*, Bayer. Straßen- und Wegegesetz, Stand Sept. 2011, Art. 21 RN 13.

196 *Sauthoff*, Öffentliche Straßen, 2. Auflage 2010, RN 393.

197 BVerfG, Beschl. v. 10.12.1975 – 1 BvR 118/71 – BVerfGE 40, 371.

198 In der Praxis wird das Anhörverfahren inzwischen zum größten Teil mit Hilfe des Onlinesystems VEMAGS (Verfahrensmanagement für Großraum- und Schwertransporte) abgewickelt.

199 Siehe oben Kap. IV.3.

Übersicht über das Verfahren:

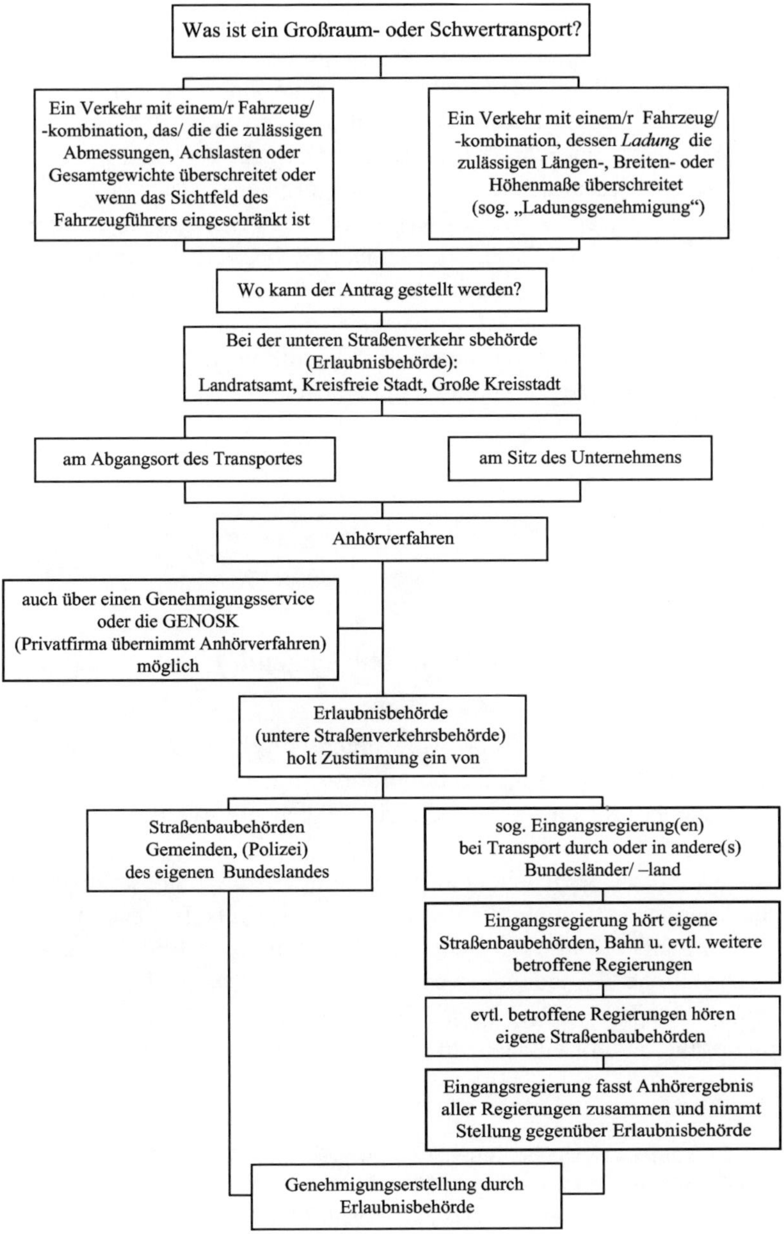

9. Der Antragsteller

Die Erlaubnis nach § 29 Abs. 3 StVO erteilt die Straßenverkehrsbehörde, in deren Bezirk der erlaubnispflichtige Verkehr beginnt, oder die Straßenverkehrsbehörde, in deren Bezirk der Antragsteller seinen Wohnort, seinen Sitz oder eine Zweigniederlassung hat. Dieser Begriff des „Antragstellers" ist ohne Rückgriff auf die materiellen Voraussetzungen der Erlaubnis formal zu bestimmen; Antragsteller in diesem Sinne ist jeder, der in eigenem Namen die Erlaubnis begehrt. Die Frage, ob jemand materiell Inhaber der Erlaubnis werden kann, ist von der Antragstellung strikt zu trennen; sie beurteilt sich nicht nach § 47 Abs. 1 Satz 3 StVO, sondern nach § 29 Abs. 3 StVO. Die Erlaubnis muss – bei Vorliegen der übrigen Voraussetzungen – also auch einem „Genehmigungs-Service" erteilt werden, der zwar nicht selbst Speditionsunternehmer oder Halter von Fahrzeugen ist, aber Erlaubnisse in eigenem Namen und auf eigene Rechnung vermittelt[200].

10. Die Richtlinien: VwV und RGST

a) Die VwV-StVO

aa) Norminterpretierend und ermessenslenkend

Die Voraussetzungen, unter denen eine Erlaubnis nach § 29 Abs. 3 StVO erteilt werden kann, ergeben sich aus der Verwaltungsvorschrift (VwV) zu § 29 StVO. Obwohl (auch) die VwV keine Rechtsnorm ist, sondern nur eine innerdienstliche Richtlinie, die ihre Rechtswirkung über den Gleichheitsgrundsatz entfaltet[201], hat sie für die Praxis enorme Bedeutung.

Die VwV wurde gleichzeitig mit der StVO vom Bundesministerium für Verkehr erlassen und im Verkehrsblatt (VkBl – Amtsblatt des Bundesministers für Verkehr) bekannt gemacht. Bei den politischen Entscheidungen über verkehrsrechtliche Regelungen wurde auch der Wortlaut der beabsichtigten Vorgaben in der VwV-StVO in das Gesetzgebungs- und Verordnungsverfahren von vornherein mit einbezogen[202]. Die Bestimmungen in der VwV werden

200 OVG Nordrhein-Westfalen, Beschl. v. 26.02.1992 – 13 B 149/92- VRS 83, 298.
201 OVG Nordrhein-Westfalen, Urt. v. 23.08.2011 – 8 A 2247/10 – DAR 2011, 654.
202 *Sauthoff*, Öffentliche Straßen, 2. Auflage 2010, RN 583.

von Gerichten bei der Auslegung der in der StVO verwendeten Rechtsbegriffe herangezogen[203].

Im Rahmen der Ermessensausübung ist die Behörde grundsätzlich an die VwV gebunden; die VwV enthält aber auch Vorgaben zur Sachverhaltsermittlung[204], beispielsweise Regelungen zum Anhörverfahren. Die VwV hat also gesetzesauslegende (norminterpretierende) und ermessenslenkende, z. T. auch normkonkretisierende Funktion.[205] Allerdings geht die Ermessensbindung durch die VwV nicht so weit, dass Besonderheiten des Einzelfalls nicht mehr zu berücksichtigen sind; weicht ein Sachverhalt vom Regelfall ab, hat die Behörde eine Einzelfallentscheidung zu treffen[206].

Die VwV regelt,

- wann eine Erlaubnis erforderlich ist (RN 79 ff.)
- wann eine Erlaubnis erteilt werden darf (RN 84 ff.)
- wie der Antrag auszusehen hat und welche Angaben notwendig sind (RN 93)
- wann ein Anhörverfahren notwendig ist und es abzulaufen hat (RN 95 ff.)
- welchen Inhalt der Erlaubnisbescheid haben muss (RN 114 ff.).

bb) Problematik der Anwendbarkeit der VwV – StVO bei der Entscheidung über die Erteilung einer Dauererlaubnis

Die VwV legen auch die Anhörfreigrenzen fest[207]. Sind diese überschritten, darf keine Dauererlaubnis oder Dauergenehmigung nach der StVO erteilt werden.

---

203 BVerwG, Urt. v. 13.03.2008 – 3 C 18/07 – SVR 2008, 231; OVG Lüneburg, Beschl. v. 05.12.2003 – 12 LA 467/03 – VkBl. 2004, 181; VG Braunschweig, Urt. v. 27.09.2011 – 6 A 10/09 – juris; *Sauthoff*, Öffentliche Straßen, 2. Auflage 2010 RN 583.

204 *Sauthoff*, Öffentliche Straßen, 2. Auflage 2010, RN 583.

205 Vgl. hierzu die amtl. Begr. zur StVO in VkBl. 1970, 799: „Ein volkstümliches Gesetz, wie es die StVO sein soll, muss sich dem Verständnis des Volkes möglichst anpassen…Die verwendeten Begriffe müssen der Allgemeinheit geläufig sein…Legaldefinitionen werden daher mit wenigen Ausnahmen…in die Allgemeine Verwaltungsvorschrift (VwV) verwiesen. Dass dies bedenklich sei, wie eingewandt wurde, weil Verwaltungsvorschriften den Richter nicht bänden, ist falsch…So hat denn auch der 4. Strafsenat des Bundesgerichtshofes…ausgesprochen, dass Verlautbarungen des Bundesverkehrsministeriums eine wertvolle Auslegungshilfe sind, da sie in gewissem Sinne als authentische Auslegung gelten können". Zu den Begriffen siehe *Detterbeck*, Allgemeines Verwaltungsrecht, 9. Auflage 2011, RN 857 ff.

206 OVG Nordrhein-Westfalen, Urt. v. 23.08.2011 – 8 A 2247/10 – DAR 2011, 654; *Sauthoff*, Öffentliche Straßen, 2. Auflage 2010, RN 583.

207 Siehe oben Kap. IV. 3.

Beim Gesamtgewicht liegt diese Freigrenze bei 41,8 t. Dieser Wert errechnet sich aus einem (1956 geltenden) Zug-Gesamtgewicht von 38 t und einem Zuschlag von 10%: 38 t + 3,8 t = 41,8 t[208]. Inzwischen gilt jedoch ein Zug-Gesamtgewicht von 40 t[209] und – für Fahrzeuge im kombinierten Verkehr – sogar von 44 t[210].

Eine Anhörfreigrenze von 41,8 t ist damit nicht mehr angemessen. Sie müsste vielmehr auf 44 t angehoben werden. Das entspräche dem ursprünglichen Ansatz, zum gültigen gesetzlichen Höchstwert einen Zuschlag von 10% zu gewähren. Die 53. AusnVO fußt auf der Erkenntnis, dass ein Gesamtgewicht von 44 t straßenbautechnisch noch akzeptabel ist. Das „Privileg" der höheren Tonnage wird mit der „Einschränkung" „erkauft", Transportaufgaben im Rahmen des Kombi-Verkehrs erfüllen zu müssen. Auch für die Zulassung von GST besteht eine entsprechende Einschränkung der Nutzbarkeit: die Fahrzeuge müssen für den Transport unteilbarer Ladung verwendet werden. Diese Einschränkung rechtfertigt auch die Gewährung eines Privilegs. Hinzu kommt, dass Schwertransportfahrzeuge durch ihre spezielle Bauart (z. B. Pendelachsen) i. d. R. auf maximale Straßenschonung ausgelegt sind. Die VwV wird deshalb ihrer normkonkretisierenden Aufgabe nicht mehr gerecht: sie konkretisiert eine längst aufgehobene Norm – sie geht „ins Leere"; denn im Verhältnis zwischen StVO und StVZO ist es allein die Aufgabe der StVZO, die straßenbautechnische Verträglichkeitsgrenze festzulegen. Als Grundlage für eine behördliche Entscheidung bleibt damit nur das Gesetz- und das verlangt eine Ermessensentscheidung, ohne dass das Ergebnis durch die VwV noch determiniert wäre. Hält man sich dennoch an deren Vorgaben, handelt man ermessensfehlerhaft.

b) Die Richtlinie zum Antrags- und Genehmigungsverfahren für die Durchführung von Großraum- und Schwertransporten (RGST 1992)

Um das Anhörverfahren nach § 29 und § 46 StVO zu vereinheitlichen und damit rationeller zu gestalten, hat eine Arbeitsgruppe unter Federführung

208 AllgVerwV zu § 5 StVO 1956, VkBl 1956, 479: „Wenn die Ausnahmegenehmigung nach § 70 StVZO nur Überschreitungen der höchstzulässigen Abmessungen und Gewichte um nicht mehr als etwa 10 % betrifft, so kann eine allgemeine, unbefristete Erlaubnis nach § 5 erteilt werden."

209 § 34 Abs. 6 Nr. 4 Buchst. g StVZO

210 § 34 Abs. 6 Nr. 6 StVZO; 53. AusnVO zur StVO v. 02.07. 1997

des Bundesministeriums für Verkehr im Jahre 1992 die „Richtlinie zum Antrags- und Genehmigungsverfahren für die Durchführung von Großraum- und Schwertransporten (RGST 1992)" erarbeitet. Die Richtlinie enthält ein Muster für den Antrag und den Erlaubnisbescheid[211] und einen standardisierten Auflagenkatalog.

Die Richtlinie gliedert sich in folgende Teile:

- Hinweise für das Erlaubnis- und Genehmigungsverfahren
- Antrags- und Bescheidformular
- Bedingungen und Allgemeine Auflagen
- Auflagenkatalog (spezielle Auflagen)
- Tabellarische Darstellung der Fahrauflagen
- Graphische Darstellung der Fahrauflagen
- Ansprechstellen der Polizei.

Die Richtlinie wurde in Bayern vom Bayer. Staatsministerium des Innern verbindlich mit Schreiben vom 30.06.1992 Nr. IC/IID-3636.4/39 eingeführt und ist seit 01.01.1993 von allen am Erlaubnis- und Genehmigungsverfahren beteiligten Behörden anzuwenden.

11. Der konkrete Fall

a) Der Antrag

Der Transport soll mit dem unter Kapitel V.2 beschriebenen Fahrzeug durchgeführt werden.

Die Maße und Gewichte, die einzuhalten sind, und die Güter, die befördert werden dürfen, wurden entsprechend RN 138 VwV zu § 29 StVO genau festgelegt. Abmessungen und Gewichte des Fahrzeugs halten sich innerhalb des durch die Ausnahmegenehmigung nach § 70 StVZO vorgegebenen Rahmens.

211 In Gestalt eines von der Erlaubnisbehörde auszufüllenden Formblattes auf Seite 2 des Antragsformulars.

I. Antrag:

Die oben genannte Firma beantragt gem. §§ 44, 46 und 47 StVO eine

☒ **Erlaubnis** gem. § 29 Abs. 3 StVO zur Durchführung von Großraum- und/oder Schwertransporten; die erforderliche/n Ausnahmegenehmigung/en gem. § 70 StVZO lag/en der Erlaubnisbehörde vor.

☐ **Einzel-** ☐ **Dauer-**

☐ **Ausnahmegenehmigung** gem. §§ 46 Abs. 1 Nr. 5 und 46 Abs. 1 Nr. 2 StVO zur Beförderung von Ladungen mit Übertreite, Überhöhe und/oder Überlänge und zur Benutzung von Autobahnen oder Kraftfahrstraßen

1.

Für die Zeit vom	bis einschließlich	Fahrten (Anzahl)	Konvoi	Zahl der Fahrzeuge
30.05.2011	*29.08.2011*		☐ ja ☐ nein	

von (Abgangsort und genaue Anschrift der Ladestelle)
A-Stadt

nach (Empfangsort und genaue Anschrift der Empfangsstelle)
B-Stadt

2.

Kraftfahrzeug- *SZM / Dolly* Anhänger-Art *Nachläufer*	Ladung *Betonfertigteile, Stahlteile*

Kennzeichen	Kraftfahrzeug				Anhänger	
Gesamt-	länge	breite	höhe	Transporthöhe absenkbar auf	Gewicht (tatsächlich) *90,00 t*	
Leerfahrt	*22.18*	*2.75*	*3.72*		Zugfahrzeug *10,5t*	Anhänger *20,5t*
Lastfahrt	*34.00*	*2.75*	*4.00*			

Die Ladung ragt nach vorn *0,0* Meter / nach hinten *0,0* m über das Fahrzeug hinaus.

Achsfolge	1. Achse	2. Achse	3. Achse	4. Achse	5. Achse	6. Achse	7. Achse	8. Achse	9. Achse	10. Achse
Achslast in t	*7,50*	*8,50*	*8,50*	*8,50*	*8,50*	*8,50*	*8,00*	*8,00*	*8,00*	*8,00*
Achsabstand in		*330*	*135*	*210*	*149*	*140*	*165*	*150*	*150*	*150*
Räder je Achse	*2*	*4*	*4*	*4*	*4*	*4*	*4*	*4*	*4*	*4*
Achsfolge	10. Achse	11. Achse	12. Achse	13. Achse	14. Achse	15. Achse	16. Achse	17. Achse	18. Achse	19. Achse
Achslast in t		*8,00*								
Achsabstand in		*150*								
Räder je Achse		*4*								

Reifen-/ Doppelreifenbreite der maximalen Achslast *40* cm Spurweite *250* Cm zwischen den Außenkanten der äußeren Räder gemessen

3.

Fahrtweg/ Geltungsbereich

A-Stadt – B... – AS...- A... – AS... St. Richtung... nach ca. 500 m. B-Stadt Ziel

b) Die Erlaubnis

Die Erlaubnis (verfügender Teil) wird auf der Rückseite des Antragsformblattes erteilt. Nebenbestimmungen ergeben sich aus einer beigehefteten Anlage.

II. Erlaubnis/Ausnahmegenehmigung: Die beantragte Erlaubnis/Ausnahmegenehmigung wird stets widerruflich dem Antragsteller, der von ihm vertretenen Person bzw. dem Unternehmen wie folgt erteilt:

Nur von der Behörde auszufüllen

1. Die aufgeführten Bedingungen und Auflagen sowie Hinweise und die beiliegende Rechtsbehelfsbelehrung sind Bestandteile dieses Bescheides. Anlage: Bescheid umfasst Seiten.

2. Fahrtweg: ☐ wie beantragt genehmigt ☐ geändert (siehe besondere Anlage)

3. Geltungsdauer: ☐ wie beantragt ☐ von bis einschließlich

4. Der Antragsteller hat die Kosten des Verfahrens zu tragen. Die Kostenentscheidung beruht auf den §§ 1, 2 und 4 der Gebührenordnung für Maßnahmen im Straßenverkehr (GebOSt) i.V. mit Nr. 263 und Nr. 264 des Gebührentarifs.

Gebühren	Auslagen	Gesamtbetrag
Behörde	Datum, Unterschrift	Dienstsiegel

IX. Die Ausnahmegenehmigung nach § 46 Abs. 1 Satz 1 Nr. 5 StVO (sog. „46er“)

1. Die Struktur der Norm[212]

Nach § 46 Abs. 1 Satz 1 Nr. 5 StVO[213] können die Straßenverkehrsbehörden in bestimmten Einzelfällen oder allgemein für bestimmte Antragsteller Ausnahmen von den Vorschriften über Höhe, Länge und Breite von Fahrzeug und Ladung (§ 18 Abs. 1 Satz 2, § 22 Abs. 2 bis 4) genehmigen. Die Regelungen der StVO dienen ganz allgemein der Sicherheit und Leichtigkeit des Verkehrs (vgl. § 45 Abs. 1 StVO) und der Aufrechterhaltung des ordnungsgemäßen Zustandes der Straße[214]. Dagegen dient die Befreiung von einem solchen Verbot nicht diesen Gründen, sondern steht ihnen eher entgegen, wird aber wegen des überwiegenden berechtigten Interesses des Antragstellers zugelassen[215]. Die Ausnahmegenehmigung nach § 46 StVO stellt dogmatisch einen Rechtfertigungsgrund dar[216].

Die Vorschrift ist ähnlich aufgebaut wie § 70 StVZO[217]. Der Ausnahmegrund ist auch hier im Rahmen der Ermessensausübung zu berücksichtigen[218].

---

212 Allgemein zur Bedeutung von § 46 StVO *Sauthoff*, Öffentliche Straßen, 2. Auflage 2010, RN 582: „§ 46 StVO regelt als Generalklausel die Befugnisse und Voraussetzungen, unter denen die Straßenverkehrsbehörden Ausnahmen von Vorschriften der StVO und von Anordnungen nach § 45 StVO erteilen können. Mit Hilfe dieser Ermessensvorschrift werden Ausnahmemöglichkeiten von zwingenden Vorschriften geschaffen, und zwar auch dann, wenn bereits enumerative Ausnahmekataloge bestehen – wie etwa § 30 Abs. 3 StVO. Anderes gilt nur, wenn eine Ausnahmegenehmigung nach Sinn und Zweck des Befehls der StVO schlechterdings ausgeschlossen ist.“

213 Die sog. „Ladungsgenehmigung“.

214 VG Stade, Urt. v. 25.06.2004 – 1 A 2010/03 – juris.

215 *Janker* in: *Burmann/Heß/Jahnke/Janker*, Straßenverkehrsrecht, 21. Auflage 2010, § 46 RN 1.

216 *Janker* in: *Burmann/Heß/Jahnke/Janker*, Straßenverkehrsrecht, 21. Auflage 2010, § 46 RN 1.

217 Siehe hierzu oben VII.1.

218 Siehe aber auch *König* in: *Hentschel/König/Dauer*, Straßenverkehrsrecht, 41. Auflage 2011, § 46 StVO RN 23: „Strittig ist, ob der Ermessensspielraum der Verkehrsbehörde zunächst jedenfalls das Vorliegen von Umständen voraussetzt, die einen Ausnahmefall begründen (so VGH Mannheim, Urt. v. 20.03.1991 – 5 S 1791/90, NZV

2. Die Ausnahmetatbestände: Höhe, Länge, Breite

§ 46 Abs. 1 Satz 1 Nr. 5 StVO lässt nur Ausnahmen von den Vorschriften über Höhe, Länge und Breite zu. Weder in § 46 Abs. 1 Satz 1 Nr. 5 StVO noch in den Regelungen, von denen Ausnahmen zugelassen werden können (§ 18 Abs. 1 Satz 2, § 22 Abs. 2 bis 4), wird das zulässige Gesamtgewicht oder die zulässige Achslast erwähnt. Werden Ausnahmen von Gewichten erforderlich, ist also immer der Anwendungsbereich des § 70 StVZO eröffnet.

Hierzu folgendes Beispiel:

Leergewicht des Lkw 10,00 t	+ Nutzlast + 16,00 t	= zul. Gesamtgewicht = 26,00 t
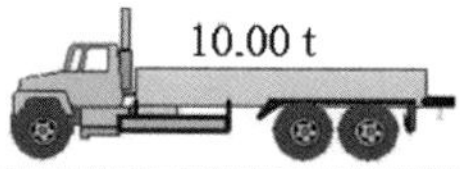	+16.00 t	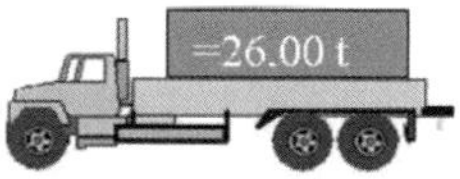

wird nun eine um 10,00 t schwerere Ladung befördert, ergibt sich:

Leergewicht des Lkw 10,00 t	+ Nutzlast + 26,00 t	= zul. Gesamtgewicht = 36,00 t
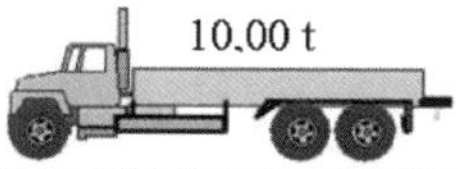	+26.00 t	

Durch den Transport einer Ladung, deren Gewicht höher ist als die sich aus der Differenz von zulässigem Gesamtgewicht und Fahrzeug-Leergewicht ergebende Nutzlast[219] wird auch das festgelegte zulässige Gesamtgewicht des Fahrzeugs überschritten. Damit liegt auch eine Abweichung von der StVZO vor. Obwohl die Überschreitung des zulässigen Gesamtgewichts also durch die Ladung „verursacht“ wurde, ist eine Ausnahmegenehmigung nach § 70 StVZO und nicht nach § 46 Abs. 1 Nr. 5 StVO erforderlich.

1991, 485), oder ob das Bestehen einer Ausnahmesituation erst im Rahmen der Ermessensentscheidung zu prüfen ist (so BVerwG, Urt. v. 13.03.1997 – 3 C 2/97 – NZV 1997, 372; OVG Münster, Urt. v. 14.03.2000 – 8 A 5467/98 – VRS 99, 316; OVG Münster, Urt. v. 12.06.1996 – 25 A 199/96 – DAR 1996, 369).“

219 Zur „Nutzlast“ siehe auch oben Fußnote 50.

3. Voraussetzungen für die Erteilung der Ausnahmegenehmigung

a) Grundvoraussetzungen (RN 1 ff. VwV zu § 46 StVO)

RN 1 ff. VwV zu § 46 StVO nennen allgemeine Voraussetzungen für die Erteilung von Ausnahmegenehmigungen[220]: „Die Straßen sind nur für den normalen Verkehr gebaut. Eine Ausnahmegenehmigung zu erteilen, ist daher in besonders dringenden Fällen gerechtfertigt. An den Nachweis solcher Dringlichkeit sind strenge Anforderungen zu stellen...Die Sicherheit des Verkehrs darf durch eine Ausnahmegenehmigung nicht beeinträchtigt werden; sie ist erforderlichenfalls durch Auflagen und Bedingungen zu gewährleisten. Auch Einbußen der Flüssigkeit des Verkehrs sind auf solche Weise möglichst zu mindern...Hat der Inhaber einer Ausnahmegenehmigung die Nichtbeachtung von Bedingungen und Auflagen zu vertreten, so soll ihm grundsätzlich keine neue Ausnahmegenehmigung erteilt werden."

b) Besondere Voraussetzungen (RN 14 ff. VwV zu § 46 Nr. 5 StVO)

Die Ausnahmegenehmigung darf nur für den Transport unteilbarer Ladung ergehen. Das unteilbare Ladungsstück bestimmt den räumlichen Rahmen, innerhalb dessen dann allerdings auch andere Güter befördert werden dürfen. Der Transport dieser zusätzlichen Ladungsteile, die kürzer, schmäler oder niedriger als das die Genehmigungspflicht auslösende Gut sind, darf allerdings nicht dazu führen, dass die Achslasten oder das Gesamtgewicht nach der StVZO überschritten werden (RN 24 VwV zu § 46 StVO); denn **insoweit** läge eben keine unteilbare Ladung vor und eine (zusätzlich erforderliche) **Ausnahmegenehmigung nach § 70 StVZO** dürfte nicht ergehen.

Wenn dann eine geeignete Fahrstrecke vorhanden ist und der Transport nicht über die Schiene/mit der Bahn abgewickelt werden kann, ist zusätzliche Voraussetzung, dass

---

220 § 46 StVO lässt in Nummern 1 bis 12 Ausnahmen von verschiedenen Tatbeständen der StVO zu und enthält in Absatz 2 eine Generalklausel für Ausnahmen von „allen" Vorschriften.

- die Beschaffung eines Spezialfahrzeugs für die Beförderung unmöglich oder unzumutbar ist (RN 17 VwV zu § 46 StVO). Die VwV gehen also davon aus, dass der Einsatz eines nicht den Bestimmungen der StVZO entsprechenden Fahrzeuges (und damit die Erteilung einer Ausnahmegenehmigung nach § 70 StVZO) ungefährlicher ist als ladungsbezogenes Hinausragen über die Fahrzeugsilhouette.
- die Ladung nach vorn nicht über 1 m hinausragt (RN 18 VwV zu § 46 StVO).

4. Ermessen

Die Entscheidung, ob eine Ausnahme zu bewilligen ist, steht im Ermessen der Behörde. Im Einklang mit RN 1 zu § 46 StVO ist die Erteilung einer Ausnahmegenehmigung nur in besonders dringenden Fällen gerechtfertigt. Die mit dem Verbot verfolgten öffentlichen Belange sind dabei unter Beachtung des Grundsatzes der Verhältnismäßigkeit gegen die besonderen Interessen des Betroffenen abzuwägen[221].

5. Der konkrete Fall

In unserem Fall ragt die die Ladung nicht über das Fahrzeug hinaus. Eine Ausnahmegenehmigung nach § 46 Abs. 1 Satz 1 Nr. 5 StVO ist nicht notwendig.

---

221 VG Göttingen, Urt. v. 13.04.2011 – 1 A 126/10 – juris.

X. Die straßenrechtliche Sondernutzungserlaubnis

1. Die Notwendigkeit der Erlaubnis

Die Benutzung der Bundesfernstraßen über den Gemeingebrauch hinaus ist Sondernutzung; sie bedarf der Erlaubnis (§ 8 Abs. 1 Sätze 1 und 2 FStrG). Art. 18 Abs. 1 Satz 1 BayStrWG[222] trifft auf landesrechtlicher Ebene für alle übrigen Straßen (Art. 1 Satz 1 BayStrWG) eine entsprechende Regelung. Die Durchführung eines Großraum- oder Schwertransportes stellt eine Sondernutzung dar, weil die übermäßige Inanspruchnahme der Verkehrsflächen nicht verkehrsüblich ist und über den Gemeingebrauch hinausgeht[223]. Das ergibt sich bereits aus den Kollisionsnormen des § 8 Abs. 6 FStrG und Art. 21 Satz 1 BayStrWG, die zwar als Rechtsfolge (nur) formell das Entfallen der straßenrechtlichen Erlaubnis anordnen, das Erfordernis einer straßenverkehrsrechtlichen Erlaubnis oder Ausnahmegenehmigung aber gleichsetzen mit der Notwendigkeit einer Sondernutzungserlaubnis.

Die Annahme einer Sondernutzung rechtfertigt sich daraus, dass dem Gemeingebrauch an einer Straße durch deren bau- und verkehrstechnische Beschaffenheit Grenzen gezogen werden. Ausgangspunkt dieser Einschränkung ist die Überlegung, dass die Begrenzung des Gemeingebrauchs auf den „Rahmen der Widmung" sich nicht nur auf den Rechtsakt und die sich daraus ergebenden Beschränkungen hinsichtlich der Verkehrsarten oder des Verkehrszweckes, sondern auch auf den Realakt der Schaffung und Indienststellung des dinglichen Substrats, der Straße, und damit auf dessen bau- und verkehrstechnische Beschaffenheit bezieht. Aus dieser Beziehung ergibt sich auch eine Begrenzung des Gemeingebrauchs hinsichtlich des Maßes der Benutzung. Straßen werden unter bestimmten Annahmen über die Beschaffenheit der Fahrzeuge (Achslast und Gesamtgewicht, Abmessungen, Art der Räder usw.) und die Art des Fahrens (Geschwindigkeit, Lenkfähigkeit usw.) gebaut[224]. Daraus folgen die Grenzen der technischen Zweckbestimmung einer Straße. Ihre Überschreitung ist geeignet, eine Straße als Bauwerk mehr als es bei der vorgegebenen Benutzung der Fall ist, abzunutzen, zu beschädigen oder in schweren Fällen

222 Die anderen Bundesländer haben entsprechende Regelungen.
223 VG Stade, Urt. v. 25.06.2004 – 1 A 2010/03 – juris.
224 Siehe oben Kap. III.2.

sogar zu zerstören. Deshalb kann der Gemeingebrauch aus der Natur der Sache nicht weitergehen, als es der technischen Zweckbestimmung entspricht[225]. Die Erteilung der Erlaubnis liegt im Ermessen der Behörde. Dabei ist der Ausgleich zwischen den verschiedenen Nutzerinteressen typische Aufgabe dieser Ermessensentscheidung[226].

2. Die Struktur der Norm

Die Sondernutzungserlaubnis stellt alle über den Gemeingebrauch hinausgehenden und den Gemeingebrauch beeinträchtigenden Straßenbenutzungen unter ein Verbot mit Erlaubnisvorbehalt. Bei der Sondernutzungserlaubnis handelt es sich um ein präventives Verbot, mit dem der Erlaubnisbehörde Gelegenheit zur Prüfung gegeben werden soll, ob von der beabsichtigten Sondernutzung im konkreten Einzelfall Beeinträchtigungen von Rechtsgütern anderer oder der Allgemeinheit ausgehen können[227].

3. Konzentrationswirkung straßenverkehrsrechtlicher Gestattungen

Ist nach den Vorschriften des Straßenverkehrsrechts eine Erlaubnis für eine übermäßige Straßenbenutzung oder eine Ausnahmegenehmigung erforderlich, so bedarf es nach § 8 Abs. 6 FStrG keiner Sondernutzungserlaubnis. Vor ihrer Entscheidung hat die hierfür zuständige Behörde die sonst für die Sondernutzungserlaubnis zuständige Behörde zu hören. Art. 21 BayStrWG enthält eine gleichlautende Regelung[228]. Diese Regelungen dienen der Verfahrenskonzentration[229]. Es handelt

---

225 OVG Saarland, Beschl. v. 03.09.2007 – 1 B 215/07 -VD 2008, 49.

226 VG Köln, Urt. v. 24.08.2012 – 18 K 5128/11: „Für die Abgrenzung des Gemeingebrauchs zu einer Sondernutzung bedarf es nicht der Prüfung, ob eine (beabsichtigte) Nutzung den Gemeingebrauch Dritter stört. Diese Prüfung ist vielmehr Teil der Ermessensausübung bei der Entscheidung, ob eine Sondernutzungserlaubnis erteilt wird.“

227 BVerwG, Urt. v. 07.06.1978 – 7 C 5/78- NJW 1978, 1933; Thüringer OVG, Urt. v. 21.11.2000- 2 N 163/97 – GewArch 2002, 351; *Wiget* in: *Zeitler*, Bayer. Straßen- und Wegegesetz, Stand Sept. 2011, Art. 18 RN 16.

228 Dies gilt auch für die meisten anderen Landesstraßengesetze. Ein Aufzählung findet sich bei: *Sauthoff*, Öffentliche Straßen, 2. Auflage 2010, RN 392 FN 474.

229 Hessischer VGH, Urt. v. 19.02.1991 – 2 UE 2060/89- VRS 81, 314; *Sauthoff*, Öffentliche Straßen, 2. Auflage 2010, RN 392.

sich um devolvierende Zuständigkeitsbestimmungen, (also um den Übergang der Kompetenz auf die beauftragte Körperschaft zur Erfüllung im eigenen Namen unter vollständigem Verlust der Zuständigkeit der abgebenden Körperschaft[230]), die die alleinige Kompetenz der Straßenverkehrsbehörde begründen[231]. Die Zuständigkeitsverlagerung ändert aber nichts daran, dass es sich materiell-rechtlich nach wie vor um Sondernutzung handelt[232].

4. Nebenbestimmungen

Die von der sonst für die Sondernutzungserlaubnis zuständigen Behörde geforderten Bedingungen, Auflagen und Sondernutzungsgebühren sind dem Antragsteller in der Erlaubnis oder Ausnahmegenehmigung aufzuerlegen (§ 8 Abs. 6 Satz 3 FStrG, Art. 21 Satz 3 BayStrWG). Es handelt sich hier um Nebenbestimmungen, die dem Schutz der Straße dienen. Das VG Stade[233] hat eine Auflage als (noch) für zulässig angesehen, nach der einem Transporteur in einer Ausnahmegenehmigung nach § 46 Abs. 1 Nr. 11 StVO (Befreiung von Z 262 StVO) auferlegt worden ist, halbjährlich eine Aufstellung über die durchgeführten Transporte unter Angabe der jeweiligen tatsächlichen Gesamtgewichte vorzulegen. Zwar sei der Klägerin zuzugeben, dass auch durch die nachträgliche Auflistung eine konkrete Zuordnung eines eingetretenen Schadens zu einem bestimmten Verursacher nicht endgültig hergestellt werden könne, gleichwohl müsse es dem Beklagten sowohl als Straßenverkehrsbehörde als auch als Träger der Straßenbaulast zugebilligt werden, dass ihm durch die Auflistung Entscheidungen erleichtert würden, die die künftige Straßenbenutzung und die Aufrechterhaltung der allgemeinen Ausnahmegenehmigung beträfen.

5. Sondernutzungsgebühren

Nach § 8 Abs. 6 Satz 3 FStrG und den entsprechenden landesrechtlichen Bestimmungen sind dem Antragsteller die vom Straßenbaulastträger geforderten Sondernutzungsgebühren aufzuerlegen. Die Gebühr, die für die Sondernutzung

---

230 Sächsisches OVG, Beschl. v. 22. 09.2003 – 5 BS 255/03 – juris.

231 *Sauthoff*, Öffentliche Straßen, 2. Auflage 2010, RN 392.

232 *Wiget* in: *Zeitler*, Bayer. Straßen- und Wegegesetz, Stand Sept. 2011, Art.21 RN 23.

233 VG Stade, Urt. v. 25.06.2004 – 1 A 2010/03 – juris.

von Straßen erhoben wird, ist – wie sich auch aus § 8 Abs 3 FStrG ergibt – eine echte Benutzungsgebühr. Sie ist die Gegenleistung dafür, dass die Benutzung der Straße über den Gemeingebrauch hinaus mit dessen dadurch in Kauf genommener Beeinträchtigung eingeräumt wird[234]. Sondernutzungsgebühren sollen auch den wirtschaftlichen Vorteil der Sondernutzung abschöpfen[235]. Bei der Festsetzung der Gebühr ist das Äquivalenzprinzip zu beachten. Dabei geht es um die Beeinträchtigung des fließenden und ruhenden Verkehrs und den Umstand, dass die Sondernutzung oft eine Art wirtschaftlich wertvolle „Miete" der Straße darstellt[236]. Bundesrecht steht landesrechtlichen Regelungen nicht entgegen, die für die – straßenverkehrsrechtlich nach § 29 Abs. 3 StVO erlaubte- Sondernutzung von Straßen die Erhebung von Gebühren vorsehen[237]. In der Praxis machen allerdings sehr wenige Straßenbaulastträger von der Möglichkeit, Sondernutzungsgebühren zu verlangen, Gebrauch[238].

---

234 BVerwG, Urt. v. 07.06.1978 – 7 C 5/78 – NJW 1978, 1933; VG Neustadt (Weinstraße), Urt. v. 14.07.2011 – 4 K 492/11.NW – juris.

235 *Sauthoff*, Öffentliche Straßen, 2. Auflage 2010, RN 406.

236 BVerwG, Urt. v. 15.07.1988 – 7 C 5/87- VRS 76, 212; *Sauthoff*, Öffentliche Straßen, 2. Auflage 2010, RN 410.

237 BVerwG, Beschl. v. 08.01.1988 – 7 B 232/87 – VD 74, 398 (Sondernutzungsgebühr für Schwerlasttransporte)

238 Im Leitfaden „Großraum-/Schwertransport" von *Schulz/Draaf*, 2. Auflage 2007 werden die Sondernutzungserlaubnis und die Sondernutzungsgebühr beispielsweise nicht einmal erwähnt.

XI. Zusammenwirken von Ausnahmegenehmigung nach § 70 StVZO als Befreiungstatbestand und Erlaubnis nach § 29 Abs. 3 StVO als Verbot mit Erlaubnisvorbehalt

Nach *Gusy*[239] liegt ein Verbot mit Erlaubnisvorbehalt stets dann vor, wenn ein Verbot zum Schutz von Belangen Dritter oder der Allgemeinheit nach behördlicher Prüfung aufgehoben werden kann. Mit einem Dispens habe man es dagegen dann zu tun, wenn gemäß genereller gesetzlicher Ermächtigung Befreiung von zwingenden Vorschriften gewährt werde, die nicht unter speziellen Ausnahmevorschriften stünden[240]. Der Dispens gestatte Ausnahmen von Verbotsvorschriften nicht aus Gründen eines überwiegenden privaten Interesses, sondern ausschließlich aufgrund öffentlicher Belange[241]. Die Entscheidung liege im Ermessen der Behörde. Dabei seien einerseits diejenigen öffentlichen Belange, welche durch das Verbotsgesetz geschützt werden, andererseits solche Interessen, deren Verwirklichung die Erlaubnisnorm diene, zu berücksichtigen. Überwiegen letztere, so könne die Erlaubnis erteilt werden. Dies geschehe jedoch niemals in privatem Interesse; der Dispensvorbehalt tangiere den Grundrechtsschutz überhaupt nicht. Der Bürger habe daher weder einen Anspruch auf fehlerfreie Ausübung der Entscheidungskompetenz der Behörden noch einen Anspruch auf Erteilung der Erlaubnis; ihm komme nur ein Recht auf Durchführung des Erlaubnisverfahrens zu.

In dieses Schema passen grundsätzlich auch die Ausnahmegenehmigung nach § 70 StVZO und die Erlaubnis nach § 29 Abs. 3 StVO: bei der Erteilung der Ausnahmegenehmigung nach § 70 StVZO ist dann das öffentliche Interesse – auch- am Transport unteilbarer Ladung zu berücksichtigen. Bei der Erlaubnis nach § 29 Abs. 3 StVO geht es um die Realisierung des privaten Interesses, die zugelassenen Fahrzeuge dann auch zur Durchführung konkreter Transporte nutzen zu können. Nach der Rechtsprechung[242] ist allerdings die Erteilung einer Ausnahmegenehmigung nach § 70 StVZO nicht nur dann möglich, wenn sie im öffentlichen Interesse

---

239 *Gusy*, Verbot mit Erlaubnisvorbehalt- Verbot mit Dispensvorbehalt, JA 1981, 80

240 Unter Verweis auf *Wolf/Bachof*, Verwaltungsrecht 1, 9. Auflage 1974, S. 407.

241 Unter Verweis auf *Ossenbühl*, Tendenzen und Gefahren der neueren Ermessenslehre, DÖV 1968, 618.

242 VG Hannover, Urt. v. 20.07.2005 – 5 A 3675/04 (siehe oben Kap. VII.4).

liegt. Das könnte wohl aus der Verwendung des im Gegensatz zur „Befreiung" milderen Begriffs der „Ausnahme" gefolgert werden („ausnahmsweise") und aus der Systematik der Ausnahmeregelungen der §§ 70 StVZO und 46 StVO, da beide Vorschriften auch die Berücksichtigung privater Belange zulassen: beispielsweise § 70 Abs. 1 Nr. 5 StVZO durch die Möglichkeit der Zulassung von Lagerfahrzeugen, § 46 StVO durch Ausnahmen von Halt- und Parkverboten (Abs. 1 Satz 1 Nr. 3) oder vom Verbot, Waren oder Leistungen auf der Straße anzubieten (Abs. 1 Satz 1 Nr. 9).

XII. Persönliche Voraussetzungen für die Erteilung einer Ausnahmegenehmigung/ Erlaubnis

1. Personengebundene Sacherlaubnis

Die Ausnahmegenehmigung nach § 70 StVZO wird nur für einen bestimmten Inhaber ausgestellt, gilt also nicht – wie sonstige Ausnahmegenehmigungen bei der Zulassung von Fahrzeugen – für den jeweiligen Fahrzeughalter[243]. Die Genehmigung ist auch nicht übertragbar. Die Richtlinien zu § 70 StVZO und die VwV zu § 29 Abs. 3 StVO verlangen die persönliche Zuverlässigkeit des Antragstellers. Die Ausnahmegenehmigung wird damit zur sachgebundenen Personalerlaubnis[244] bzw. – da hier aber nicht die persönliche", sondern die „technische" Zuverlässigkeit den Schwerpunkt bildet- zur „**personengebundenen Sacherlaubnis**". Unzuverlässig ist ein Unternehmer, der (mehrfach) vorwerfbar gegen die Nebenbestimmungen einer Ausnahmegenehmigung oder einer Erlaubnis verstoßen hat oder einen Transport ohne Genehmigung oder Erlaubnis durchgeführt hat[245]: Die

243 Zur (fehlenden) Möglichkeit des Übergangs einer sachgebundenen Personalerlaubnis auf den Rechtsnachfolger siehe VG Würzburg, Urt. v. 25.07.2002 – W 6 K 02.58 – juris.

244 Typischer Fall dieser Erlaubnisform ist die Gaststättenerlaubnis gem. § 4 GastG als (allerdings) raumgebundene Personalerlaubnis.

245 Siehe Nr. 1.10 der Vorbemerkungen zu den Richtlinien nach § 70 StVZO: „Der Antragsteller muss zuverlässig sein; er ist insbesondere dann nicht zuverlässig, wenn er innerhalb der letzten drei Jahre vorsätzlich oder fahrlässig einen Verkehr ohne die erforderliche Ausnahmegenehmigung (§ 70 StVZO) und/oder Erlaubnis vorgenommen und/oder gegen die Bedingungen und/oder Auflagen einer Erlaubnis (§ 29 StVO) oder Ausnahmegenehmigungen (§ 70 StVZO) verstoßen oder in sonstiger Weise seiner Halterverantwortlichkeit zuwidergehandelt hat." oder RN 91 VwV zu § 29 StVO: „Hat der Antragsteller vorsätzlich oder grob fahrlässig zuvor einen Verkehr ohne die erforderliche Erlaubnis durchgeführt oder gegen die Bedingungen und Auflagen einer Erlaubnis verstoßen, so soll ihm für einen angemessenen Zeitraum keine Erlaubnis mehr erteilt werden." bzw. RN 4 VwV zu § 46 StVO: „Hat der Inhaber einer Ausnahmegenehmigung die Nichtbeachtung von Bedingungen und Auflagen zu vertreten, so soll ihm grundsätzlich keine neue Ausnahmegenehmigung erteilt werden." oder RN 136 zu § 29 StVO: „Eine Dauererlaubnis darf nur erteilt werden, wenn...der Antragsteller Großraum- und Schwertransporte schon längere Zeit mit sachkundigen,

Zuverlässigkeit ist also gewerbebezogen[246] zu beurteilen. Als Berufsausübungsregelung[247] ist die Verknüpfung mit der persönlichen Zuverlässigkeit auch sachgerecht: Denn bei der sicheren Durchführung von GST kommt es nicht nur auf fahrzeugbezogene (unveränderliche) Kriterien an, sondern auch auf die Einhaltung von Sicherheitsbestimmungen, deren Umsetzung allein von der „Einsicht" und der Leistungsfähigkeit des Unternehmers abhängt (Abschluss und Aufrechterhaltung einer erhöhten Versicherung, Kennzeichnung des Fahrzeugs, Einholung einer Erlaubnis nach § 29 Abs. 3 StVO).

2. Kriterien für die Beurteilung der „Zuverlässigkeit"

Die Frage, ob ein Antragsteller sich in früheren Fällen an die Auflagen und Bedingungen einer Ausnahmegenehmigung oder Erlaubnis gehalten hat oder ob er sogar Transporte in den letzten 3 Jahren ohne Genehmigung oder Erlaubnis durchgeführt hat, kann bei der Erteilung einer Genehmigung ohne Ermessensfehler berücksichtigt werden[248]. Angesichts des Gegenstands der Ausnahmegenehmigungen hinsichtlich der Fahrzeuglänge und des Kurvenlaufverhaltens stellen diese Fahrzeugkombinationen ein solches Gefährdungspotential für den übrigen Straßenverkehr dar, dass für die Genehmigung von Ausnahmen nach § 70 StVZO besondere Anforderungen an die Zuverlässigkeit des Genehmigungsinhabers gestellt werden können; dieser muss in besonderer Weise Gewähr dafür bieten, dass er diese überlangen (und zum Teil auch überschweren) Lkw-Gespanne in einer

---

zuverlässigen Fahrern und verkehrssicheren Fahrzeugen ohne Beanstandungen durchgeführt hat."

246 Siehe hierzu allgemein VG Bremen, Beschl. v. 19.12.2011 – 5 V 1877/11- juris.

247 Ob eine Berufsausübungs- oder eine Berufszulassungsregelung vorliegt, hängt davon ab, von welchem Berufsbild man ausgeht (*Scholz* in: *Maunz/Dürig/Herzog/Scholz*, Grundgesetz, Januar 2011, Art. 12 RN 285 ff, RN 342; *Manssen*, Staatsrecht II- Grundrechte, 3. Auflage 2004, RN 638 „Wird der entsprechende Berufsbegriff eng gefasst, liegt eher eine Wahlregelung vor, fasst man ihn weit, eine Ausübungsregelung. Abgestellt wird auf das Berufsbild, das sich seinerseits aus den Verkehrsanschauungen ergibt."). Trotz aller Spezialisierung der Antragsteller gibt es aber keinen eigenständigen Beruf des „Schwertransportunternehmers". – Zu einem Durchfahrverbot nach § 45 Abs. 9 Satz 3 StVO als Berufsausübungsregelung siehe BVerwG, Urt. v. 15.12.2011 – 3 C 40/10 – DAR 2012, 412.

248 VG Düsseldorf, Beschl. v. 04.07.2003 – 6 L 2394/03 – juris.

Weise führt, dass andere Verkehrsteilnehmer dadurch möglichst nicht gefährdet werden[249].

Die Verweigerung der Zustimmung zu einem erlaubnispflichtigen Schwertransport ist aber dann unrechtmäßig, wenn sich die Vorwürfe gegen den Geschäftsführer noch nicht konkretisiert haben, so dass auf dieser Grundlage die rechtlichen Folgen im Hinblick auf die wirtschaftlichen Schäden unverhältnismäßig wären[250].

---

249 VG Augsburg, Beschl. v. 03.11.2000 – Au 3 E 00.1323 – 1330, Au 3 E 00.1323, Au 3 E 00.1324, Au 3 E 00.1325, Au 3 E 00.1326…- juris. Siehe auch VG Augsburg, Urt. v. 13.02.2001 – Au 3 K 00.788 – juris: „Versagung der Ausnahmegenehmigung wegen Betriebs ohne Genehmigung und Zuwiderhandlung gegen Auflagen einer parallel bereits erteilten Ausnahme nicht zu beanstanden."

250 VG Aachen, Beschl. v. 04.03.2003 – 2 L 230/03 – juris; siehe auch die Parallelverfahren Az.: 2 L 231/03 und 2 L 232/03.

XIII. Der Ladungsbegriff

1. Großraum- und Schwertransporte ohne Ladung

Unter den Begriff „Großraum- und Schwertransporte“ im weiteren Sinne können auch Fahrten fallen, bei denen keine Ladung transportiert wird, so auch die Leerfahrten von Fahrzeugen und Fahrzeugkombinationen, deren Abmessungen oder Gewichte bereits im unbeladenen Zustand die gesetzlichen Werte überschreiten (z. B. ein Sattel-Kfz mit 12 Achsen für den Transport sehr schwerer Güter). Auch die Überführungsfahrten großer und schwerer Arbeitsmaschinen (z. B. Autokräne) sind definitionsgemäß[251] „Großraum- und Schwertransporte“. Anforderungen an die Beschaffenheit einer Ladung stellen sich hier nicht. Die für solche Fahrzeuge geltenden Richtlinien zu § 70 StVZO[252] sehen deshalb auch keine ladungsbezogenen Nebenbestimmungen vor. Anders ist es hingegen bei Fahrzeugen, deren Aufgabe es ist, (übergroße oder überschwere) Güter zu transportieren: Züge für Großraum- und Schwertransporte – Richtlinie 8, Sattelkraftfahrzeuge für Langmaterial-, Großraum- und Schwertransporte -Richtlinie 9 und Langmaterialzüge (Zugfahrzeuge mit gelenktem Nachläufer) – Richtlinie 10. Hier ist die Beschaffenheit der Ladung die Rechtfertigung für die Zulassung einer Ausnahme.

---

251 Siehe oben Kap. II.2.

252 Richtlinie 1: Turmdrehkräne; Richtlinie 2: Selbstfahrende Kräne (Autokräne und Mobilkräne), Gelenkmastfahrzeuge (Betonpumpen, Arbeitsbühnen, Feuerlöschfahrzeuge); Richtlinie 3: Bagger (ausgenommen Schaufellader); Richtlinie 4: Planiermaschinen (Motorgrader); Richtlinie 5: Schaufellader; Richtlinie 6: Autoschütter (Dumper); Richtlinie 7: Muldenkipper; Richtlinie 11: Fahrzeugkombinationen im Schaustellergewerbe; geplante Richtlinie 12: Abschleppwagen.

2. Ansatzpunkt für das Vorliegen einer Ausnahmesituation: die Unteilbarkeit der Ladung

a) Die Ausnahmegenehmigung nach § 70 StVZO

aa) Notwendigkeit des Transports durch Spezialfahrzeuge

Während für die Erteilung einer Ausnahmegenehmigung nach § 70 StVZO generell unterschiedliche Gründe in Betracht kommen können, ist Ansatzpunkt für die Erteilung einer Ausnahmegenehmigung für Großraum- und Schwertransporte grundsätzlich[253] nur die Ladung. Deren außergewöhnliche Dimensionen müssen also den Einsatz eines Fahrzeugs erfordern, das die „Normalmaße" der StVZO sprengt.

In einer modernen Volkswirtschaft, die auf Mobilität und Güteraustausch angelegt ist, ist es unumgänglich, auch überdimensionierte Ladungen (z.B. Brückenteile, Generatoren, Transformatoren, schweres Arbeitsgerät) befördern zu können. Der Ausnahmecharakter der Genehmigung nach § 70 StVZO verlangt jedoch, dass der Transport auf andere Art und Weise nicht abgewickelt werden kann (Grundsatz der Verhältnismäßigkeit); rein wirtschaftliche Aspekte i. S. einer „Streckenminimierung" oder der Möglichkeit, technisch vorhandene Ladekapazität auch auszunutzen, zählen nicht[254]. Das stellt besondere Anforderungen an die „Qualität" der Ladung: entsprechend den „Richtlinien zu § 70 StVZO" dürfen Ausnahmegenehmigungen nur unter

---

253 Die entsprechenden Vorgaben in den „Richtlinien zu § 70 StVZO" bzw. in den VwV zu § 29 Abs. 3 und zu § 46 StVO können zwar rechtlich insoweit keine abschließende Regelung treffen, andere ermessensgerechte Gründe für die Erteilung einer Ausnahmegenehmigung als den Transporte unteilbarer Ladung werden aber – da auch Leerfahrten bzw. Überführungsfahrten erfasst sind – kaum vorstellbar sein. Das VG Aachen, Urt. v. 01.03.2005 – 2 K 1643/03 – juris hat diese Frage bewusst offen gelassen: „Dass die Beklagte der Teilbarkeit der Ladung besondere Bedeutung beigemessen hat, stellt keine sachwidrige Erwägung dar. Ungeachtet der Frage, ob die von der Beklagten herangezogenen Richtlinien für die Erteilung von Ausnahmegenehmigungen nach § 70 StVZO für bestimmte Arbeitsmaschinen und bestimmte andere Fahrzeugarten (Richtlinie zu § 70 StVZO vom 12. Mai 1980, Verkehrsblatt 1980, S. 433 ff. dort Unterpunkt 8) zu Recht als alleinentscheidendes Kriterium auf die Teilbarkeit der Ladung abstellen, handelt es sich bei diesem Kriterium um ein sachgerechtes und der gesetzlichen Zielsetzung entsprechendes Unterscheidungskriterium."

254 BayVGH, Urt. v. 10.02.1992 – 11 B 91.552 – VRS 84, 65; VG Augsburg, Urt. v. 08.12.2009 – Au 3 K 09.672 – juris.

der Bedingung[255] erteilt werden, dass die entsprechenden Fahrzeuge ausschließlich zum Transport von unteilbarer Ladung verwendet werden, die mit Fahrzeugen, die den in der StVZO zugelassenen Abmessungen entsprechen, nicht befördert werden können. Könnte man die Ladung „teilen", sie also auf mehrere „handelsübliche" Lkw „**ver**teilen", gäbe es keinen Grund für eine Ausnahme.

bb) Verwendung genau angepasster Fahrzeuge

Von der gesetzlichen Konzeption her soll eine Ausnahmegenehmigung immer nur das „letzte Mittel" sein. Fraglich ist hierbei, ob der Antrag eines Unternehmers, der einen Transportauftrag erhalten hat, abgelehnt werden kann mit der Begründung, dass „auf dem Markt" Fahrzeuge vorhanden sind, bei deren Verwendung eine Ausnahme nicht oder nicht im beantragten Umfang notwendig ist (z. B. Einsatz einer kürzeren 3-Achs-Zugmaschine statt einer vorhandenen längeren 4-Achs-Zugmaschine bei Längenüberschreitung der Fahrzeugkombination, ohne dass das 4-achsige Zugfahrzeug im Hinblick auf sein höheres zulässigen Gesamtgewicht benötigt wird)[256]. Stellt man darauf ab, dass die Durchführung eines Transportes durch einen **bestimmten Unternehmer** den „Rahmen" markiert, innerhalb dessen die Einzelfallentscheidung (§ 35 VwVfG) zu treffen ist, ist grundsätzlich entscheidend, ob **dieser** Unternehmer den Auftrag mit Fahrzeugen aus seinem vorhandenen Fuhrpark so gesetzeskonform wie möglich abwickeln kann; ein Zwang, sich andere Fahrzeuge zu besorgen, besteht – solange die eingesetzten Fahrzeuge wenigstens grundsätzlich geeignet sind – in aller Regel nicht. Jedenfalls kommt hier dem Gesichtspunkt der Zumutbarkeit der Beschaffung eines „besser geeigneten" Fahrzeugs große Bedeutung zu[257].

Die weitgehende Anpassung des tatsächlich verwendeten Fahrzeugs an die transportierte Ladung wird allerdings in der Praxis durch eine entsprechende

---

255 Siehe auch *Linhart*, Schreiben, Bescheide und Vorschriften in der Verwaltung, Stand 16.12.1011, § 19 RN 91: Ist bei der einem Verwaltungsakt beigefügten Nebenbestimmung unklar, ob eine Bedingung oder nur eine Auflage vorliegt, so ist durch Auslegung zu ermitteln, ob nach dem erklärten Willen der Behörde der Betroffene, wenn der Nebenbestimmung nicht genügt wird, die Gewährung verlieren (bzw. wirksam erst gar nicht erhalten) soll – dann Bedingung, oder ob sich die Behörde einen Titel verschaffen will – dann Auflage.

256 Vgl. auch *Ostheimer*, Handbuch für das Genehmigungs- und Erlaubnisverfahren im Transportbereich, 3. Auflage 2006, S. 4: „Bevor jedoch eine Ausnahmegenehmigung in Frage kommt, sind die gesetzlichen Möglichkeiten auszuschöpfen. Es ist dabei unerheblich, welche Fahrzeuge der Betreffende besitzt."

257 So auch RN 17 VwV zu § 46 StVO: „...die Beschaffung eines Spezialfahrzeugs für die Beförderung unmöglich oder unzumutbar ist...".

Nebenbestimmung vorgeschrieben: „Die Ausnahmegenehmigung gilt nur, wenn die Ladungen nicht auf vorschriftsmäßigen Fahrzeugen befördert werden können und den Einsatz eines entsprechenden Spezialfahrzeuges bzw. – kombination erfordern. Die Fahrzeugkombination muss dabei der Ladung möglichst so angepasst sein, dass z. B. Längenüberschreitungen möglichst gering bleiben.“

b) Die Erlaubnis nach § 29 Abs. 3 StVO

Die VwV zu § 29 Abs. 3 StVO sehen ebenfalls vor, dass die Erlaubnis nur

- für die Überführung eines Fahrzeugs oder einer Fahrzeugkombination, dessen tatsächliche[258] Abmessungen, Achslasten oder Gesamtgewichte die nach §§ 32 und 34 StVZO zulässigen Grenzen überschreiten oder
- für die Beförderung unteilbarer Ladung

erteilt werden darf.

c) Die Ausnahmegenehmigung nach § 46 Abs. 1 Satz 1 Nr. 5 StVO

Ist für den Transport der unteilbaren Ladung die Beschaffung eines Spezialfahrzeugs möglich oder zumutbar, so darf eine Ladungsgenehmigung nicht erteilt werden (RN 17 VwV zu § 29 StVO).

d) Definition der „unteilbaren Ladung“

aa) Europarechtlich

Europarechtlich definiert wird die „unteilbare Ladung“ in Artikel 2 der Richtlinie 96/53/EG[259]. Danach ist „unteilbar“ Ladung, die für die Zwecke der Beförderung auf der Straße nicht ohne unverhältnismäßig hohe Kosten oder Schadensrisiken

---

258 Eine Erlaubnis ist nicht notwendig, wenn eine konstruktiv vorgesehene Verlängerung oder Verbreiterung des Fahrzeugs, z. B. durch Ausziehen der Ladefläche oder Ausklappen oder Anstecken von Konsolen usw., nicht oder nur teilweise erfolgt und das Fahrzeug in diesem Zustand den Bestimmungen des § 32 StVZO entspricht (siehe oben Kap. VI. 1).

259 Siehe oben Kap. IV.4.

in zwei oder mehr Einzelladungen geteilt werden kann und die aufgrund ihrer Abmessungen oder Massen nicht von einem Kraftfahrzeug, Anhänger, Lastzug oder Gelenkfahrzeug, das in jeder Hinsicht den Vorschriften dieser Richtlinie entspricht, befördert werden kann".

bb) Die Auslegung des Ladungsbegriffs in Österreich

In Österreich gilt ein entsprechender Begriff der unteilbaren Ladung. Insofern kann zur Auslegung des Ladungsbegriffs auch die Praxis in Österreich betrachtet werden.

Eine unteilbare Ladung liegt nach dem Unabhängigen Verwaltungssenat für die Steiermark auch dann vor, wenn die Teilung der Ladung zwar technisch möglich ist, aber objektiv betrachtet als unzumutbar angesehen werden muss. Somit sind bei der Frage, ob Unteilbarkeit vorliegt, nach dem Unabhängigen Verwaltungssenat auch wirtschaftliche Gesichtspunkte seitens des Antragstellers zu berücksichtigen[260]. Zugrunde liegt dem UVS Steiermark eine Entscheidung des Verwaltungsgerichtshofs (Österreich) vom 20. Februar 1987, 86/11/947. Danach sei insbesondere nicht ausschließlich darauf abzustellen, ob die Ladung technisch teilbar ist oder nicht. Es müsse auf wirtschaftliche Gesichtspunkte seitens des Antragstellers Rücksicht genommen werden, wobei zu untersuchen sei, ob eine Teilung der Ladung objektiv betrachtet zumutbar ist. Eine derartige Unzumutbarkeit könne nicht nur zufolge eines durch die Teilung eintretenden, nicht als geringfügig anzusehenden, Wertverlustes gegeben sein, sondern müsse jedenfalls – ungeachtet allfälliger weiterer Gründe – auch bei Vorliegen entsprechender Kundenwünsche, die eine Teilung ausschließen, angenommen werden. Dabei müsse geklärt werden, ob es nur ein vereinzelter Kundenwunsch sei, oder ob eine generelle Ausnahmebewilligung aufgrund z. B. Handelsgebräuche angestrebt werde. Hierüber sei ein entsprechendes Ermittlungsverfahren durchzuführen, wobei auch die Einholung eines Sachverständigengutachtens als geeignete Entscheidungsgrundlage herangezogen werden könne.

Als typisches Beispiel für solche Transporte kann die Beförderung von Coils (zu Rollen aufgewickelte Bleche) angeführt werden. Durch Aufwicklung einer geringeren Menge an Material könnten hier zwar Durchmesser und auch Gewicht der Ladung gesenkt (und damit ein regulärer Transport ermöglicht) werden, die Abmessungen sind aber standardisiert und den Anforderungen der weiterverarbeitenden Industrie angepasst.

---

260 Unabhängiger Verwaltungssenat für die Steiermark, Bescheid v. 12.04.2007 – 413.3-1/2007 (download unter: http://www.ris.bka.gv.at/JudikaturEntscheidung.wxe?Abfrage=Uvs&Dokumentnummer=JUR_ST_20070412_41303001_07_01).

cc) Ladungsbegriff nach § 70 StVZO, §§ 29 und 46 StVO

Alle drei Gestattungsarten verwenden einen im Wesentlichen gleichen „Ladungsbegriff“. Soweit die Ausnahmegenehmigung nach § 46 StVO zur Voraussetzung hat, dass Gewichte und Achslasten nicht überschritten werden und die Ladung sich nicht „innerhalb“ des Fahrzeugs befindet, wird dem durch eine entsprechende Formulierung Rechnung getragen:

<table>
<tr><th>§ 70 StVZO</th><th>§ 29 Abs. 3 StVO</th><th>§ 46 Abs. 1 Satz 1 Nr. 5 StVO</th></tr>
<tr><td>Das Fahrzeug/ der Zug darf nur für die Beförderung folgender Ladungen verwendet werden:</td><td>Eine Erlaubnis darf außerdem nur erteilt werden:</td><td>Eine Ausnahmegenehmigung darf außerdem nur für die Beförderung folgender Ladungen erteilt werden:</td></tr>
<tr><td></td><td>a) Für die Überführung eines Fahrzeugs oder einer Fahrzeugkombination, dessen tatsächliche Abmessungen, Achslasten oder Gesamtgewichte die nach den §§ 32 und 34 StVZO zulässigen Grenzen überschreiten oder
b) für die Beförderung folgender Ladungen:</td><td></td></tr>
<tr><td colspan="3">a) Einer unteilbaren Ladung.</td></tr>
<tr><td colspan="3">Unteilbar ist eine Ladung, wenn ihre Zerlegung aus technischen Gründen unmöglich ist</td></tr>
<tr><td>oder die Zerlegung und der Zusammenbau unzumutbare Kosten verursachen würden.</td><td colspan="2">oder unzumutbare Kosten verursachen würde</td></tr>
<tr><td></td><td>Als unteilbar gilt auch das Zubehör von Kränen.</td><td></td></tr>
<tr><td colspan="3">b) Einer aus zwei Teilen bestehenden Ladung, wenn die Teile aus Festigkeitsgründen nicht als Einzelstücke befördert werden können und diese unteilbar sind.</td></tr>
<tr><td colspan="3">Mehrerer einzelner Teile, die je für sich</td></tr>
<tr><td>unteilbar sind und jeweils</td><td></td><td>mit ihrer Länge, Breite oder Höhe über die in der Zulassungsbescheinigung Teil I (Anlage 5 zu § Fahrzug-Zulassungsverordnung – FZV) festgelegten Abmessungen des Fahrzeugs oder der Fahrzeugkombination hinausragen</td></tr>
<tr><td colspan="2">wegen ihrer Länge, Breite oder Höhe die Benutzung eines Fahrzeuges/Zuges mit einer entsprechenden Ausnahmegenehmigung nach § 70 StVZO erfordern,</td><td></td></tr>
<tr><td></td><td colspan="2">und unteilbar sind,</td></tr>
<tr><td colspan="2">jedoch unter Einhaltung der nach § 34 StVZO zulässigen Achslasten und Gesamtgewichte.</td><td></td></tr>
<tr><td>c) Kürzere Ladungsstücke dürfen bei Langmaterialtransporten beigeladen werden, wenn mindestens 50% des Gesamtgewichts der Ladung aus überlangen unteilbaren Ladungsstücken besteht, die eine Überlänge des Fahrzeugs erfordern und im Übrigen die Vorschriften des § 34 StVZO eingehalten werden.</td><td></td><td>Beiladung ist gestattet, soweit Gesamtgewicht und Achslasten die nach § 34 StVZO zulässigen Werte nicht überschreiten.</td></tr>
<tr><td colspan="2">Zubehör</td><td></td></tr>
<tr><td>zu Ladungen nach a) oder b)</td><td>zu unteilbaren Ladungen; es</td><td></td></tr>
<tr><td colspan="2">darf 10% des Gesamtgewichts der Ladung nicht überschreiten und muss in dem Begleitpapier mit genauer Bezeichnung aufgeführt sein.</td><td></td></tr>
<tr><td>Einer teilbaren Ladung im Zu- oder Ablauf von einem Großraum- und Schwertransport, wenn die Ladefläche(n) des Fahrzeuges bzw. der Fahrzeugkombination die nach § 32 StVZO zulässigen Abmessungen einhält, die nach § 34 StVZO zulässigen Grenzwerte nicht überschritten werden und dieser Transport in der Erlaubnis nach § 29 StVO für den einzelnen Transport ausdrücklich genehmigt worden ist.</td><td></td><td></td></tr>
</table>

Unteilbar ist danach eine Ladung, wenn die Zerlegung und der Zusammenbau unzumutbare Kosten verursachen würden.

Was genau unter „unzumutbaren Kosten“ zu verstehen ist, wird durch die Richtlinien/VwV nicht determiniert. Die einzig aufzufindende Vorgabe enthält für einen Spezialfall die „Ausnahmeregelung für Mähdrescher mit Überbreite durch angebautes Schneidwerk und für andere landwirtschaftliche Arbeitsgeräte“ des Bayerischen Staatsministeriums des Innern[261]. Nr. 6 dieses Schreibens besagt: „Als Auflage ist aufzunehmen, dass bei Fahrtstrecken über 5 km (z. B. von Feld zu Feld) das Schneidwerk abzubauen ist. Anm.: Bei Fahrtstrecken über 5 km gilt der Abbau des Schneidwerks als zumutbar.“

Über einen Fall, in dem die Gewichtsgrenze von 40 t beim Transport von Sand und Kies überschritten werden sollte, hatte das OVG Nordrhein-Westfalen[262] zu entscheiden. Das Gericht stellte fest, dass eine mit der Beschränkung des höchstzulässigen Gesamtgewichts auf 40 t verbundene Ausnahmesituation, wie etwa eine Existenzbedrohung, seitens der Klägerin (eines in den Niederlanden ansässigen Transportunternehmens) weder dargelegt noch sonst ersichtlich sei. Dass ohne die Zuladung von 2 t ca. 10 % mehr Transsportfahrten erforderlich seien, reiche dazu nicht aus.

Generelle Vorgaben, ab wann „Unzumutbarkeit“ anzunehmen ist, sind in Anbetracht der unterschiedlichen Fallgestaltungen kaum möglich. Ein wesentliches Kriterium dürfte aber – wie es der Österreichische Verwaltungsgerichtshof zu Recht anmerkt- die Verkehrssitte sein.

Als unteilbar gilt gem. RN 87 VwV zu § 29 StVO auch das Zubehör von Kränen. Obwohl diese Bestimmung nur in den VwV zu § 29 StVO zu finden ist, ist es ermessensgerecht, den Transport von Kranzubehör (beispielsweise die für einen Kran benötigten Kontergewichte) auch als Ausnahmegrund bei der Entscheidung im Rahmen des § 70 StVZO anzusehen. Das ergibt sich bereits daraus, dass die Ausnahmegenehmigung nach § 70 StVZO im Verhältnis zur Erlaubnis nach § 29 Abs. 3 StVO den weiteren Rahmen setzt[263].

261 Schreiben des Bayer. Staatsministeriums für Wirtschaft vom 15.07.1988 Nr. 7320a-32-VII/8b-27555.

262 OVG Nordrhein-Westfalen, Urt. v. 17.05.2006 – 8 A 1388/05 – DAR 2006, 579.

263 Siehe oben Kap. VIII. 2 und VIII.5.

dd) Entscheidungsspielraum hinsichtlich der Definition der „unteilbaren Ladung“

Unstreitig ist die Notwendigkeit, unteilbare Ladungen, die das Normalmaß übersteigen, auf der Straße zu befördern, ein sachgerechtes[264], wenn nicht – abgesehen von Überführungsfahrten übergroßer oder überschwerer Fahrzeuge- gar das maßgebende Kriterium für die Zulassung von Ausnahmen[265]. Entscheidungsspielraum dürfte jedenfalls aber noch im Hinblick auf die Definition der unteilbaren Ladung bestehen.

Ausgangspunkt dabei können nicht (nur) die Kriterien sein, die sich die Behörden in Form von Richtlinien selbst gegeben haben, sondern es ist auf die gesetzlichen Regelungen der §§ 70 StVZO und 46 StVO zurückzugreifen. Und hier erscheint es denkbar, den Tatbeständen der „physischen Unteilbarkeit“ die der „funktionellen Unteilbarkeit“ gleichzustellen und die Genehmigungsbescheide in diesem Sinne künftig zu erweitern.

Von großer praktischer Bedeutung ist hier der Transport (die Überführung) von Mähdreschern auf Sattel-Kfz. Bei allen modernen Mähdreschern ist – im Gegensatz zu älteren Modellen- das (6 bis u. U. 12 m breite) Schneidwerk relativ

---

264 VG Augsburg, Urt. v. 08.12.2009 – Au 3 K 09.672 – juris; VG Aachen, Urt. v. 01.03.2005 – 2 K 1643/03 – juris: „Dass die Beklagte der Teilbarkeit der Ladung besondere Bedeutung beigemessen hat, stellt keine sachwidrige Erwägung dar. Ungeachtet der Frage, ob die von der Beklagten herangezogenen Richtlinien für die Erteilung von Ausnahmegenehmigungen nach § 70 StVZO für bestimmte Arbeitsmaschinen und bestimmte andere Fahrzeugarten (Richtlinie zu § 70 StVZO vom 12. Mai 1980, Verkehrsblatt 1980, S. 433 ff. dort Unterpunkt 8) zu Recht als alleinentscheidendes Kriterium auf die Teilbarkeit der Ladung abstellen, handelt es sich bei diesem Kriterium um ein sachgerechtes und der gesetzliche Zielsetzung entsprechendes Unterscheidungskriterium.“

265 Der Verordnungsgeber selbst ist allerdings nicht gehindert, abstrakt-generell Ausnahmetatbestände festzulegen, etwa zur Privilegierung des kombinierten Verkehrs (53. Ausnahme-VO zur StVZO oder LKWÜberlStVAusnV). Denn diese Verordnungen haben den gleichen Rang wie die StVZO selbst, können also andere Maße und Gewichte wie die StVZO festlegen (zum Kriterium des „gleichen Rangs“ siehe BVerfG, Beschl. v. 27.03.2002 – 2 BvL 2/02 – NJW 2002, 1709: aus dem gleichen Rang von Art. 73 Nr. 1, Art. 12 Abs. 3 GG und Art. 3 Abs. 2 und 3 GG folgt die Zulässigkeit der Beschränkung des Wehrdienstes auf Männer). – Eine Auflastung auf 44 t oder gar 46 t wird darüber hinaus von den Innenministerien der Länder für Langholztransporte genehmigt, wenn es gilt, zur Behebung von Sturmschäden Bäume schnellstens abzutransportieren, um den Befall durch Borkenkäfer einzudämmen.

leicht abnehmbar, das Fahrzeug kann also zum Transport zerlegt werden. Wenn man dann den Maschinenkörper und das längs der Fahrtrichtung angeordnete Schneidwerk auf ein einziges Sattel-Kfz verfrachtet, wird das Transportfahrzeug länger als 16,50 m. Würden Schneidwerk und Maschinenkörper getrennt verladen, würde jedes Sattel-Kfz für sich die gesetzlich vorgegebene Länge einhalten. Ob der gemeinsame Transport von Mähdrescher und Schneidwerk schon nach den aktuell verwendeten Nebenbestimmungen zugelassen werden kann, wird von den Genehmigungsbehörden in der Bundesrepublik durchaus unterschiedlich beurteilt[266].

So hatte das OLG Zweibrücken am 14.09.2010[267] über einen Fall zu entscheiden, in dem ein Sattel-Kfz, beladen mit einem Mähdrescher und dessen Schneidwerk, eine Fahrzeuglänge von 19,80 m erreichte. Nach der dem Spediteur von der Bezirksregierung Düsseldorf erteilten Ausnahmegenehmigung war nur die Beförderung einer „sperrigen, unteilbaren Einzellast“ zulässig und „demontierte Teile der Ladung“ (zu welchen das Gericht das Schneidwerk zählte) hätten 10% des Gesamtgewichts der Ladung (Gewicht des Maschinenkörpers: 15.000 kg; Gewicht des Schneidwerks: 2.200 kg) nicht überschreiten dürfen. Keine Bedeutung maß das Gericht der Aussage der nicht zuständigen Bezirksregierung Detmold bei, die der Angeklagte bei sich führte und nach welcher „Mähdrescher und ihr Zubehör (Schneidwerk und Bereifung) beim Transport als unteilbare Ladung anzusehen seien“. Auch wenn dieses Schreiben „ausdrücklich zur Vorlage bei Kontrollen bestimmt war, war es nach Meinung des Gerichts „offensichtlich nicht geeignet, die spätere abweichende Ausnahmegenehmigung einer anderen Behörde inhaltlich abzuändern“. Ebenso wenig Bedeutung maß das Gericht dem Bescheid der Erlaubnisbehörde bei, in dem als Ladung ein „Mähdrescher mit abgebautem Schneidwerk“ angeführt worden war. Diese Entscheidung beträfe nur die streckenbezogene Erlaubnis für den Einsatz des Fahrzeugs im konkreten Fall; die fahrzeugbezogene und die allgemein die Verkehrszulassung anbelangende Ausnahmegenehmigung nach § 70 StVZO“ müsse „jeweils hinzutreten.“

266 Kaum Bedenken werden dagegen in der Genehmigungspraxis laut, wenn es darum geht, Mähdrescher mit Schneidwerksanhängern zuzulassen, die als Fahrzeugkombination durchaus eine Länge von 20 m bis 24 m erreichen können und so das gesetzlich zulässige Maß von 18,00 m bei weitem überschreiten.

267 OLG Zweibrücken, Beschl. v. 14.09.2010 – 1 SsRs 21/10, SVR 2011, 73.

Mit Urteil vom 22.11.2011 – RO 4 K 11.447 hat das VG Regensburg die Fortsetzungsfeststellungsklage[268] eines Unternehmers abgewiesen, der sich gegen eine polizeiliche Stilllegung seines Lkw wehrte. Der Lkw hatte einen Mähdrescher mit Schneidwerk transportiert und war bei einer Kontrolle angehalten worden, weil er – nach Ansicht der Polizei – teilbare Ladung transportierte. Das Gericht wies die Klage zurück: „Mähdrescher und Schneidwerk waren beim streitgegenständlichen Transport in zwei Teile zerlegt. Es handelte sich damit um eine teilbare Ladung, deren Transport nicht von der erteilten Ausnahmegenehmigung nach § 70 StVZO erfasst war. Aufgrund der eindeutigen Definition des Begriffs „unteilbare Ladung" in der der Klägerin durch die Regierung...erteilten bestandskräftigen Ausnahmegenehmigung ist es aus Sicht des Gerichts nicht möglich, hier eine andere vom Wortlaut abweichende Interpretation ...vorzunehmen. Im vorliegenden Verfahren war nicht zu prüfen, ob die die Ausnahmegenehmigung einschränkende Nebenbestimmung „Transport einer unteilbaren Ladung" – bei der es sich entgegen der Bezeichnung wohl um eine Auflage (Art. 36 Abs. 2 Nr. 4 BayVwVfG), nicht um eine Bedingung (Art. 36 Abs. 2 Nr.2 BayVwVfG) handeln dürfte- rechtmäßig war. Sie ist jedenfalls nicht nichtig (Art. 44 BayVwVfG). Die Frage der Rechtmäßigkeit wäre in einem eigenen Verfahren (wohl isolierte Anfechtungsklage gegen die Nebenbestimmung...oder Verpflichtungsklage darauf, eine zusätzliche Nebenbestimmung dergestalt in die Ausnahmegenehmigung aufzunehmen, dass selbstfahrende land- und forstwirtschaftliche Arbeitsmaschinen als unteilbare Ladung anzusehen sind) zu klären."

Wie das Gericht klarstellt, erging die Entscheidung aber nur auf Grundlage des vorliegenden Bescheides. Ungeklärt blieb dagegen die Frage, ob der Transport auf einen Antrag des Unternehmers hin – über die geltenden Richtlinien hinaus- genehmigungsfähig wäre. Für die Frage, ob solche Transporte (künftig) genehmigt werden könnten, könnte es hilfreich sein, auf die Definition der selbstfahrenden Arbeitsmaschine in § 2 Nr. 17 FZV zurückzugreifen. Danach sind selbstfahrende Arbeitsmaschinen Kraftfahrzeuge, die nach ihrer Bauart und ihren besonderen, mit dem Fahrzeug fest verbundenen Einrichtungen zur Verrichtung von Arbeiten, nicht jedoch zur Beförderung von Personen oder Gütern bestimmt und geeignet sind. Nach dem „Verzeichnis zur Systematisierung von Kraftfahrzeugen und ihren Anhängern" (VkBl. 2005, 19/209) sind Mähdrescher selbstfahrende Arbeitsmaschinen (Fahrzeugklasse/Aufbau: 16 1107). Ein Großteil der Funktionskomponenten (z. B. Dreschtrommel, Dreschkorb, Schüttler,

268 Die Frage war also: „War es erlaubt worden?" und nicht „Kann es erlaubt werden?" (Verpflichtungsklage).

Sieb, Kornschnecke, Korntank, Strohverarbeitung) befindet sich beim Mähdrescher im Inneren des Maschinenkörpers selbst; insofern handelt es sich um in das Fahrzeug integrierte Einrichtungen zur Verrichtung von Arbeiten. Für die Arbeit mit dem Fahrzeug verbunden ist das am Maschinenkörper angebrachte, aber abnehmbare Schneidwerk. Auch andere selbstfahrende Arbeitsmaschinen haben aber Komponenten, die sich nicht innerhalb des Fahrzeugkörpers befinden oder die relativ leicht abnehmbar sind. Der Anbringung des Schneidwerks beim Mähdrescher beispielsweise entspricht das Räumschild bei der selbstfahrenden Arbeitsmaschine „Schneepflug“ (16 1409). Ähnliches gilt für Bagger und Schaufellader (16 1201). Dennoch differenziert der Verordnungsgeber nicht zwischen den einzelnen Bauteilen, sondern stellt allein auf die Funktion im Gesamtgefüge ab.

Einen nicht rein „physischen“ Begriff der Unteilbarkeit wendet der Verordnungsgeber[269] auch beim Kranzubehör an (RN 87 VwV zu § 29 StVO). Zum Zubehör von Kränen gehören auch die Gegengewichte[270], die bei sehr großen Kränen (Hubfähigkeit von mehr als 1.000 t) selbst mehrere 100 Tonnen schwer sein können[271]. Sie gelten also definitionsgemäß als „unteilbar“. Durch diese Regelung kann vermieden werden, dass die für die Funktionsfähigkeit eines Krans benötigten Gewichte auf mehrere Fahrzeuge verteilt werden müssen[272]. Genau das gleiche Argument spricht auch für den gemeinsamen Transport von Mähdrescher-Maschinenkörper und Schneidwerk. Ein Einsatz der selbstfahrenden Arbeitsmaschine ist nur möglich, wenn Fahrzeug und Maschinenkörper sich miteinander verbunden am Einsatzort befinden. Darin besteht der wesentliche Unterschied zu einem klassischen Fall des Transports von „teilbarer Ladung“, dem von Schüttgütern: ein Überschreiten der Gewichtsgrenzen dient hier alleine der Gewinnmaximierung.

---

269 Zum Erlass der VwV durch den Verordnungsgeber selbst siehe Kap. VIII. 10 a.

270 *Schulz/Draaf,* Großraum-/Schwertransport – Leitfaden für die Praxis, 2. Auflage 2007, 201: „Gegengewichte oder sonstiges Zubehör“. – 25. KFG- Novelle (Österreich), BGBL. I Nr. 175/2004 der Republik Österreich vom 30.12.2004, § 2 Abs. 1 Z 45: „…als unteilbar gelten auch a) zu einer unteilbaren Ladung gehörende Ballastgewichte und Zubehör, sofern dieses 10% der unteilbaren Ladung nicht überschreitet, b) das Ballastgewicht von Kränen.“

271 *Schulz/Draaf,* Großraum-/Schwertransport – Leitfaden für die Praxis, 2. Auflage 2007, 51.

272 So die Begründung zur 25. KFG-Novelle der Republik Österreich, http://wko.at/fahrzeuge/main_frame/kraftfahrrecht/kfg_kdv/25._kfg_novelle/broschuere/Kommentar%20Kast.pdf.

e) Unteilbare Ladung bei Lkw-Zügen

aa) Traktionsprobleme bei Beladung nur des Anhängers

Im Vergleich zu Sattel-Kfz führt die Maßgabe, nur unteilbare Ladung transportieren zu dürfen, bei Lkw-Zügen zu besonderen Schwierigkeiten: Bei Sattel-Kfz befindet sich die Ladung auf dem Sattelanhänger. Dieser liegt auf der Sattelplatte der Sattelzugmaschine[273] auf. Dadurch werden im beladenen Zustand automatisch die Hinterachsen (Antriebsachsen) belastet. Die notwendige Traktion[274] ist gewährleistet.

Bei Lkw-Zügen (also Fahrzeugkombinationen, bei denen der Lkw als ziehendes Fahrzeug – oft Lkw-Kipper – über die Deichsel mit einem Anhänger verbunden ist) führt die Bedingung „unteilbare Ladung" in wortgetreuer Auslegung dazu, dass Ladung nur auf dem Anhänger mitgeführt werden darf; das Zugfahrzeug müsste also unbeladen bleiben.

In der Praxis kommen häufig Fälle vor, in denen „handelsübliche" Lkw-Kipper zum Ziehen von (Tieflade-) Anhängern eingesetzt werden, auf denen Baumaschinen (Bagger, Schaufellader, Dumper) zu ihrem Einsatzort transportiert werden.

Hier wird es oft notwendig sein, eine Ausnahme vom gesetzlich zulässigen Gesamtgewicht des Anhängers (§ 34 Abs. 5 Nr. 1 StVZO: 18,00 t; § 34 Abs. 5 Nr. 2 c StVZO: 24,00 t) zuzulassen. Meist folgt daraus auch eine Überschreitung des gesetzlich festgelegten Zuggesamtgewichtes, das sich bei Zügen aus der Summe der zulässigen Gesamtgewichte des ziehenden Fahrzeugs und des Anhängers zusammensetzt (§ 34 Abs. 7 Satz 1 Nr. 1 StVZO).

---

273 Das zulässige Gesamtgewicht einer Sattelzugmaschine errechnet sich aus deren Leergewicht zuzüglich der Sattellast, also der höchstmöglichen Belastung, mit der der Sattelanhänger auf die Zugmaschine „drückt". Das zulässige Gesamtgewicht eines Sattel-Kfz besteht also aus: (Leergewicht Zugmaschine + Sattellast) + Achslasten des Sattelanhängers (diese als Maß dafür, was der Anhänger alleine „zu tragen vermag"). Der Verordnungsgeber drückt dies so aus: Das zulässige Gesamtgewicht errechnet sich bei Sattelkraftfahrzeugen aus der Summe der zulässigen Gesamtgewichte der Sattelzugmaschine und des Sattelanhängers, vermindert um den jeweils höheren Wert a) der zulässigen Sattellast der Sattelzugmaschine oder b) der zulässigen Aufliegelast des Sattelanhängers, bei gleichen Werten um diesen Wert (§ 34 Abs. 6 Satz 1 Nr. 3 StVZO).

274 Traktion ist die Fähigkeit, Motorleistung durch Reibung des Reifens auf der Fahrbahnoberfläche in Vortrieb umzusetzen.

bb) Fallbeispiel: Transport eines Baggers

Eine Fahrzeugkombination, die aus einem Lkw und einem Tiefladeanhänger besteht, wird zum Transport eines Baggers verwendet.

	Lkw-Kipper	**Anhänger Tieflader**	**Fzg.-Kombination**
Achszahl/davon angetrieben	3/2*	4	7
Achslast gesetzl. zulässig in t	7,5 (11,5)/11,5/7,5[275]	10,0/10,0/10,0/10,0	–
Leergewicht in t	15,095	9,50	24,595
technisch mögliches Gesamtgewicht in t	26,00	40,00	66,00
gesetzl. zulässiges Gesamtgewicht in t	26,00	24,00	40,00
Nutzlast in t	10,905	30,5	41,405

* Vorderachse zuschaltbar

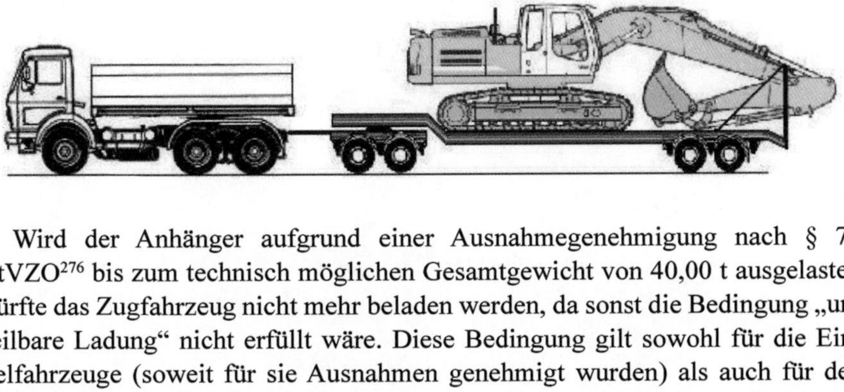

Wird der Anhänger aufgrund einer Ausnahmegenehmigung nach § 70 StVZO[276] bis zum technisch möglichen Gesamtgewicht von 40,00 t ausgelastet, dürfte das Zugfahrzeug nicht mehr beladen werden, da sonst die Bedingung „unteilbare Ladung" nicht erfüllt wäre. Diese Bedingung gilt sowohl für die Einzelfahrzeuge (soweit für sie Ausnahmen genehmigt wurden) als auch für den Zug (soweit hier eine Ausnahmeregelung in Anspruch genommen wird). Danach

275 Für weitere Rechenbeispiele werden hier tatsächlich 7,0 t angenommen, da das technisch zulässige Gesamtgewicht des Fahrzeugs auf 26,00 t (7,5 t + 11,50 t + 7,00 t) beschränkt ist. Die Belastung von 7,5 t ist für die Einhaltung der einzelnen Achslasten von Bedeutung.

276 Und natürlich auch einer Erlaubnis nach § 29 Abs. 3 StVO.

würde das zulässige, durch Ausnahmegenehmigung festzusetzende Zuggesamtgewicht betragen:

15,095 t + 40,00 t = **55,095 t.**

Geht man von einer gleichmäßigen Achsbelastung aus, so beträgt die Belastung jeder Achse im Leerzustand:

– Achse 1: 15,095/26,00 × 7,50 t = 4,350 t (zuschaltbar)
– Achse 2: 15,095/26,00 × 11,50 t = 6,670 t (angetrieben)
– Achse 3: 15,095/26,00 × 7,00 t = 4,045 t (Liftachse).

Eine Vorschrift, die sich mit der notwendigen Belastung der Antriebsachse befasst, ist § 34 Abs. 8 StVZO:

„Bei Lastkraftwagen, Sattelkraftfahrzeugen und Lastkraftwagenzügen darf das Gewicht auf der oder den Antriebsachsen im grenzüberschreitenden Verkehr nicht weniger als 25 vom Hundert des Gesamtgewichts des Fahrzeugs oder der Fahrzeugkombination betragen.“

Diese Vorschrift kann als Anhalt auch für den Bereich von Schwertransporten dienen, auch wenn nicht sichergestellt werden kann, dass das 25%-Kriterium immer eingehalten werden kann[277].

Für den Beispielsfall würde dies bedeuten:

Die Mindestachslast beträgt: 55,095 t x 25 % = 13,77 t. Um diese Forderung zu erfüllen, müsste bereits die vordere Achse zugeschaltet und zumindest eine der Achsen des Zugfahrzeuges über das Leergewicht hinaus belastet werden (da 4,35 t + 6,67 t = nur 11,02 t).

Um die Auslastung zu gewährleisten und gleichzeitig das Kriterium „unteilbare Ladung“ zu erfüllen, können 10% des Gesamtgewichts der Ladung als Zubehör (siehe hierzu § 97 BGB; z. B. weitere Löffel für den Bagger) mitgeführt werden:

37,405 t × 10% = **3,75 t**

Damit erhöhen sich das Leergewicht auf 18,845 t und die Achslast der angetriebenen Achsen auf: 18,845 t/26,00 t x 19t[278] =13,77 t. Die notwendige Traktion ist hier gewährleistet.

277 *TÜV Rheinland – Verkehr und Fahrzeuge*: Kriterien zur Ballastierung der Zugfahrzeuge von Gliederzügen mit Schwerlast-Anhänger im Rahmen von Ausnahmebegutachtungen und -genehmigungen nach § 70 StVZO.

278 11,50 t +7,50 t.

cc) Technische Arbeitshilfe des TÜV für die Genehmigungsbehörden

Für die Ballastierung der Zugfahrzeuge von Schwerlast-Gliederzügen sieht der TÜV Rheinland in einer Arbeitshilfe pauschalierte Anhaltswerte vor:

„Anhaltswerte zur Ballastierung der Zugfahrzeuge von Schwerlast-Gliederzügen

- ***Anhängelast max. 30 t/zweiachsiges Zugfahrzeug mit einer Antriebsachse:*** *incl. Ballastierung vorzugebendes tatsächl. Gewicht des Zugfahrzeuges von 18 t muss ausreichen, da zulässiges Gesamtgewicht des Zugfahrzeuges erreicht ist. Somit maximales Gesamtgewicht des Gliederzuges 48 t. Technisches Gutachten kann maximal befahrbare Steigung der Schwerlast-Fahrzeugkombination begrenzen.*
- ***Anhängelast max. 30 t/drei- oder mehrachsiges Zugfahrzeug mit 1 Antriebsachse:*** *incl. Ballastierung vorzuschreibendes tatsächl. Gewicht des Zugfahrzeuges von ca. 22 t reicht aus, deshalb maximales Gesamtgewicht des Gliederzuges ca. 52 t. Technisches Gutachten kann maximal befahrbare Steigung der Schwerlast-Fahrzeugkombination begrenzen.*
- ***Anhängelast max. 30 t/zweiachsiges allradgetriebenes Zugfahrzeug:*** *incl. Ballastierung vorzuschreibendes tatsächl. Gewicht des Zugfahrzeuges von 18 t muss ausreichen, da zulässiges Gesamtgewicht des Zugfahrzeuges erreicht ist. Somit maximales Gesamtgewicht des Gliederzuges 48 t.*
- ***Anhängelast max. 30 t/drei- oder mehrachsiges Zugfahrzeug mit 2 oder mehr Antriebsachen:*** *incl. Ballastierung vorzuschreibendes tatsächl. Gewicht des Zugfahrzeuges von 20 t sollte ausreichen, deshalb maximales Gesamtgewicht des Gliederzuges 50 t.*
- ***Anhängelast max. 40 t/zweiachsiges Zugfahrzeug mit 1 Antriebsachse:*** *incl. Ballastierung vorzuschreibendes tatsächl. Gewicht des Zugfahrzeuges von 18 t kann noch ausreichen, zulässiges Gesamtgewicht des Zugfahrzeuges ist erreicht. Somit maximales Gesamtgewicht des Gliederzuges 58 t. Technisches Gutachten sollte Eignung des Zugfahrzeuges kritisch prüfen und ggf. maximal befahrbare Steigung der Schwerlast-Fahrzeugkombination verbindlich begrenzen. Da nur die Bereifung einer Achse die Antriebskräfte auf die Fahrbahn übertragen kann, ist ein solches Zugfahrzeug schlecht für das Ziehen derartiger Lasten im normalen Straßenverkehr geeignet.*
- ***Anhängelast max. 40 t/drei- oder mehrachsiges Zugfahrzeug mit 1 Antriebsachse:***

incl. Ballastierung vorzuschreibendes tatsächl. Gewicht des Zugfahrzeuges von 22 t kann noch ausreichen, deshalb maximales Gesamtgewicht des Gliederzuges 62 t. Auch höhere Ballastierung verbessert die Traktion nicht mehr, da die einzige Antriebsachse schon maximale Achslast hat. Technisches Gutachten sollte Eignung des Zugfahrzeuges kritisch prüfen und ggf. maximal befahrbare Steigung der Schwerlast-Fahrzeugkombination verbindlich begrenzen. Da nur die Bereifung einer Achse die Antriebskräfte auf die Fahrbahn übertragen kann, ist ein solches Zugfahrzeug schlecht für das Ziehen derartiger Anhängelasten im normalen Straßenverkehr geeignet.

- ***Anhängelast max. 40 t/zweiachsiges allradgetriebenes Zugfahrzeug:***
  incl. Ballastierung vorzuschreibendes tatsächl. Gewicht des Zugfahrzeuges von 18 t muss ausreichen, da zulässiges Gesamtgewicht des Zugfahrzeuges erreicht ist. Somit maximales Gesamtgewicht des Gliederzuges 58 t.
- ***Anhängelast max. 40 t/drei- oder mehrachsiges Zugfahrzeug mit 2 oder mehr Antriebsachsen:***
  incl. Ballastierung vorzuschreibendes tatsächl. Gewicht des Zugfahrzeuges von 22 t sollte ausreichen, deshalb maximales Gesamtgewicht des Gliederzuges 62 t.“

dd) Notwendige Ergänzung der Nebenbestimmungen

Um Wettbewerbsverzerrungen zu vermeiden und dennoch bei Lkw-Zügen die notwendige Traktion sicherzustellen, müssten die standardmäßig verwendeten Nebenbestimmungen also ergänzt werden (denn auch die Verwendung reinen Ballastes ohne wirtschaftlichen Wert ist als „Ladung“ anzusehen): sinnvoll wäre es, bis zur vom Gutachter festgestellten Grenze z. B. Zubehör auch über die 10%-Grenze hinaus mitführen zu lassen. Der TÜV[279] schlägt hier folgende Formulierung vor:

„Bei Schwertransporten ist das Zugfahrzeug in Abhängigkeit von der Beladung des Anhängers auf maximal …t tatsächliches Gesamtgewicht zu ballastieren.“

Den Transport auch von Schüttgütern zu erlauben, dürfte (selbst unter Umweltaspekten) meist nicht mit Sinn und Zweck der Regelung zu vereinbaren sein. Man könnte hier deshalb etwa wie folgt formulieren:

„Bei Überschreitung des gesetzlich zulässigen Zuggesamtgewichtes: Zur Sicherstellung der notwendigen Traktion kann das Zugfahrzeug bis zu einem Gesamtgewicht von…t ausgelastet werden. Für die insoweit das Leergewicht von…t

279 Siehe oben.

überschreitenden Zuladung ist reiner Ballast (keine Schüttgüter o. ä.) zu verwenden. Es dürfen auch (insoweit von Buchstabe „e“ abweichend) Zubehörteile mit einem Gewichtsanteil von mehr als 10% verwendet werden“.

f) Der konkrete Fall – Beispiele für Ladungen

Der oben unter Kap. V.2 dargestellte Lkw-Zug transportiert ein kompaktes Betonfertigteil mit einem Gewicht von 59 t[280] und einer Länge von rd. 29 m[281]. Es handelt sich um eine Ladung, die weder vom Gewicht (nur ein einzelnes Ladungsteil) noch von der Länge her teilbar ist. Würde der Betonträger nicht die notwendige Stabilität aufweisen, um die beim Transport auftretenden Schwingungen zu absorbieren, könnten zwei Träger zusammengekoppelt und verbunden transportiert werden. Werden neben einem sehr langen Ladungsstück auch kürzere Teile transportiert, ist dies zulässig, solange das gesetzlich zulässige Gesamtgewicht nicht überschritten wird (z. B. Baumstämme unterschiedlicher Länge). Im vorliegenden Fall könnten keine weiteren Ladungsstücke transportiert werden, auch wenn sie kürzer als 29 m wären, da das Gesamtgewicht des Fahrzeugs schon 90 t beträgt.

---

280 Gesamtgewicht von 90,0 t (siehe Antrag unter Kap. VIII.11 a) abzüglich Leergewicht des Fahrzeugs (31,0 t).

281 Gesamtlänge von 34,0 m bei der Lastfahrt abzüglich des Kupplungsmaßes des Zug-Fahrzeugs von 5 m.

XIV. Der Erlaubnis-/Genehmigungsbescheid

1. Regelung durch Allgemeinverfügung oder durch Bescheid

a) Regelung durch Allgemeinverfügung

Unter Umständen[282] ist auch die Erteilung einer Ausnahmegenehmigung oder einer Erlaubnis durch Allgemeinverfügung (§ 35 Satz 2 VwVfG, Art. 35 Satz 2 BayVwVfG) möglich. Das Bayerische Staatsministerium für Wirtschaft und Verkehr hat mit Schreiben vom 15.07.1988 Nr. 7320a-32-VII/8b-27555 – „Ausnahmeregelung für Mähdrescher mit Überbreite durch angebautes Schneidwerk und für andere landwirtschaftliche Arbeitsgeräte (nicht jedoch für lof-Zugmaschinen ohne Arbeitsgerät)“ alle Mähdrescher bis zu einer Breite von 3,10 m von der Einholung einer Erlaubnis nach § 29 Abs. 3 StVO freigestellt[283]. Hier ist der Sachverhalt (das jeweilige Fahrzeug) bereits ausreichend durch die vorher schon erteilte Ausnahmegenehmigung nach § 70 StVZO konkretisiert.

b) Regelung durch Bescheid

Die Ausnahmegenehmigungen nach § 70 StVZO und nach § 46 StVO und die Erlaubnis nach § 29 Abs. 3 StVO sind Verwaltungsakte nach § 35 VwVfG, die (in der Regel) in der Form eines Bescheides erlassen werden.

---

282 Beispielsweise wenn eine Ausnahmegenehmigung nach § 70 StVZO den Sachverhalt bereits eingrenzt (z. B. bei einer im Amtsblatt verfügten generellen Verlängerung von allen Ausnahmegenehmigungen für Langholzzüge, denen zur Beseitigung von forstwirtschaftlichen Sturmschäden bereits durch individuellen Bescheid eine Auflastung genehmigt wurde); siehe im Übrigen aber oben Kap. VII.10.

283 Nr. 6 des WMS v. 15.07.1988 Nr. 7320a-32-VII/8b-27555: „Als Auflage ist aufzunehmen, dass für alle Fahrten mit Überbreite von mehr als 3,1m eine Erlaubnis nach § 29 Abs. 3 StVO einzuholen ist.“

Der Verwaltungsakt (VA) der Erlaubnis bzw. der Ausnahmegenehmigung hat als Hauptregelung die

- Zulassung eines bestimmten Fahrzeugs (§ 70 StVZO)
- die Erlaubnis zur Durchführung eines Transports mit einem bestimmten Gesamtgewicht, bestimmten Achslasten und Achsabständen und bestimmten Abmessungen (Länge, Breite, Höhe) auf einem bestimmten Fahrtweg (§ 29 Abs. 3 StVO) und/oder
- den Transport einer bestimmten, die Fahrzeugsilhouette überragenden Ladung (§ 46 StVO) zum Gegenstand.

2. Die (Hauptsacheentscheidung) Hauptregelung[284]

a) Die Regelung bei der Ausnahmegenehmigung nach § 70 StVZO

Die Genehmigungsbescheide sind i. d. R. abschnittsweise aufgebaut. In einem ersten Abschnitt „erteilt" die zuständige Genehmigungsbehörde „folgende Ausnahmegenehmigung" für einen „bestimmten Zeitraum" („Geltungsdauer") und einen bestimmten „Geltungsbereich" (max. Bundesrepublik Deutschland). Zusammen mit den im nächsten Abschnitt des Bescheides aufgeführten „Abweichungen" (von den jeweiligen Vorschriften der StVZO) bilden diese Teile die Hauptregelung.

b) Die Regelungen bei der Erlaubnis nach § 29 Abs. 3 StVO und der Ausnahmegenehmigung nach § 46 StVO

Sowohl der Antrag als auch das Bescheidsmuster für die Erlaubnis nach § 29 Abs. 3 StVO und die Ausnahmegenehmigung nach § 46 Abs. 1 Nr. 5/§ 46 Abs. 1 Nr. 2 StVO sind bundesweit einheitlich vorgegeben. Die „Richtlinie zum Antrags- und Genehmigungsverfahren für die Durchführung von Großraum- und Schwertransporten (RGST 1992)" enthält ein Antragsformular, das mit der

---

284 Zum Begriff siehe *Linhart*, Schreiben, Bescheide und Vorschriften in der Verwaltung, Stand 16.12.2011, § 19 RN 38.

Ausfertigung eines zweiten Abschnittes durch die Erlaubnis-/Genehmigungsbehörde zum Bescheid (Verwaltungsakt) wird. Die Hauptregelung besteht aus der Festlegung von Fahrtzeit (Zeitraum), Fahrtstrecke, Ladung, Abmessungen von Fahrzeug bzw. Ladung (Leerfahrt/Lastfahrt), Gewicht (tatsächlich) und den Achslasten und Achsabständen.

3. Genehmigungsinhaltsbestimmungen/modifizierende Auflagen: Fahrzeitbeschränkungen

a) Fahrzeitbeschränkungen nach RGST

Erlaubnisbescheide nach § 29 Abs. 3 StVO enthalten oft Fahrzeitbeschränkungen, wie beispielsweise: „Der Transport darf nur am…in der Zeit von… bis…Uhr durchgeführt werden:“ (Nr. 35 der RGST) oder: „Folgende Strecken/ Streckenabschnitte außerhalb von BAB dürfen nur in der Zeit von Montag, 09.00 Uhr, bis Freitag, 15.00 Uhr, benutzt werden:“ (Nr. 33). Die RGST führt diese Regelungen unter der Rubrik „Auflagen“. Auch das AG Brühl[285] sieht darin (nur) eine Auflage, keine Genehmigungsinhaltsbestimmung oder modifizierende Auflage[286]. Ob diese Sicht der Bedeutung der Regelung gerecht wird, ist aber fraglich.

b) Grundsätzliche Abgrenzung von Inhalts- und Nebenbestimmungen

Keine Nebenbestimmung liegt vor, wenn ein Verwaltungsakt abweichend vom Antrag mit einem anderen Inhalt erlassen wird und ein Zusatz das genehmigte Vorhaben in Gegenstand und Umfang präzisiert[287]. Diese Zusätze werden als

---

285 AG Brühl, Urt. v. 03.08.1995 – 52 OWi 51/95 – DAR 1997, 412 – hier allerdings bezogen auf die Ausnahmegenehmigung nach § 70 StVZO.

286 Wobei die modifizierende Auflage im Gegensatz zu einer (teilweisen) Antragsablehnung in Bestandskraft erwachsen kann (*Weyreuther*, Modifizierende Auflagen, DVBl 1984, 365).

287 *Kopp/Ramsauer*, VwVfG, 12. Auflage 2011, § 36 RN 5.

modifizierende Auflagen[288] oder als „Inhaltsbestimmungen"[289] bezeichnet. Die Modifikation liegt hier nicht darin, dass dem eigentlichen Verwaltungsakt eine Auflage beigefügt wird, sondern in der abweichenden Beschreibung des Gegenstandes der Genehmigung im Vergleich zum Gegenstand des Antrages[290]. Für die Charakterisierung einer Bestimmung ist nicht allein die Begriffswahl durch die Behörde maßgeblich. Diese ist nur als ein Indiz zu sehen[291]. Um welche Art von „Regelung" oder „Zusatz" es sich handelt, bestimmt sich vielmehr nach dem objektivierten Willen der Behörde, wie er sich durch Auslegung aus den konkreten Umständen und aus dem Regelungsgegenstand ergibt[292].

Während die Auflage zur Genehmigung als ein selbständiges Handlungsgebot[293] hinzutritt, betrifft eine Inhaltsbestimmung den Verwaltungsakt selbst und legt seinen Inhalt konkret fest[294]. Eine modifizierende Auflage schränkt die erteilte Genehmigung (wieder) ein. Will der Genehmigungsinhaber eine weniger eingeschränkte Gestattung erhalten, kann er dieses „Mehr" prozessual auch nur mit der Verpflichtungs- und nicht mit der Anfechtungsklage erstreiten[295]. Befolgt der Genehmigungsinhaber eine Inhaltsbestimmung nicht, führt dies dazu, dass er sich außerhalb des Erlaubten bewegt[296]. Maßgeblich für die Abgrenzung ist

288 Grundlegend: *Weyreuther*, Über „Baubedingungen", DVBl. 1969, 232 (Forts. S. 295); BVerwG, Urt. v. 08.02.1974 – IV C 73.72 – BayVBl 1974, 379; Der VGH Baden-Württemberg geht im Urt. v. 08.06.1993 – 10 S 110/92 – VBlBW 1994, 23 anscheinend von einem „Stufenverhältnis" aus: „...Inhaltsbestimmung oder zumindest „modifizierende Auflage...".

289 *Rumpel*, Zur Verwendung von Genehmigungsinhaltsbestimmungen und Auflagen, BayVBl 1987, 577; OVG Nordrhein-Westfalen, Beschl. v. 09.11.2010 – 13 A 867/10 – juris. – Das VG Augsburg (Urt. v. 16.04.2013 – Au 3 K 12.839 – juris) verbindet beide Bezeichnungen zu: „...Inhaltsbestimmende Nebenbestimmung (modifizierende Auflage")...".

290 *Tiedemann* in: *Bader/Ronellenfitsch*, Verwaltungsverfahrensgesetz, 1. Auflage 2010, § 36 RN 63.

291 VG München, Beschl. v. 09.07.2002 – M 1 S 02.2900 – juris.

292 VG München, Beschl. v. 09.07.2002 – M 1 S 02.2900 – juris; BVerwG, Urt. v. 21.02.1992 – 7 C 11/91 – BVerwGE 90, 42; VGH Baden-Württemberg, Urt. v. 08.06.1993 – 10 S 110/92 – VBlBW 1994, 23.

293 *Weyreuther*, Über „Baubedingungen", DVBl. 1969, 232/297: „Gegenleistung".

294 *Kopp/Ramsauer*, VwVfG, 12. Auflage 2011, § 36 RN 5; VG München, Beschl. v. 09.07.2002 – M 1 S 02.2900 – juris: „Die Inhaltsbestimmung konkretisiert mithin das Genehmigte unmittelbar, die Auflage dagegen tritt zur Genehmigung als selbständiges Handlungs-, Duldungs- oder Unterlassungsgebot hinzu."

295 VGH Baden-Württemberg, Urt. v. 08.06.1993 – 10 S 110/92 – VBlBW 1994, 23.

296 *Kopp/Ramsauer*, VwVfG, 12. Auflage 2011, § 36 RN 5a.

also nicht die Formulierung der Bestimmung, auch nicht Art und Umfang der Abweichung vom Antrag, sondern die mit der Bestimmung durch die Behörde gesetzte Rechtsfolge[297]. Beschränken muss sich die Modifikation auf den Teil des Antragsgegenstandes, für den die Voraussetzungen einer Versagung (der Erlaubnis) erfüllt sind[298].

Bei den Betriebszeitregelungen für eine Gaststätte wird die Auffassung vertreten, dass es sich um „echte" Auflagen handele, da die genehmigte Betriebsart dadurch nicht verändert werde. Eine Betriebszeitregelung für einen Krankentransport wird dagegen als Inhaltsbestimmung angesehen[299]. Auch Betriebszeitregelungen für immissionsschutzrechtlich genehmigungspflichtige Anlagen kennzeichnen als Genehmigungsinhaltsbestimmung den Umfang der erteilten Genehmigung[300].

In vielen Fällen kann die Behörde ihr Ziel aber alternativ mit einer selbständig durchsetzbaren Auflage oder mit einer Inhaltsbestimmung erreichen[301].

c) Die Fahrzeitbeschränkungen als Inhaltsbestimmungen

Fahrzeitbeschränkungen in einer Erlaubnis nach § 29 Abs. 3 StVO haben meist den Sinn, Verkehrsbehinderungen zu minimieren, die bei der Durchführung von Schwertransporten entstehen können. Beispielsweise sollen Schwertransporter, die wegen ihrer Breite nicht überholt werden können und die einen zweiten Fahrstreifen blockieren, nicht zu den Hauptverkehrszeiten fahren. Aus straßenbautechnischer Sicht können im Sommer Nachtfahrten für besonders schwere Fahrzeuge angeordnet werden, um zusätzliche Belastungen von Brücken, die durch Verspannungen bei hohen Temperaturen ohnehin entstehen, zu vermeiden. Die Behörde will in jedem Fall die Strecke nicht für den „gesperrten" Zeitraum freigeben. Eine solche Anordnung dient also nicht dazu, dem Genehmigungsinhaber selbständige Verhaltenspflichten aufzuerlegen, sondern sie soll die Durchführung der Fahrt nur außerhalb des Sperrzeitraums erlauben.

Aus Sicht des Unternehmers dagegen schränken Standzeiten – auch wenn sie grundsätzlich innerhalb des beantragten Zeitfensters liegen- seine Flexibilität

297 *Kopp/Ramsauer*, VwVfG, 12. Auflage 2011, § 36 RN 5a.
298 *Weyreuther*, Über „Baubedingungen", DVBl. 1969, 232/299.
299 OVG Nordrhein-Westfalen, Beschl. v. 09.11.2010 – 13 A 867/10 –juris.
300 BayVGH, Beschl. v. 26.09.1996 – 22 CE 96.2688 – BayVBl 1997, 728.
301 *Kopp/Ramsauer*, VwVfG, 12. Auflage 2011, § 36 RN 5a; *Tiedemann* in: *Bader/Ronellenfitsch*, Verwaltungsverfahrensgesetz, 1. Auflage 2010, § 36 RN 63.1.

ein und führen i. d. R. zu einer Verzögerung des Transports[302]. Die Fahrtzeit bildet bei den (meist termingebundenen) Transporten einen kritischen Faktor. Der Antrag des Unternehmers richtet sich also auf eine zeitlich unbeschränkte Erlaubnis.

Damit handelt es sich bei Fahrzeitbeschränkungen um modifizierende Auflagen[303]. Die notwendige Nachholung des Antrags[304] kann darin gesehen werden, dass der Antragsteller die erteilte Genehmigung akzeptiert[305].

4. Die Nebenbestimmungen[306]

a) Nebenbestimmungen in Ausnahmegenehmigungen und Erlaubnissen

Bei den Erlaubnissen und Genehmigungen für Großraum- und Schwertransporte handelt es sich um Verwaltungsakte, deren Erlass im Ermessen der Genehmigungs-/Erlaubnisbehörde liegt. Nebenbestimmungen sind nach § 36 Abs. 2 VwVfG[307] zulässig. Nach dieser Vorschrift können Verwaltungsakte, auf die kein Anspruch besteht, nach pflichtgemäßem Ermessen mit Nebenbestimmungen versehen werden. Nach der Spezialregelung des § 46 Abs. 3 Satz 1 StVO können

---

302 Siehe zur Bedeutung von Fahrzeitbeschränkungen auch *Schulz/Draaf*, Großraum-/Schwertransport – Leitfaden für die Praxis, 2. Auflage 2007, S. 148 Nr. 7.2.2., die allerdings von „Auflagen" sprechen: „Neben den absichernden Auflagen stellen die Fahrzeitbeschränkungen die teuersten Auflagen für den Bescheidinhaber dar. Sie beschränken den Einsatz von kapitalintensiven Fahrzeugen/Fahrzeugkombinationen auf ganz wenige Stunden…Nur weil ein Transport 3,20 m breit ist, macht es keinen Sinn, diesen am Freitag nach 15.00 Uhr nicht über eine Autobahn fahren zu lassen…Nur weil es einer Einzelgenehmigung bedarf, heißt dies nicht, dass dem Transport diese Zeiten zu **verbieten** sind."

303 Zur Abänderung der Fahrtstrecke als modifizierende Auflage siehe VG Ansbach, Urt. v. 29.11.2012 – AN 10 K 12.00957 – juris.

304 *Weyreuther*, Über „Baubedingungen", DVBl. 1969, 232/295.

305 *Kopp/Ramsauer*, VwVfG, 12. Auflage 2011, § 36 RN 5.

306 Die Aufforderung der Polizei, die Auflagen einer Ausnahmegenehmigung einzuhalten, ist im übrigen keine Weisung i. S. v. § 36 Abs. 1 StVO, sondern nur der Hinweis auf die durch die Ausnahmegenehmigung begründeten Verpflichtungen (OLG Köln, Beschl. v. 17.02.1984 – 3 Ss 46/84- VRS 67, 63).

307 Bzw. den entsprechenden Landesverwaltungsverfahrensgesetzen.

Ausnahmegenehmigung und Erlaubnis unter dem Vorbehalt des Widerrufs erteilt werden und mit Nebenbestimmungen (Bedingungen, Befristungen, Auflagen) versehen werden. Die Bestimmung wurde mit der StVO vom 16. November 1970[308] eingeführt. Die amtliche Begründung sagt dazu: „Der aus rechtsstaatlichen Gründen notwendige Inhalt des ersten Satzes findet sich wortgleich bereits in zahlreichen anderen Rechtsverordnungen.“ Nach dem VG Augsburg[309] geht die bundesrechtliche Regelung – allerdings nur soweit ihr Regelungsgehalt reicht- dem landesrechtlichen Art. 36 BayVwVfG vor. Tatsächlich wurde aber der Inhalt beider Vorschriften bereits lange vor deren Erlass von der Rechtsprechung ausgeformt, so dass inhaltlich kein Unterschied besteht.

Nach § 71 StVZO kann eine Ausnahmegenehmigung mit Auflagen verbunden werden. Nebenbestimmungen bewirken, dass die im Verwaltungsakt getroffene Regelung hinter der begehrten Regelung zurückbleibt. Sie bezeichnen insofern den Grad der Abweichung von beantragter und erteilter Begünstigung[310]. Keine Nebenbestimmungen sind solche Bestandteile der Regelung, die deren Inhalt näher bezeichnen (Inhaltsbestimmungen). Inhaltsbestimmungen stellen klar, wie weit eine Regelung reicht[311].

Meist unterscheidet die erlassende Behörde nicht zwischen den verschiedenen Arten von Nebenbestimmungen, sondern listet sie fortlaufend unter einer gemeinsamen Überschrift („Bedingungen und Auflagen“) auf. Die genaue Einordnung ist diesen Fällen Auslegungsfrage[312]. Im Zweifel ist die für den Betroffenen weniger belastende Art (z. B. Auflage statt Bedingung) anzunehmen[313]. Unklarheiten gehen zu Lasten der Behörde[314].

---

308 VkBl. 1970, 735.

309 VG Augsburg, Urt. v. 16.04.2013 – Au 3 K 12.839 – juris.

310 *Pietzner/Ronellenfitsch,* Das Assessorexamen im öffentlichen Recht, 12. Auflage 2010, § 9 RN 17.

311 *Pietzner/Ronellenfitsch,* Das Assessorexamen im öffentlichen Recht, 12. Auflage 2010, § 9 RN 18.

312 *Kopp/Ramsauer*, VwVfG, 12. Auflage 2011, § 36 RN 14.

313 *Kopp/Ramsauer*, VwVfG, 12. Auflage 2011, § 36 RN 14.

314 *Tiedemann* in: *Bader/Ronellenfitsch*, Verwaltungsverfahrensgesetz, 1. Auflage 2010, § 36 RN 29.

b) Bedingungen

aa) Bedingungen in der Ausnahmegenehmigung nach § 70 StVZO

aaa) Grundsätzliche Zulässigkeit und Bedeutung

Die Ausnahmegenehmigung darf grundsätzlich auch mit einer Bedingung erlassen werden[315]. Bei einer Bedingung hängt der Eintritt (aufschiebende Bedingung) oder die Beendigung (auflösende Bedingung) der mit dem Verwaltungsakt erstrebten Wirkungen (innere Wirksamkeit) von einem zukünftigen ungewissen Ereignis ab (vgl. auch § 158 BGB)[316]. Der Zweck der Bedingung liegt darin, dem Adressaten des Verwaltungsaktes nur eine Vergünstigung zu gewähren oder eine Belastung aufzuerlegen, wenn bestimmte Ereignisse eintreten oder bestimmte Sachverhalte wegfallen[317]. Bei der Durchführung von Großraum- und Schwertransporten sind vor allem die Potestativbedingungen[318], also die Bedingungen, bei denen der Begünstigte selbst Einfluss auf die Herbeiführung des jeweiligen Ereignisses hat, von Bedeutung. Wird die Ausnahmegenehmigung unwirksam oder nicht wirksam, gelten (wieder) die gesetzlichen Werte der StVZO.

bbb) Das Vorliegen einer (gültigen) Erlaubnis nach § 29 Abs. 3 StVO

Hat die Genehmigungsbehörde die Geltung der fahrzeugbezogenen Ausnahmegenehmigung nach § 70 Abs. 1 StVZO ausdrücklich im Wege einer Bedingung von dem Bestand einer nach § 29 Abs. 3 StVO erforderlichen streckenbezogenen Erlaubnis abhängig gemacht, hat dies bei Nichtvorliegen der Erlaubnis zur Folge, dass damit auch die Ausnahmegenehmigung nach § 70 Abs. 1 StVZO nicht wirksam ist[319]. Die Verknüpfung von Ausnahmegenehmigung nach § 70 StVZO und Erlaubnis nach § 29 Abs. 3 StVO ist auch sachgerecht, weil ein ordnungsgemäßer Betrieb eines Straßenfahrzeugs ohne die dafür geeignete Straße nicht möglich ist. Nach dem OLG Celle[320] ist das Vorliegen einer streckenbezogenen Erlaubnis von hoher Bedeutung für die Verkehrssicherheit; würde aber das Vorliegen der Erlaubnis nicht

---

315 Siehe oben Kap. VII.5.

316 *Kopp/Ramsauer*, VwVfG, 12. Auflage 2011, § 36 RN 19.

317 *Tiedemann* in: *Bader/Ronellenfitsch*, Verwaltungsverfahrensgesetz, 1. Auflage 2010, § 36 RN 46.

318 BVerwG, Urt. v. 29.03. 1968- IV C 27.67 – BVerwGE 29, 261; *Kopp/Ramsauer*, VwVfG, 12. Auflage 2011, § 36 RN 19a.

319 OLG Celle, Beschl. v. 11.01.2011 – 322 SsRs 390/10 – NZV 2011, 311.

320 OLG Celle, Beschl. v. 11.01.2011 – 322 SsRs 390/10 – NZV 2011, 311.

zur Bedingung gemacht, würde im Falle ihres Fehlens nur ein Bußgeld in Höhe von 40,- € drohen. Es entspreche daher dem Interesse der Verwaltungsbehörde, das Vorliegen der streckenbezogenen Erlaubnis in Form einer Bedingung mit der Ausnahmegenehmigung zu verknüpfen, denn durch die nachhaltige Bußgeldbewehrung entstehe ein entsprechender Anreiz für die Verkehrsteilnehmer, sich auch um das Vorliegen der streckenbezogenen Erlaubnis zu bemühen.

Aber nicht nur das Vorliegen der Erlaubnis nach § 29 StVO an sich wird zur Bedingung. Es muss sich nach der regelmäßig verwendeten Formulierung in den Bescheiden vielmehr um eine „gültige" Erlaubnis handeln. Da die Erlaubnis nach § 29 Abs. 3 StVO für einen konkreten Transport im Vergleich zur Ausnahmegenehmigung nach § 70 StVZO nach „unten" abweichen kann (z. B. eingeschränkter Geltungszeitraum; geringere tatsächliche Abmessungen; geringeres tatsächliches Gewicht), fällt der Unternehmer beispielsweise im Falle einer Überladung auf die gesetzlichen Werte – nicht auf die höheren der Ausnahmegenehmigung – zurück.

ccc) Transport unteilbarer Ladung

Nach den Richtlinien 8, 9 und 10 zu § 70 StVZO darf

„das Fahrzeug/der Zug… nur für die Beförderung folgender Ladungen verwendet werden:

1. Einer unteilbaren Ladung. Unteilbar ist eine Ladung, wenn ihre Zerlegung aus technischen Gründen unmöglich ist oder die Zerlegung und der Zusammenbau unzumutbare Kosten verursachen würde. Die Genehmigungsbehörde kann zur Vorbereitung der Entscheidung die Beibringung eines Sachverständigengutachtens über die Unteilbarkeit der Ladung bzw. über die Kosten der Zerlegung und des Zusammenbaus verlangen.
2. Einer aus zwei Teilen bestehenden Ladung, wenn die Teile aus Festigkeitsgründen nicht als Einzelstücke befördert werden können und diese unteilbar sind.
3. Mehrerer einzelner Teile, die je für sich unteilbar sind und jeweils wegen ihrer Länge, Breite oder Höhe die Benutzung eines Fahrzeuges/Zuges mit einer entsprechenden Ausnahmegenehmigung nach § 70 StVZO erfordern, jedoch unter Einhaltung der nach § 34 StVZO zulässigen Achslasten und Gesamtgewichte. Kürzere Ladungsstücke dürfen bei Langmaterialtransporten beigeladen werden, wenn mindestens 50% des Gesamtgewichts der Ladung aus überlangen unteilbaren Ladungsstücken besteht, die eine Überlänge des Fahrzeugs erfordern und im übrigen die Vorschriften des § 34 StVZO eingehalten werden.
4. Zubehör zu Ladungen nach Nr. 1 oder 3 darf 10% des Gesamtgewichts der Ladung nicht überschreiten und muss in dem Begleitpapier mit genauer Bezeichnung aufgeführt sein.

5. Einer teilbaren Ladung, im Zulauf zu oder im Ablauf von einem Großraum- oder Schwertransport, wenn die Ladefläche(n) des Fahrzeugs bzw. der Fahrzeugkombination die nach § 32 StVZO zulässigen Abmessungen einhält, die nach § 34 StVZO zulässigen Grenzwerte nicht überschritten werden und dieser Transport in der Erlaubnis nach § 29 StVO für den einzelnen Transport ausdrücklich genehmigt worden ist[321]."

Die Ausnahmegenehmigung nach § 70 StVZO setzt im Verhältnis zur Erlaubnis nach § 29 Abs. 3 StVO hier wieder den Rahmen, den die straßenverkehrsrechtliche Erlaubnis ausfüllt. Notwendig wäre dies nicht, wie der Vergleich mit der Ausnahmegenehmigung nach § 46 Abs. 1 Nr. 5 StVO zeigt, welcher ja kein Ausnahmebescheid nach § 70 StVZO „vorausgeht". Die VwV zu § 29 und § 46 StVO legen für diese Gestattungen fest, für welche Art von Ladung eine Erlaubnis und Ausnahmegenehmigung erteilt werden darf: handelt es sich um eine unteilbare Ladung, wird die Ausnahmegenehmigung oder Erlaubnis erteilt und das konkret beförderte Gut im Bescheid genau bezeichnet (Genehmigungsinhaltsbestimmung). Wird teilbare Fracht befördert, fährt der Unternehmer ohne Genehmigung und ohne Erlaubnis.

ddd) Erhöhte Haftpflichtversicherung

In der Ausnahmegenehmigung wird auch regelmäßig festgelegt, dass der Genehmigungsinhaber über die gesetzlich vorgeschriebene Kraftfahrzeughaftpflichtversicherung hinaus für Schäden aus Verschulden einen Deckungsschutz in Höhe von mindestens 25,56 Mio. Euro – bei Personenschäden aber maximal 3,83 Mio. Euro je Person – vorzuweisen hat. Auch bei dieser Bestimmung handelt es sich um eine Bedingung[322], da es nach der Vorstellung der Behörde dem Unternehmer untersagt

---

321 Folgende Ladeflächenlängen müssen bei teilbarer Ladung eingehalten werden (Siehe hierzu auch oben Kap. IV.1 a – Prinzipskizzen über die „Teillängen"):
- Bei **Zügen (Lkw + Anhänger)** gem. § 32 Abs. 4 StVZO: größter Abstand zwischen dem vorderen äußeren Punkt der Ladefläche hinter dem Führerhaus des Lkw und dem hintersten äußeren Punkt der Ladefläche des Anhängers der Fahrzeugkombination, abzüglich des Abstandes zwischen der hinteren Begrenzung des Lkw und der vorderen Begrenzung des Anhängers 15,65 m, und größter Abstand zwischen dem vordersten äußeren Punkt der Ladefläche hinter dem Führerhaus des Lkw und dem hintersten äußeren Punkt der Ladefläche des Anhängers der Fahrzeugkombination 16,40 m.
- Bei **Sattelkraftfahrzeugen** (Sattelzugmaschine mit Sattelanhänger): Achse Zugsattelzapfen bis zur hinteren Begrenzung 12,00 m und vorderer Überhangradius 2,04 m.

322 Ebenso *Schulz/Draaf*, Großraum-/Schwertransport – Leitfaden für die Praxis, 2. Auflage 2007, S. 80 Nr. 4.4.6.

sein soll, „auch nur einen Meter“ ohne erhöhten Versicherungsschutz zu fahren. Die Mindestversicherungssummen nach der Anlage zu § 4 Abs. 2 des Pflichtversicherungsgesetzes – PflVG werden hier nach oben angepasst.

bb) Bedingungen in der Erlaubnis nach § 29 Abs. 3 StVO/ Ausnahmegenehmigung nach § 46 Abs. 1 Satz 1 Nr. 5 StVO

Nach den RGST ist bei Überschreitung bestimmter Transportbreiten (z. B. Nr. 25 RGST: mehr als 3,50 m auf Streckenabschnitten außerhalb der BAB) Polizeibegleitung vorzuschreiben. Damit wird eine besonders qualifizierte Form der Absicherung des Transportes erreicht. Nach § 38 Abs. 2 StVO darf blaues Blinklicht – mit welchem nach § 52 Abs. 3 Satz 1 Nr. 1 StVZO Kraftfahrzeuge, die dem Vollzugsdienst der Polizei dienen, ausgerüstet sein dürfen – bei der Begleitung von Fahrzeugen verwendet werden. Die Beachtung dieser Bestimmung ist für die Garantie der Verkehrssicherheit von so großer Bedeutung, dass ein Transport nicht ohne Polizei beginnen kann. Dieser Bedeutung würde eine Einstufung der Regelung als (bloße) Auflage nicht gerecht. Es handelt sich vielmehr um eine Bedingung. Denkbar wäre es auch, die Regelung als Genehmigungsinhaltsbestimmung anzusehen.

c) Der Widerrufsvorbehalt

Die Ausnahmegenehmigungen nach § 70 StVZO und § 46 StVO und die Erlaubnis nach § 29 Abs. 3 StVO werden „stets widerruflich“ erteilt. Nach § 46 Abs. 3 StVO Satz 1 StVO können Ausnahmegenehmigung und Erlaubnis unter dem Vorbehalt des Widerrufs erteilt werden. Die Zulässigkeit des Widerrufsvorbehalts bei der Ausnahmegenehmigung nach § 70 StVZO ergibt sich aus § 36 Abs. 2 VwVfG[323]. § 8 Abs. 2 Satz 1 FStrG (Art. 18 BayStrWG) schreibt vor, dass eine Sondernutzungserlaubnis nur widerruflich und befristet erteilt werden darf.

Nach § 48 VwVfG kann ein Verwaltungsakt widerrufen werden, wenn er unter Widerrufsvorbehalt ergangen ist. Der Widerruf ist das geeignete Mittel, um eine Vergünstigung zu beenden, wenn die Voraussetzungen nicht erfüllt wurden, an die die

---

323 VG Augsburg, Urt. v. 08.12.2009 – Au 3 K 09.672 – juris: „Da kein Anspruch auf Erlass des Verwaltungsakts ohne Widerrufsvorbehalt bestand und auch sonst keine Gründe ersichtlich sind, die für eine Rechtswidrigkeit des Widerrufsvorbehalts als solchem sprechen…, wurde der Widerrufsvorbehalt wirksam in die Ausnahmegenehmigung aufgenommen.“

Vergünstigung geknüpft sein soll[324]. Während die Umstände, unter denen eine Bedingung eintreten soll, genau formuliert werden müssen, brauchen die Voraussetzungen für den (möglichen späteren) Widerruf im Widerrufsvorbehalt noch nicht präzisiert zu werden[325]. Damit erhält die Behörde die nötige Anpassungsfähigkeit an künftige Situationen[326]. Widerrufen werden kann eine Schwerverkehrsgenehmigung/-erlaubnis etwa, wenn sich herausstellen sollte, dass der Unternehmer unzuverlässig ist, sich die Straßen- oder Verkehrsverhältnisse geändert haben (z. B. Sperrung einer Brücke, Straßenbaustellen) oder auch bei Eintreten technischer Veränderungen. Nach RN 141 VwV zu § 29 StVO, RN 91 VwV zu § 46 StVO ist eine Dauererlaubnis/-ausnahmegenehmigung zu widerrufen, wenn der Verkehrsablauf unzumutbar beeinträchtigt wird oder sonstige erhebliche Belästigungen oder Gefährdungen der Verkehrsteilnehmer eingetreten sind. Die Dauerausnahmegenehmigung/-erlaubnis kann widerrufen werden, wenn der Genehmigungs- (Erlaubnis) Inhaber eine Auflage nicht erfüllt.

d) Die Befristung

Nach der Rechtsprechung des BVerwG[327] ist eine Ausnahmesituation nicht dadurch gekennzeichnet, dass sie nur für gewisse Zeit besteht, sondern durch ihre rechtlich relevante Abweichung vom „Normalfall". Demgemäß soll die Befristung (nur) die Möglichkeit eröffnen, in periodischen Abständen das Vorliegen der Genehmigungsvoraussetzungen zu überprüfen (siehe auch oben Kap. VII. 6). Die Befristung ist vor allem ein Mittel, um den Erfordernissen des Grundsatzes der Verhältnismäßigkeit Rechnung zu tragen, wenn die künftige Entwicklung der maßgeblichen Sach- und Rechtslage im Zeitpunkt des Erlasses noch nicht hinreichend überschaubar ist[328]. Ausnahmegenehmigungen nach

---

324 *Tiedemann* in: *Bader/Ronellenfitsch*, Verwaltungsverfahrensgesetz, 1. Auflage 2010, § 36 RN 56.

325 *Kopp/Ramsauer*, VwVfG, 12. Auflage 2011,§ 36 RN 28. – Siehe auch VG Augsburg, Urt. v. 16.04.2013 – Au 3 K. 12.839 – juris: „Die Voraussetzungen, unter denen ein (späterer) Widerruf erfolgen hätte können, mussten im streitgegenständlichen Erlaubnisbescheid noch nicht präzisiert werden.

326 *Tiedemann* in: *Bader/Ronellenfitsch*, Verwaltungsverfahrensgesetz, 1. Auflage 2010, § 36 RN 56

327 BVerwG, Urt. v. 22.12.1993 – 11C 45/92 – VRS 87 235.

328 BVerwG, Urt. v. 10.07.1980, BVerwGE 60, 276; BVerwG, Urt. v. 25.01.1990 – 2 C 50/88 – DVBl 1990, 646; *Kopp/Ramsauer*, VwVfG, 12. Auflage 2011, § 36 VwVfG RN 17.

§ 70 StVZO sind auf max. 6 Jahre, Erlaubnisse und Ausnahmegenehmigungen nach der StVO auf 3 Jahre befristet[329]. Der unterschiedliche Zeitraum soll der Tatsache Rechnung tragen, dass sich Straßenverhältnisse schneller ändern können als technische Bestimmungen. Haben sich während des Gültigkeitszeitraums einer Erlaubnis/Genehmigung die Genehmigungsvoraussetzungen nicht geändert, werden die Gestattungen i. d. R. unproblematisch wieder erneuert. Dies gilt vor allem für flächendeckende Dauerausnahmegenehmigungen/-erlaubnisse[330].

e) Die Auflage

Weitaus die meisten Nebenbestimmungen in den Erlaubnissen und Genehmigungen für Großraum- und Schwertransporte sind Auflagen. Soll der Begünstigte, wenn einer Nebenbestimmung nicht genügt wird, die Gewährung verlieren, handelt es sich um eine Bedingung, will sich die Behörde dagegen einen Titel verschaffen, liegt eine Auflage vor[331]. Ist bei einer in einem Verwaltungsakt getroffenen Regelung unklar, ob eine Bedingung oder nur eine – für den Betroffenen i. d. R. weniger belastende – Auflage vorliegt, kommt es darauf an, ob der Empfänger nach Sinn und Zweck der Regelung und den Gesamtumständen davon ausgehen musste, dass die Erfüllung der Nebenbestimmungen für den Bestand der Hauptregelung ausschlaggebend sein sollte[332]. Im Zweifel ist eine Auflage anzunehmen, da diese für den Betroffenen weniger belastend ist[333].

Als Auflagen anzusehen sind beispielsweise die Bestimmungen

- dass das Fahrzeug nach den „Richtlinien für die Kenntlichmachung überbreiter und überlanger Straßenfahrzeuge sowie bestimmter herausragender Ladungen“ zu kennzeichnen ist.
- dass die Ausnahmegenehmigung im Original oder in beglaubigter Form während der Fahrt mitzuführen und zuständigen Personen auf Verlangen auszuhändigen ist[334].

---

329 RN 135 VwV zu § 29 StVO und RN 85 VwV zu § 46 StVO.

330 Siehe oben Kap. VI. 3

331 *Weyreuther*, Über „Baubedingungen“, DVBl 1969, 232/234.

332 *Kopp/Ramsauer*, VwVfG, 12. Auflage 2011,§ 36 RN 34.

333 *Kopp/Ramsauer*, VwVfG, 12. Auflage 2011, § 36 VwVfG RN 34; a. A. *Weyreuther*, Über „Baubedingungen“, DVBl 1969, 232/237.

334 § 70 Abs. 3a StVZO

In die Dauererlaubnis (-genehmigung) ist auch die „Auflage“ aufzunehmen, dass der Antragsteller vor der Durchführung des Verkehrs in eigener Verantwortung zu überprüfen hat, ob der beabsichtigte Fahrtweg für den Verkehr geeignet ist (RN 138 VwV zu § 29, RN 90 VwV zu § 46 StVO). (Gerade) bei einer Dauererlaubnis (-genehmigung) kann die Behörde keine Garantie dafür übernehmen, dass sich Zustand und Charakteristika der genehmigten Strecke(n) später nicht ändern. Es können kurzfristige (z. B. Baustellen) oder langfristige (dauerhafte Querschnittsverengungen der Fahrbahn, Sperrungen von Brücken ab einer bestimmten Tonnage) Hindernisse auftreten, die die Durchführung eines Transports (temporär) unmöglich machen oder eine Streckenänderung erforderlich werden lassen. Ein (Teil-) Widerruf aller durch solche Vorkommnisse betroffenen Dauergenehmigungen wäre schon aus verwaltungspraktischen Gründen kaum möglich. Allerdings dürfte es sich bei dieser Bestimmung weniger um eine Auflage als vielmehr um einen Hinweis auf eine Obliegenheit handeln. Es soll kein selbständig erzwingbares Gebot oder Verbot[335] geschaffen werden. Die Erlaubnisbehörden übernehmen vielmehr keine „Garantie“ dafür, dass eine einmal festgesetzte Strecke für den Bedarf des Unternehmers auch geeignet ist: das Erlaubnisverfahren nach § 29 Abs. 3 StVO und das Genehmigungsverfahren nach § 46 Abs. 1 Satz 1 Nr. 5 StVO bestehen rein im öffentlichen Interesse. Aus einer Erlaubnis oder einer Genehmigung kann der Unternehmer keine Ansprüche darauf ableiten, dass die Strecken für seine Zwecke auch geeignet sind[336].

5. Mitführungs- und Aushändigungspflicht; Anforderungen an die mitzuführenden Unterlagen

Die von den Bau- und Betriebsvorschriften nach § 70 StVZO genehmigte Ausnahme ist vom Fahrzeugführer durch eine Urkunde[337] nachzuweisen, die während der Fahrt mitzuführen und zuständigen Personen auf Verlangen zur Prüfung

335 BVerwG, Urt. v. 15.12.1981 – 1 C 145/80 – NVwZ 1982, 191.

336 OLG München, Urt. v. 29.06.1995 – 1 U 6856/94 – juris.

337 In der Fassung der Vorschrift vor der Änderung durch die „Verordnung zur Neuordnung des Rechts der Zulassung von Fahrzeugen zum Straßenverkehr und zur Änderung straßenverkehrsrechtlicher Vorschriften“ vom 25.04.2006 (VkBl. 2006, 535) wurde in einem Klammerzusatz hinter dem Wort „Urkunde“ als Beispiel noch der „Fahrzeugschein“ aufgeführt.

auszuhändigen ist (§ 70 Abs. 3a StVZO). Für die Erlaubnis nach § 29 Abs. 3 StVO und die Ausnahmegenehmigung nach § 46 Abs. 1 Satz 1 Nr. 5 StVO trifft § 46 Abs. 3 Satz 3 StVO eine vergleichbare Regelung: „Die Bescheide sind mitzuführen und auf Verlangen zuständigen Personen auszuhändigen." Mit dem Begriff „Bescheide" sind die „Originalbescheide" gemeint[338]. Nach § 46 Abs. 3 Satz 4 StVO genügt bei Erlaubnissen nach § 29 Abs. 3 StVO allerdings auch das „Mitführen fernkopierter[339] Bescheide", also eines von der Erlaubnisbehörde (direkt) abgesandten Telefax. Bei der „Urkunde" nach § 70 Abs. 3a StVZO könnte es sich dem Wortlaut nach ebenfalls (nur) um den Originalbescheid handeln[340]; ein Telefax wäre von dieser Vorschrift dann nicht erfasst. Auch die Genehmigungsbescheide nach § 70 StVZO selbst enthalten i. d. R. die Auflage, den „Bescheid im Original oder in beglaubigter Kopie" mitzuführen.

§ 46 Abs. 3 Satz 4 StVO ist ein Zugeständnis an die Praxis: Schwertransporte sind in aller Regel termingebunden, das Erlaubnisverfahren ist aber oft kompliziert und langwierig. Das komplette Anhörverfahren[341] wird deshalb i. d. R. per Telefax bzw. inzwischen im Wege der elektronischen Datenverarbeitung (VEMAGS) abgewickelt. Ein Zeitgewinn von einigen Tagen aufgrund der Umgehung des normalen Postlaufs kann für die Durchführung eines Großraum- oder Schwertransportes von existenzieller Bedeutung sein.

Die Erteilung einer Erlaubnis nach § 29 Abs. 3 StVO ist aber nicht möglich, ohne dass bereits eine Ausnahmegenehmigung nach § 70 StVZO vorliegt. Eine (6 Jahre gültige) Dauerausnahmegenehmigung kann zwar als Grundlage für das Erlaubnisverfahren dienen. Anders ist es jedoch, wenn auch die „70er" für jede Einzelfahrt beantragt werden muss[342]. Gerade in diesen Fällen stellt sich die Frage,

---

338 *Hentschel/König/Dauer*, Straßenverkehrsrecht, 41. Auflage 2011, § 46 StVO RN 27.

339 Zur „Fernkopie" als „Telefax" siehe OLG Köln, Urt. v. 09.01.1991 – 2 U 99/90 – NJW 1992, 1774.

340 Siehe *Zoller,* Die Mikro-, Foto- und Telekopie im Zivilprozess, NJW 1993, 429: „Die Auffassungen zur Urkundenqualität der Kopie sind in Ergebnis und Begründung uneinheitlich. In der zivilistischen Literatur wird sie bisweilen verneint, etwa mit dem Hinweis auf das Erfordernis der Beglaubigung…In der Rechtsprechung zur Urkundeneigenschaft der Foto- und Telekopie wird diese Frage verschiedenen Normtatbeständen zugeordnet. Das Ergebnis ist nicht minder umstritten.". Das OLG Köln, Urt. v. 09.01.1991 – 2 U 99/90 – NJW 1992, 1774 lässt als Urkunde i. S. d. § 415, § 592 Satz 1 ZPO auch ein Telefax genügen.

341 RN 95 ff. VwV zu § 29 StVO.

342 Das ist dann der Fall, wenn sich ein Fahrzeug oder eine Fahrzeugkombination mit seinen Maßen und Gewichten außerhalb der bundesweit abgestimmten „Richtlinien zu § 70 StVZO" bewegt.

ob hier nicht auch die Vorlage einer Faxkopie bei der Erlaubnisbehörde oder auch bei Verkehrskontrollen zulässig ist.

Eine rechtliche Möglichkeit bietet hier eine Analogie[343] zu § 46 Abs. 3 Satz 4 StVO. Voraussetzung für die Zulässigkeit einer Analogie ist zuerst einmal das Vorliegen einer planwidrigen Regelungslücke. Nach der ausdrücklichen Regelung des Gesetzgebers scheint als Nachweis für das Vorliegen einer Erlaubnis nach § 29 Abs. 3 StVO ein Fax zulässig, bei den Ausnahmegenehmigungen nach § 46 StVO und § 70 StVZO dagegen nicht. Die Erlaubnis nach § 29 Abs. 3 StVO erfasst jedoch genau den Fall der Großraum- und Schwertransporte- Ausnahmen nach § 46 StVO dagegen können von vielen Vorschriften zugelassen werden. Die Palette reicht hier vom Schwerbehindertenparkausweis über die Ausnahme von der Gurtpflicht oder vom Verbot, eine Autobahn zu betreten bis eben hin zur Ladungsgenehmigung. Der Verordnungsgeber hatte hier also keinesfalls nur den letzten Fall im Auge. Ähnliches gilt für die Ausnahmegenehmigung nach § 70 StVZO: von der Blaulichtberechtigung für Notärzte (§ 52 Abs. 3 StVZO) über das Hubgerüst von Staplern (§ 35b StVZO – Sichtfeldeinschränkung) bis hin zu hinten angeschlagenen Fahrertüren bei einigen selbstfahrenden Arbeitsmaschinen deckt § 70 StVZO den ganzen Katalog von Bau- und Betriebsvorschriften der StVZO ab[344]. Die von diesen Bau- und Betriebsvorschriften erteilten Ausnahmen lassen sich auch von den (hierfür zuständigen) Zulassungsbehörden[345] – i. d. R. gleich bei der Zulassung des Fahrzeugs – in den Fahrzeugschein (auf Dauer) eintragen. Während er mit dem § 29 Abs. 3 StVO eine spezifisch „schwertransportbezogene

---

343 Eine Analogie ist die Übertragung einer gesetzlich angeordneten Rechtsfolge für einen geregelten Tatbestand auf einen ungeregelten, aber vergleichbaren Sachverhalt. Damit eine Analogie möglich ist, muss eine planwidrige Regelungslücke vorliegen. Eine Regelungslücke liegt vor, wenn für einen gesetzlichen Tatbestand keine Rechtsfolge getroffen wurde. Planwidrig ist diese Regelungslücke, wenn der Gesetzgeber eines Komplexes übersehen hat, eine entsprechende Regelung zu treffen. Allerdings muss feststehen, dass der Gesetzgeber – hätte er an den ungeregelten Fall gedacht- tatsächlich eine Regelung getroffen hätte. Das kann beispielsweise dann angenommen werden, wenn sich der Gesetzgeber ohne Regelung in Widerspruch zu seinem „Gesamtplan“ gesetzt hätte. Eine Interessenlage ist vergleichbar, wenn es sich um einen ähnlichen Lebenssachverhalt handelt und die Rechtsfolge des geregelten Tatbestandes auch für den ungeregelten „passt“. (Siehe zur Analogie *Larenz/Canaris*, Methodenlehre der Rechtswissenschaft, 2. Auflage 1995, 202.)

344 Vor Erlass der FZV war § 70 StVZO auch Grundlage für Ausnahmen von der Zulassungspflicht (§ 18 StVZO).

345 Für Ausnahmen von Maßen und Gewichten (§§ 32, 34 StVZO) sind dagegen die höheren Verwaltungsbehörden zuständig (§ 70 Abs. 1 Nr. 1 StVZO; § 68 Abs. 1 StVO).

Regelung“ treffen wollte, hatte der Verordnungsgeber bei § 46 StVO und § 70 StVZO (auch) „Anderes“ im Sinn.

Auch die Vergleichbarkeit der Sachverhalte ist gegeben. Bezogen auf die Erlaubnis und die Ladungsgenehmigung ergibt sich das äußerlich schon daraus, dass die RGST[346] dasselbe Formblatt für beide Formen der Gestattung vorsieht. Auch der „Zeitdruck“ ist bei der Ladungsgenehmigung und (wenigstens) der Einzelgenehmigung nach § 70 StVZO meist derselbe wie bei der Erlaubnis. Andererseits wären die Folgen eines Missbrauchs bei einer Ausnahmegenehmigung nach § 70 StVZO oder § 46 StVO nicht schwerwiegender als im Falle einer Erlaubnis nach § 29 Abs. 3 StVO. Denn das Vorliegen einer Erlaubnis nach § 29 Abs. 3 StVO ist i. d. R. Voraussetzung für die Gültigkeit der „70er“[347]. Es ist also durchaus sachgerecht, in der Praxis ein Telefax der Genehmigungsbehörde als Nachweis anzuerkennen. Die entsprechende Auflage im Genehmigungsbescheid nach § 70 StVZO, die nur auf das Original oder eine beglaubigte Kopie abstellt, sollte in jedem Fall ergänzt werden.

6. Der konkrete Fall

Im konkreten Fall wurde eine bis zum 31.07.2016 befristete Dauer-Ausnahmegenehmigung nach § 70 StVZO erteilt. Diese Genehmigung gilt aber nur bis zu einer Fahrzeuglänge von 31,99 m und zu einem Gesamtgewicht von 97,49 t. Überschreitet das Fahrzeug bei einem konkreten Transport diese Werte, liegt es damit außerhalb der Richtlinie zu § 70 StVZO und es wird für jede Fahrt eine Einzelgenehmigung notwendig. Das Vorliegen einer Erlaubnis nach § 29 Abs. 3 StVO ist Voraussetzung für die Gültigkeit der Ausnahmegenehmigung nach § 70 StVZO (Abschnitt A Nr. 3 des Bescheides). Soweit die Maße und Gewichte des Fahrzeugs innerhalb von Anhörfreigrenzen[348] liegen, wurde die (Dauer-) Erlaubnis[349] nach § 29 Abs. 3 StVO zusammen mit der Ausnahmegenehmigung nach § 70 StVZO erteilt (Abschnitt F der Genehmigung). Damit sind vor allem Leerfahrten des Fahrzeugs ohne vorhergehende Antragstellung

346 Die Richtlinien für Großraum- und Schwertransporte (RGST 1992) sind bundesweit Grundlage für das Erlaubnisverfahren nach § 29 Abs. 3 und das Genehmigungsverfahren nach § 46 Abs. 1 Satz 1 Nr. 5 StVO- siehe oben Kap. VIII.10.

347 Siehe hierzu OLG Celle, Beschl. v. 11.01.2011 – 322 SsRs 390/10 – NZV 2011, 311.

348 Siehe hierzu oben Kap. VIII.8.

349 Siehe oben Kap. VI.3.

möglich. Für eine Lastfahrt mit einer Länge von 34,0 m und einem Gewicht von 90,0 t wurde für die Zeit von 30.05.2011 bis 29.08.2011 eine Einzelfahrterlaubnis erteilt[350].

Ausnahmegenehmigung:

A.

1. Geltungsbereich:	**Bundesrepublik Deutschland**
2. Geltungsdauer:	**31.07.2016. Ab einer Fahrzeuglänge von 32 m und/oder einem Gesamtgewicht von 97,50 t: Diese Genehmigung gilt nur zusammen mit einer weiteren Genehmigung, die Strecke und Zeitraum des jeweiligen Transportes festlegt.**

3. Die Ausnahmegenehmigung ist nur wirksam, wenn eine gültige Erlaubnis nach § 29 Abs. 3 StVO mitgeführt wird, die bei der unteren Straßenverkehrsbehörde (Landratsamt, Kreisfreie Stadt, Große Kreisstadt) zu beantragen ist.

   Soweit die Erlaubnis bereits mit in dieser Ausnahmegenehmigung eingeschlossen ist, erlangt sie erst dann Wirksamkeit, wenn die unter Abschnitt –F- eingefügte Haftungserklärung/-freistellung vom Genehmigungsinhaber unterschrieben wird.

4. Diese Ausnahmegenehmigung ist stets widerruflich und nur mit Zustimmung der für den neuen Halter zuständigen Genehmigungsbehörde übertragbar und wird mit dem Vorbehalt der nachträglichen Aufnahme, Änderung oder Ergänzung von Bedingungen oder Auflagen erteilt.

B.

Fahrzeugbeschreibung:

……

350 Siehe oben Kap. VIII.11.

C.
Abweichungen

Für die Sattelzugmaschine gilt:
§ 34 Abs. 4 Nr. 2 Buchst. d) StVZO
Die Doppelachslast beträgt bei einem Achsabstand von 1,3 m bis weniger als 1,8 m 20,00 t (statt 19,00 t).

§ 34 Abs. 5 Nr. 2 Buchst. b) StVZO
Das zulässige Gesamtgewicht des Kraftfahrzeugs beträgt 27,50 t (statt 26,00 t).

§ 52 Abs. 4 StVZO
Das Zugfahrzeug ist mit gelbem Rundumlicht dauerhaft ausgestattet.

Für den Sattelanhänger/Anhänger gilt:
§ 34 Abs. 4 Nr. 3c) StVZO
Die Doppelachslast beträgt bei Achsabständen von mehr als 1,3 m bis zu 1,8 m 20,00 t (statt 18,00 t).

§ 34 Abs. 5 Nr. 2c) StVZO
Das zulässige Gesamtgewicht beträgt 30 t bzw. 50 t (statt 24,0 t).
………

Für das Sattelkraftfahrzeug mit Nachläufer gilt:
§ 32 Abs. 4 Nr. 1 StVZO
Die Länge beträgt bis zu 65,0 m (statt 15,50m).
…….

§ 34 Abs. 6 Nr. 5 StVZO
Das zulässige Gesamtgewicht der Fahrzeugkombination (mehr als 4 Achsen) beträgt bis zu 107,5 t (statt 40,00 t).

D.
Bedingungen

Das Fahrzeug/der Zug darf nur für die Beförderung folgender Ladungen verwendet werden:

…..

E.
Auflagen

1. Das Fahrzeug ist nach den Richtlinien für die Kenntlichmachung überbreiter und überlanger Straßenfahrzeuge sowie bestimmter herausragender Ladungen vom 19.12.1973 (VkBl. 1974 S. 2, 1976 S. 477, 1983 S. 23) in Verbindung mit § 51 a StVZO und nach der ECE-Richtlinie Nr. 70 zu kennzeichnen.
2. Für den Anhänger sind mindestens 2 Warndreiecke, 4 Unterlegkeile und 2 tragbare Warnleuchten nach § 53a (1) StVZO mitzuführen.

....

11. Der Genehmigungsinhaber muss über die gesetzlich vorgeschriebene Kraftfahrzeughaftpflichtversicherung hinaus für Schäden aus Verschulden einen Deckungsschutz in Höhe von mindestens 25,56 Mio. Euro – bei Personenschäden aber maximal 3,83 Mio. Euro je Person – abgeschlossen haben. Der nachgewiesene Deckungsschutz muss für die Dauer der Genehmigung aufrechterhalten werden.

...

F.
Erlaubnis/Ausnahmegenehmigung nach der Straßenverkehrsordnung:

Die nach **§ 29 Abs. 3 StVO und § 22 Abs. 1 StVO i. V. m. § 46 Abs. 1 Satz 1 Nr. 5 StVO** erforderliche Erlaubnis bzw. Ausnahmegenehmigung stets widerruflich bis zum

31.12.2012

bis zu folgenden Werten eingeschlossen:

- Breite von 3,00 m,
- Höhe von 4,00 m,
- Länge von 23 m,
- Gesamtgewicht von 41,8 t,
- Doppelachslast von 20,00 t,
- Dreifachachslast von 30,0 t,
- Vierfachachslast von 40,0 t.

Werden diese Werte überschritten, ist eine gesonderte Erlaubnis bei der unteren Verkehrsbehörde zu beantragen.

Es gelten folgende Bedingungen und Auflagen:

1. Vor Fahrtantritt ist zu prüfen,
   - ob der beabsichtigte Fahrweg für den Verkehr geeignet ist (Linienführung, Zustand und Breite der Straße und Brücken, Bahnübergänge einschl. Oberleitungen, Verkehrsbeschränkungen, Sperrungen und Umleitungen),
   - ob die in der Genehmigung festgelegten Maße und Gewichte, insbes. die Höhe eingehalten werden.
2. Diese Erlaubnis befreit nicht von der Beachtung der durch Verkehrszeichen vorgeschriebenen Verkehrsbeschränkungen.
3. Um sicherzustellen, dass die Auflagen eingehalten werden können, muss während des gesamten Transportes eine sachkundige Person anwesend sein, die Deutsch spricht.
4. Bei erheblicher Sichtbehinderung z. B. durch Nebel, Schnee oder Regen, bei Glatteis ist die Fahrt zu unterbrechen und das Fahrzeug möglichst außerhalb der Fahrbahn abzustellen und in geeigneter Weise zu sichern.
5. Die Richtlinien für die Kenntlichmachung überbreiter und überlanger Straßenfahrzeuge sowie bestimmter herausragender Ladungen vom 19.12.1973 (VkBl 1974 S. 2, 1976 S. 477, 1983 S. 23), zuletzt geändert am 04.01.83 (VkBl. 1983 S. 23) und die Vorschriften zur Ladungssicherung sind zu beachten.

I. Antrag:

Die oben genannte Firma beantragt gem. §§ 44, 46 und 47 StVO eine

☒ **Erlaubnis** gem. § 29 Abs. 3 StVO zur Durchführung von Großraum- und/oder Schwertransporten; die erforderliche/n Ausnahmegenehmigung/en gem. § 70 StVZO lag/en der Erlaubnisbehörde vor.

■ **Einzel-** ■ **Dauer-**

■ **Ausnahmegenehmigung** gem. §§ 46 Abs. 1 Nr. 5 und 46 Abs. 1 Nr. 2 StVO zur Beförderung von Ladungen mit Überbreite, Überhöhe und/oder Überlänge und zur Benutzung von Autobahnen oder Kraftfahrstraßen

1.

für die Zeit vom	bis einschließlich	Fahrten (Anzahl)	Konvoi	Zahl der Fahrzeuge
30.05.2011	29.08.2011		■ ja ■ nein	

von (Abgangsort und genaue Anschrift der Ladestelle): A-Stadt

nach (Empfangsort und genaue Anschrift der Empfangsstelle): B-Stadt

2.

Kraftfahrzeug- SZM / Dolly Anhänger-Art Nachläufer	Ladung Betonfertigteile, Stahlteile

Kennzeichen	Kraftfahrzeug				Anhänger	
Gesamt-	länge	breite	höhe	Transporthöhe absenkbar auf	Gewicht (tatsächlich) 90,00 t	
Leerfahrt	22,18	2,75	3,72		Zugfahrzeug 10,5t	Anhänger 20,5t
Lastfahrt	34,00	2,75	4,00			

3.

....

Fahrtweg/ Geltungsbereich

A-Stadt – B... – AS...- A... – AS... St.. Richtung... nach ca. 500 m.. B-Stadt Ziel

- **Erlaubnis/Ausnahmegenehmigung: Die beantragte Erlaubnis/Ausnahmegenehmigung wird stets widerruflich dem Antragsteller, der von ihm vertretenen Person bzw. dem Unternehmen wie folgt erteilt:**

Nur von der Behörde auszufüllen		
1. Die aufgeführten Bedingungen und Auflagen sowie Hinweise und die beiliegende Rechtsbehelfsbelehrung sind Bestandteile dieses Bescheides. Anlage: Bescheid umfasst Seiten. 2. Fahrtweg: ☐ wie beantragt genehmigt ☐ geändert (siehe besondere Anlage) 3. Geltungsdauer: ☐ wie beantragt ☐ von bis einschließlich		
4. Der Antragsteller hat die Kosten des Verfahrens zu tragen. Die Kostenentscheidung beruht auf den §§ 1, 2 und 4 der Gebührenordnung für Maßnahmen im Straßenverkehr (GebOSt) i.V. mit Nr. 263 und Nr. 264 des Gebührentarifs.		
Gebühren	Auslagen	Gesamtbetrag
Behörde	Datum, Unterschrift	Dienstsiegel

7. Die Kostenentscheidung

Für die Ausnahmegenehmigung und die Erlaubnis werden Kosten (Gebühren und Auslagen) auf der Grundlage des § 6a Abs. 1 StVG, des Verwaltungskostengesetzes – VwKostG und der Gebührenordnung für Maßnahmen im Straßenverkehr – GebOSt erhoben.

Die Gebühr für die Ausnahmegenehmigung nach § 70 StVZO beträgt nach Gebühren-Nummer 255 des Gebührentarifs für Maßnahmen im Straßenverkehr (Anlage zu § 1 GebOST) zwischen 10,20 € und 511,00 € je Ausnahmetatbestand und je Fahrzeug/Person. Für die Erlaubnis nach § 29 Abs. 3 StVO und eine Ausnahme nach § 46 StVO sehen die Gebühren-Nummern 263 und 264 eine Rahmengebühr von 10,20 bis 767,00 € vor.

XV. Widerruf und Rücknahme

Eine Ausnahmegenehmigung oder eine Erlaubnis kann zurückgenommen (§ 48 VwVfG) oder widerrufen (§ 49 VwVfG) werden. Die Möglichkeit des Widerrufs besteht über den Wortlaut des § 49 VwVfG hinaus auch bei rechtswidrigen Verwaltungsakten[351], sofern (auch) die Widerrufsvoraussetzungen gegeben sind[352]. Da die Gestattungen unter Widerrufsvorbehalt ergehen, kommt jedenfalls immer eine Aufhebung nach § 49 Abs. 2 Satz 1 Nr. 1 VwVfG in Betracht. Darüber hinaus ist ein Widerruf möglich, wenn der Genehmigungsinhaber Auflagen nicht erfüllt hat (§ 49 Abs. 2 Satz 1 Nr. 2 VwVfG); das gilt analog bei einem Verstoß gegen Bedingungen[353]. Widerruf und Rücknahme sind selbständige Verwaltungsakte[354]. Sie können auch nach § 80 Abs. 2 Satz 1 Nr. 4 VwGO für sofort vollziehbar erklärt werden.

Für die Ausübung des Widerrufs gelten die gleichen Grundsätze wie für die Erteilung der Erlaubnis[355]. Der Widerruf kann erfolgen, wenn besondere Gründe des öffentlichen Interesses, insbesondere die dem jeweiligen Gesetz zugrunde liegenden Interessen, diesen Widerruf erfordern[356]. Beim Widerruf als Ermessensentscheidung ist vor allem der Grundsatz der Verhältnismäßigkeit zu beachten. Beim Widerruf wegen Verstoßes gegen Auflagen kann es eine Rolle spielen, ob den Betroffenen ein Verschulden am Verstoß trifft[357].

Nach RN 141 zu § 29, RN 91 zu § 46 StVO ist eine Dauererlaubnis/Dauerausnahmegenehmigung zu widerrufen, wenn der Verkehrsablauf unzumutbar beeinträchtigt wird oder sonstige erhebliche Belästigungen oder Gefährdungen der Verkehrsteilnehmer eingetreten sind. Die Dauererlaubnis/Dauerausnahmegenehmigung kann widerrufen werden, wenn der Erlaubnisinhaber eine Auflage nicht erfüllt.

351 VG Augsburg, Urt. v. 08.12.2009 – Au 3 K 09.672 – juris.
352 *Kopp/Ramsauer*, VwVfG, 12. Auflage 2011, § 49 RN 12.
353 *Kopp/Ramsauer*, VwVfG, 12. Auflage 2011, § 49 RN 38.
354 *Kopp/Ramsauer*, VwVfG, 12. Auflage 2011, § 48 RN 172.
355 *Stalhut* in: *Kodal*, Straßenrecht, 7. Auflage 2010, Kap. 27 RN 22.
356 VG Augsburg, Urt. v. 08.12.2009 – Au 3 K 09.672 – juris.
357 *Sauthoff*, Öffentliche Straßen, 2. Auflage 2010, RN.

XVI. Rechtsschutz[358]

1. Bedeutung in der Praxis

Fragen des Rechtsschutzes sind bei der Planung und Durchführung von Großraum- und Schwertransporten eher von untergeordneter Bedeutung: in der Praxis kommen kaum Fälle vor, in denen ein Unternehmer klagt, wenn er eine beantragte Genehmigung/Erlaubnis nicht erhält oder wenn die Gestattung mit „unliebsamen" Nebenbestimmungen versehen ist.

2. Klage auf Erteilung der Erlaubnis/ Ausnahmegenehmigung

Erlaubnis und Genehmigungen sind Verwaltungsakte. Wird dem Unternehmer eine Genehmigung versagt oder eine Erlaubnis nicht erteilt, kann er sich dagegen mit der Verpflichtungsklage[359] (§ 113 Abs. 4 VwGO) wehren[360].

Einen Anspruch auf Erlass der beantragten Erlaubnis oder Genehmigung hat der Antragsteller aber nicht: die Zuerkennung eines Anspruchs käme der Anerkennung originärer Teilhaberechte (Leistungsrechte) gleich[361]. Denn vom Prinzip her

---

358 Nicht näher behandelt werden hier die formlosen Rechtsbehelfe, die ihre Grundlage im Petitionsrecht (Art. 17 GG) haben: a) die Gegenvorstellung: der Antragsteller wendet sich unmittelbar an die Genehmigungs-/Erlaubnisbehörde und bringt seine Argumente/Gegenargumente vor; b) die Aufsichtsbeschwerde: der Antragsteller wendet sich an die in Hierarchie übergeordnete Behörde (Aufsichtsbehörde); c) die Dienstaufsichtsbeschwerde: diese liegt vor, wenn sich der Antragsteller ausschließlich gegen das persönliche Verhalten eines Behördenangehörigen wendet, ohne gegen die Sachentscheidung selbst vorzugehen.

359 Ggf. mit vorgeschaltetem Widerspruchsverfahren (§§ 68 ff. VwGO).

360 *Sauthoff*, Öffentliche Straßen, 2. Auflage 2010, RN 427.

361 Originäre Teilhaberechte gewähren nicht nur formelle Freiheitsräume, sondern fordern vom Staat die Mittel ein, die der Bürger zur Ausübung seiner Grundrechte braucht (*Manssen*, Staatsrecht II – Grundrechte, 3. Auflage 2004, RN 56). Es geht also um Ansprüche auf neue staatliche Leistungen (*Ronellenfitsch*, Die Verkehrsmobilität

wäre ein strikter Anspruch auf die straßenverkehrsrechtliche Erlaubnis[362] mit dem Recht auf Schaffung eines (für jeden Schwertransport) geeigneten Straßennetzes, also dem Ausbau vorhandener staatlicher Infrastruktur über das „Verkehrsübliche" hinaus[363], gleichzusetzen.

Allerdings besteht ein Anspruch auf fehlerfreie Ausübung des Ermessens (§ 40 VwVfG, § 114 VwGO)[364]. Die Versagung der Erlaubnis/Ausnahmegenehmigung ist dabei nicht schon rechtmäßig, wenn sie von sachlichen Gesichtspunkten getragen ist[365]. Es müssen vielmehr straßenspezifische Gesichtspunkte den Grund für die Versagung bilden, wie z. B. der Schutz der Straßensubstanz, sonstige Gesichtspunkte der Straßenbaulast oder verkehrliche Gesichtspunkte[366].

Eine Ermessensreduzierung auf Null – mit der Folge, dass aus der Ermessensentscheidung eine gebundene Entscheidung wird[367]- kann sich aus einer Tatbestandsintensivierung (Tatbestandsmerkmale werden in besonders herausgehobener Form erfüllt) oder als Folge der Geltung von Grundrechten oder sonstigen Verfassungsgrundsätzen ergeben[368].

Eine „Tatbestandsintensivierung" (i. w. S.[369]) kann sich bei der Zulassung von GST vor allem daraus ergeben, dass der Verordnungsgeber bestimmte Maße und Gewichte (bei anderen Fahrzeuggruppen) schon selber zugelassen hat: etwa eine Fahrzeugbreite von 3 m bei land-oder fortwirtschaftlichen Fahrzeugen (§ 32 Abs. 1 Satz 1 Nr. 2 StVZO) und eine Fahrzeuglänge (bei Zügen) von 18,00 m (§ 32 Abs. 4 Nr. 3 StVZO) bzw. 18,75 m (§ 32 Abs. 4 Nr. 4 StVZO)[370].

Die Ermessensausübung kann grundsätzlich durch (verwaltungsinterne) Richtlinien oder Anordnungen für eine gleichmäßige Handhabung allgemein geregelt

---

als Grund- und Menschenrecht, JÖR 44 (1996), 167/175). Solche Teilhaberechte werden überwiegend abgelehnt, da die Schaffung oder Erweiterung staatlicher Infrastruktur in die Haushaltshoheit des Gesetzgebers fällt (BVerfG, Urt. v. 18.07.1972 – 1 BvL 32/70, 1 BvL 25/71 – BVerfGE 33, 303).

362 Das Gleiche gilt für die ersetzte Sondernutzungserlaubnis.

363 Siehe zu den „Straßenbaustandards als begrenzender Faktor für die Fahrzeugdimensionen" oben Kap. III.2.

364 *Wiget* in: *Zeitler*, Bayer. Straßen- und Wegegesetz, Stand Sept. 2011, Art. 18 BayStrWG RN 26.

365 *Steiner*, Besonderes Verwaltungsrecht, 8. Auflage 2006, Kap. IV RN 127; BayVGH, Urt. v. 05.12.2011- 8 ZB 11.1748 – juris zur straßenrechtlichen Sondernutzungserlaubnis.

366 *Steiner*, Besonderes Verwaltungsrecht, 8. Auflage 2006, Kap. IV RN 127.

367 *Peine*, Allgemeines Verwaltungsrecht, 10. Auflage 2011, RN 225.

368 *Peine*, Allgemeines Verwaltungsrecht, 10. Auflage 2011, RN 225.

369 Zur „Tatbestandlosigkeit" des § 70 StVZO siehe oben Kap. VII. 1.

370 Dagegen 16,50 m bei Sattel-Kfz (§ 32 Abs. 4 Nr. 2 StVZO).

werden[371]. Das Ermessen bei der Zulassung von Großraum- und Schwertransporten wird in weitem Umfang durch die „Richtlinien zu § 70 StVZO", die VwV zu §§ 29, 46 StVO und die RGST determiniert. Entspricht ein Fahrzeug oder ein Transport den Richtlinien, reduziert sich nach Art. 3 GG das Ermessen zugunsten des Antragstellers.

3. Rechtsschutz gegen Nebenbestimmungen

Ist die Genehmigung oder die Erlaubnis mit einer Nebenbestimmung versehen worden, gelten für den Rechtsschutz die allgemeinen Regeln[372].

Da es sich bei der Erlaubnis/Genehmigung um einen begünstigenden Verwaltungsakt handelt, stellt sich für den Begünstigten, der sich gegen eine Nebenbestimmung wehren will die Frage, ob eine isolierte Anfechtung hier möglich ist[373]. Von Bedeutung ist dies insoweit, als bei einer isolierten Anfechtung einer Nebenbestimmung mit Anfechtungsklage grundsätzlich nur über die Zulässigkeit der konkreten Nebenbestimmung entschieden wird. Die (restliche) Genehmigung bleibt bestehen. Wird dagegen die jeweilige Nebenbestimmung als unverzichtbarer (integrierender) Teil der Gestattung angesehen, muss eine neue (zwar beantragte, aber nicht so erteilte) Genehmigung mit der Verpflichtungsklage „erstritten" werden.

In der verwaltungsrechtlichen Rechtsprechung und Literatur herrscht Streit darüber, welche Klageart gegen (einzelne) Nebenbestimmungen möglich bzw. zulässig ist[374].

Die „klassische" Position geht davon aus, dass nur die Auflage und der Auflagenvorbehalt isoliert mit Anfechtungswiderspruch und Anfechtungsklage angegriffen werden können. Damit bleibt die (begünstigende) Hauptregelung bestehen, während entschieden werden kann, ob die Auflage zu Recht ergangen ist. Bei allen anderen Nebenbestimmungen und bei Inhaltbestimmungen (einschließlich der modifizierenden Auflage) muss der Antragsteller – will er sich mit der nur eingeschränkten Vergünstigung nicht abfinden – Verpflichtungsklage auf Gewährung der

---

371 BayVGH, Beschl. v. 05.12.2011 – 8 ZB 11.1748 – juris; *Wiget* in: *Zeitler*, Bayer. Straßen- und Wegegesetz, Stand Sept. 2011, Art. 18 BayStrWG RN 26.

372 *Sauthoff*, Öffentliche Straßen, 2. Auflage 2010, RN 427.

373 *Tiedemann* in: *Bader/Ronellenfitsch*, Verwaltungsverfahrensgesetz, 1. Auflage 2010, § 36 RN 83.

374 Zusammenfassend siehe z. B. *Tiedemann* in: *Bader/Ronellenfitsch*, Verwaltungsverfahrensgesetz, 1. Auflage 2010, § 36 RN 83 ff. und *Kopp/Ramsauer*, VwVfG, 12. Auflage 2011,§ 36 RN 60 ff.

uneingeschränkten Regelung erheben. Im Gegensatz zur Anfechtung einer Auflage kann er dann von der (beantragten) Hauptregelung keinen Gebrauch mehr machen.

Eine neuere Auffassung geht davon aus, dass alle Nebenbestimmungen selbständig anfechtbar sind; ob allerdings eine Klage dann begründet ist, soll davon abhängen, ob der Rest-Verwaltungsakt sinnvoller – und rechtmäßigerweise ohne die angefochtenen Nebenbestimmungen bestehen bleiben kann. Für den Fall der Durchführung von Großraum- und Schwertransporten würde sich danach allerdings nichts anderes ergeben: das Vorliegen der als Bedingung in den Bescheid aufgenommenen Regelungen ist essentiell für die Gewährung der Genehmigung oder Erlaubnis überhaupt. Könnten sie nicht erfüllt werden, wäre überhaupt kein Ausnahmefall gegeben (unteilbare Ladung) oder die Sicherheitsrisiken für die übrigen Verkehrsteilnehmer könnten nicht entsprechend minimiert werden (z. B. Polizeibegleitung).

4. Einstweiliger Rechtsschutz

a) Einstweilige Anordnung nach § 123 VwGO

Die Durchführung von Großraum- und Schwertransporten ist i. d. R. termingebunden. Grundsätzlich ist es deshalb möglich, dass ein Antragsteller im Wege einer Regelungsanordnung nach § 123 Abs. 1 Satz 2 VwGO versucht, eine Ausnahmegenehmigung oder eine Erlaubnis zu erstreiten. Einstweilige Anordnungen sind zur Regelung eines vorläufigen Zustandes in Bezug auf ein streitiges Rechtsverhältnis zulässig, wenn diese Regelung – vor allem bei dauernden Rechtsverhältnissen- nötig erscheint, um wesentliche Nachteile abzuwenden. Allerdings darf eine einstweilige Anordnung, die die Entscheidung in der Hauptsache vorwegnehmen würde, nur ausnahmsweise getroffen werden. Voraussetzung ist, dass der Antragsteller eine Entscheidung in der Hauptsache nicht mehr rechtzeitig erwirken kann und dass sein Begehren schon aufgrund der im Verfahren des einstweiligen Rechtsschutzes anzustellenden summarischen Prüfung der Erfolgsaussichten bei Anlegung eines strengen Maßstabes erkennbar Erfolg haben wird[375]. Aber auch eine „vorläufige" Ausnahmegenehmigung oder Erlaubnis würde, selbst wenn sie nicht zeitlich unbeschränkt, sondern nur für die Dauer der Durchführung eines bestimmten Transportes gelten würde, die Hauptsache vorwegnehmen. Denn eine solche Regelung würde während der

---

375 BVerwG, Beschl. v. 13.08.1999 – 2 VR 1/99 – BVerwGE 109, 258.

Dauer ihres Bestandes die gleichen Wirkungen wie die im Verwaltungsverfahren begehrte haben[376]. Eine positive gerichtliche Entscheidung würde damit voraussetzen, dass der Sachverhalt hinreichend geklärt ist, also beispielsweise ein Anhörverfahren nicht erforderlich oder ein notwendiges Anhörverfahren durchgeführt worden ist und zum anderen, dass das Ermessen der Behörde auf Null reduziert wäre. Das wird aber nur in seltenen Ausnahmefällen gegeben sein.

Einen Anordnungsanspruch hat das OVG Nordrhein-Westfalen[377] in einem Fall bejaht, in dem eine Behörde angekündigt hatte, die von einem Genehmigungsservice[378] gestellten Anträge mangels Antragsbefugnis in Zukunft nicht mehr bearbeiten zu wollen.

Nach dem VG Aachen[379] kann die Zustimmung zur Durchführung eines erlaubnispflichtigen Schwerguttransportes durch eine Entscheidung des Gerichts ersetzt werden, wenn sich die strafrechtlich vorgebrachten Vorwürfe gegen den Geschäftsführer des Unternehmens noch im Aufklärungsstadium befinden und andererseits erhebliche wirtschaftliche Konsequenzen drohen.

b) Wiederherstellung der aufschiebenden Wirkung

Wurde ein Widerruf oder eine Rücknahme einer Genehmigung oder Erlaubnis für sofort vollziehbar erklärt, kommt auch ein Antrag des Betroffenen auf Wiederherstellung der aufschiebenden Wirkung nach § 80 Abs. 5 VwGO in Betracht.

376 VG Düsseldorf, Beschl. v. 04.07.2003 – 6 L 2394/03 – juris.
377 OVG Nordrhein-Westfalen, Beschl. v. 26.02.1992 – 13 B 149/92- VRS 83, 298.
378 Siehe hierzu oben Kap. VII. 10 und VIII.9.
379 VG Aachen, Beschl. v. 04.03.2003 – 2 L 231/03 – juris.

XVII. Rechtsfolgen bei Verstößen gegen (Neben-) Bestimmungen des Bescheides

Ähnlich wie die Frage, ob Rechtschutz gegen „missliebige“ Auflagen im Wege der Anfechtungs- oder Verpflichtungsklage zu gewähren ist, beantwortet sich die Frage nach den Rechtsfolgen bei der Nichteinhaltung der Nebenbestimmungen:

Führt der Unternehmer einen Transport durch, obwohl die Befristung einer Erlaubnis noch nicht angelaufen oder bereits abgelaufen ist bzw. deren aufschiebende Bedingung noch nicht oder deren auflösende Bedingung bereits eingetreten ist, so betreibt er erlaubnispflichtigen Verkehr ohne gültige Erlaubnis; Bedingung und Befristung sind nämlich integrierende Bestandteile der Hauptregelung, deren Wirksamkeit wiederum vom Erfüllen der Bedingung bzw. von der Einhaltung der Befristung abhängig ist[380].

Ebenso handelt rechtswidrig, wer eine modifizierende Auflage missachtet und insbesondere den Fahrtweg oder die Fahrtzeitbeschränkungen nicht einhält. Da die vorgeschriebenen Fahrtwege oder Sperrzeiten den Inhalt des VA konkretisieren und deshalb selbst Inhalt der Erlaubnis sind, betreibt der Unternehmer einen anderen als den in der Erlaubnis gestatteten Verkehr. Auch wenn eine Erlaubnis widerrufen worden ist, wird ungenehmigter Verkehr betrieben.

Sämtliche Verstöße dieser Art, sowohl das Missachten einer Befristung, einer Bedingung, einer modifizierenden Auflage als auch eines bereits erfolgten Widerrufs erfüllen den Tatbestand einer Ordnungswidrigkeit (§ 24 StVG; § 49 Abs. 2 Nr. 7 bzw. § 49 Abs. 4 Nr. 4 StVO; § 69 StVZO i. V. m. der jeweiligen Bau- und Betriebsvorschrift).

In den Ausnahmegenehmigungen nach § 70 StVZO wird das Vorhandensein einer 29er als **Bedingung** formuliert. Wird ein Transport dann **ohne Erlaubnis** (oder abweichend von deren Inhalt) durchgeführt, hat das zur Folge, dass auch die Ausnahmegenehmigung keine Gültigkeit erlangt – der Verantwortliche wird

380 *Tiedemann* in: *Bader/Ronellenfitsch*, Verwaltungsverfahrensgesetz, 1. Auflage 2010, § 36 RN 48.

behandelt, als ob ihm nie eine Ausnahmegenehmigung erteilt worden wäre. Das hat zur Konsequenz, dass er sich bei Kontrollen nicht auf die für ihn günstigeren Regelungen in der Ausnahmegenehmigung berufen kann, sondern dass die Bestimmungen der StVZO **ohne Einschränkung** gelten[381].

381 Vgl. auch *Ostheimer*, S. 72: „In den neueren Ausnahmegenehmigungen nach § 70 StVZO ist der Hinweis auf die erforderliche Erlaubnis als Bedingung eingestuft worden. Das bedeutet, fehlt die Erlaubnis, so gilt die Ausnahmegenehmigung als nicht erteilt. Der Verantwortliche kann sich dann nicht darauf berufen, dass er wenigstens eine gültige Ausnahmegenehmigung nach § 70 StVZO für diesen Transport hat."

XVIII. Die Begleitung/Absicherung von Großraum- und Schwertransporten

1. Notwendigkeit und Formen der Begleitung

Werden bestimmte Abmessungen bei einem Transport überschritten, schreibt die Genehmigungsbehörde die Absicherung des Transportes durch Begleitfahrzeuge vor. Die Begleitfahrzeuge haben die Aufgabe, entgegenkommende Verkehrsteilnehmer (vorausfahrendes Begleitfahrzeug) und/oder nachfolgende Verkehrsteilnehmer (rückwärtiges Begleitfahrzeug) zu warnen. Hierbei muss unterschieden werden, ob ein einfaches Begleitfahrzeug (BF-2), ausgestattet nur mit Gelben Rundumleuchten, oder ein Begleitfahrzeug (BF-3) mit Wechselverkehrszeichen (WVZ)-Anlage erforderlich ist. In besonderen Fällen kann auch Polizeibegleitung angeordnet werden. Art und Form der im Bescheid anzuordnenden Begleitung ergeben sich aus Anhang IV der RGST[382] (Auflagenkatalog für Großraum- und Schwerverkehr).

Für den Einsatz eines BF-2, BF-3 oder auch Polizeibegleitung gelten folgende Grenzen:

Straßentyp	**Breite des Transportes**	**keine Begleitung erforderlich**	**Begleitung mit BF-2**	**Begleitung mit BF-3**	**Polizei-begleitung**
außerhalb von BAB zur Absicherung nach vorne	≤ 3,00 m	X			
	> 3,00 m		X		
	> 3,50 m				X
auf BAB und BAB ähnlich ausgebauten Straßen ohne Standstreifen	≤ 3,75 m	X			
	> 3,75 m		X		

382 Siehe oben Kap. VIII.10 b.

Straßentyp	**Breite des Transportes**	**keine Begleitung erforderlich**	**Begleitung mit BF-2**	**Begleitung mit BF-3**	**Polizei-begleitung**
Absicherung nach hinten	> 4,00 m			X	
	> 4,50 m				X
auf BAB und BAB ähnlich ausgebauten Straßen mit Standstreifen Absicherung nach hinten	≤ 3,75 m	X			
	> 3,75 m		X		
	> 4,50 m			X	
	> 5,50 m				X

2. Private Begleitung ohne WVZ-Anlage

Die Absicherung kann in unproblematischeren Fällen durch ein handelsübliches Fahrzeug, das mit gelbem Rundumlicht ausgerüstet ist, erfolgen. Mit einer oder, wenn die horizontale und vertikale Sichtbarkeit (geometrische Sichtbarkeit) es erfordert, mehreren Kennleuchten für gelbes Blinklicht (Rundumlicht) dürfen neben dem Schwertransportfahrzeug selbst (§ 52 Abs. 4 Nr. 3 StVZO) auch Fahrzeuge ausgerüstet sein, die von der Erlaubnisbehörde als Begleitfahrzeuge zugelassen wurden (§ 52 Abs. 4 Nr. 4 StVZO). Das gelbe Blinklicht warnt vor Gefahren (§ 38 Abs. 1 Satz 1 StVO). Die Verwendung vom Fahrzeug aus ist zulässig, um vor Fahrzeugen mit ungewöhnlicher Breite oder Länge oder mit ungewöhnlich breiter oder langer Ladung zu warnen (§ 38 Abs. 3 Satz 3 StVO).

Hat die Erlaubnisbehörde (bei Fahrzeugen mit Sichtfeldeinschränkung oder ungünstigen Kreisfahrwerten)[383] angeordnet, dass eine Begleitperson dem Führer des Großraum- oder Schwertransportfahrzeugs „an Kreuzungen oder Einmündungen die für das sichere Führen erforderlichen Hinweise" geben muss, muss ein Begleitfahrzeug, zu dem Funkverbindung besteht, in Sichtweite vorausfahren[384].

383 Siehe oben Kap. IV.1 d.

384 KG Berlin, Beschl. v. 12.12.1981 – 3 Ws [B] 281/81 – VRS 62, 468.

3. Begleitfahrzeug (BF-3) mit Wechselverkehrszeichen (WVZ)-Anlage

Die sog. „BF-3“ Fahrzeuge sind mit einer Signaleinrichtung für Wechselverkehrszeichen (WVZ-Anlage – klappbarer Dachaufsatz) ausgerüstet.

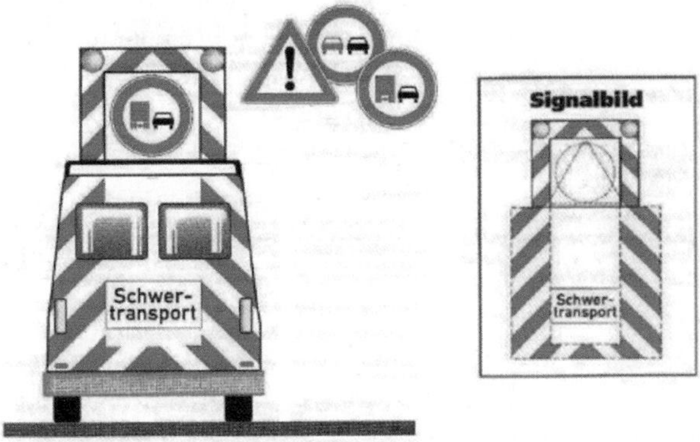

Wechselverkehrszeichen (WVZ) sind Verkehrszeichen zur Beeinflussung des Verkehrsablaufs, die bei Bedarf (also der jeweiligen Verkehrssituation angepasst) gezeigt, geändert oder aufgehoben werden. Die rechtliche Grundlage für die Verkehrsregelung mit mobilen WVZ-Fahrzeugen bildet § 39 Abs. 2a StVO: Verkehrszeichen können auf einem Fahrzeug angebracht werden. Sie gelten auch, während das Fahrzeug sich bewegt. Sie gehen den Anordnungen der ortsfest angebrachten Verkehrszeichen vor.

Die Ausrüstung privater Begleitfahrzeuge mit WVZ-Anlagen hat nach dem „Merkblatt über die Ausrüstung von privaten Begleitfahrzeugen zur Absicherung von Großraum- und Schwertransporten“[385] zu erfolgen. Begleitfahrzeuge i. S. dieses Merkblattes sind Fahrzeuge mit aufgesetzter Wechselverkehrszeichenanlage, die speziell für die Absicherung von Großraum- und Schwertransporten (und Autokränen) gebaut wurden und auf Anordnung der Straßenverkehrsbehörden eingesetzt werden können.

Der Einsatz des Wechselverkehrszeichens erfolgt nach Maßgabe des Erlaubnisbescheides. Im Bescheid legt die Erlaubnisbehörde genau fest, an welcher Stelle der Fahrtstrecke das jeweilige Verkehrszeichen angezeigt werden muss. Der

385 Siehe Verl. d. BMV v. 24.04.92, VkBl S. 218.

(private) Bediener[386] fungiert also als Verwaltungshelfer: die Entscheidung über Art und Weise und Ort des Einsatzes (z.B.: „BAB-km xy“) trifft die Straßenverkehrsbehörde bereits vorab bei Erlass des Bescheides; der (private) Bediener im WVZ-Fahrzeug vollzieht nur die Entscheidung der Behörde[387].

Das Bayerische Staatsministerium des Innern führt hierzu aus[388]:

„Verkehrszeichen können nunmehr auch auf einem Fahrzeug angebracht werden. Sie gelten auch, während das Fahrzeug sich bewegt. Diese „beweglichen“ Verkehrszeichen sind von der Straßenverkehrsbehörde anzuordnen, z. B. für Begleitfahrzeuge von Großraum- und Schwertransporten. Dies betrifft neben dem Verkehrszeichen selbst, insbesondere auch die Art der Anbringung, die Art des Fahrzeugs sowie den zeitlichen und räumlichen „Signalablauf“ während der Fahrt. Die Bedienung des „beweglichen“ Verkehrszeichens durch im Fahrzeug befindliche Personen darf nur auf Grundlage des von der Straßenverkehrsbehörde abschließend bestimmten „Signalprogramms“ erfolgen; eine eigene Entscheidung der das „bewegliche“ Verkehrszeichen bedienenden Personen darf nicht zugelassen werden. Die Zeichen sind nicht nur bindend, wenn sie insbesondere für den nachfolgenden Verkehr sichtbar sind. Sie gehen dann auch widersprechenden Anordnungen der ortsfest angebrachten Verkehrszeichen vor.“

Wenn 4 oder mehr Fahrauflagen angeordnet worden sind, kann nach der RGST auch noch ein Beifahrer für das WVZ-Fahrzeug vorgeschrieben werden.

---

386 Auf den Begleitfahrzeugen darf als Fahrpersonal nur geschultes Personal eingesetzt werden (Auflage Nr. 20 RGST 1992, Satz 2). Diese Schulungen werden von der BSK (Bundesfachgruppe Schwertransporte und Kranarbeiten) durchgeführt. Die Teilnahme an der Schulung wird durch einen Berechtigungsschein der BSK nachgewiesen. Der erworbene Berechtigungsschein hat eine Gültigkeit von 2 Jahren. Die Schulung ist im Abstand von höchstens 2 Jahren zu wiederholen. Die Erteilung des Berechtigungsscheines erfolgt widerruflich und kann bei Nichtbeachtung von Auflagen, die im Zusammenhang mit der Durchführung von Großraum- und/oder Schwertransporten stehen, auf Dauer entzogen werden. Der Berechtigungsschein ist bei der Fahrt auf öffentlichen Straßen mitzuführen und zuständigen Personen (z. B. Polizei) auf Verlangen zur Prüfung auszuhändigen.

387 Zum Verwaltungshelfer siehe *Steiner*, Besonderes Verwaltungsrecht, 8. Auflage 2006, Kap. VII RN 237: „Wenn die Tätigkeit des Privaten nicht auf einer gesetzlichen Beleihungsgrundlage beruht oder die Privatperson nicht im eigenen Namen tätig wird, kommt dem Privaten die Rolle eines Verwaltungshelfers zu: Diese entscheiden nicht im eigenen Namen abschließend, sondern bereiten lediglich eine behördliche Entscheidung vor bzw. unterstützen sie.“

388 Schreiben vom 28.07.92 Nr. IC4-3611.01/40.

Vom WVZ-Fahrzeug aus können folgende Verkehrszeichen angezeigt werden:

- Zeichen 101: Gefahrstelle
- Zeichen 276: Überholverbot für Kraftfahrzeuge aller Art
- Zeichen 277: Überholverbot für Kraftfahrzeuge mit einem zulässigen Gesamtgewicht über 3,5 t einschließlich ihrer Anhänger, und für Zugmaschinen, ausgenommen Personenkraftwagen und Kraftomnibusse.

4. Polizeibegleitung

Polizeibegleitung wird von der Erlaubnisbehörde angeordnet, wenn eine andere Form der Absicherung nicht ausreicht[389]. In Bayern gehört die Begleitung von Großraum- und Schwertransporten zu den Aufgaben nach Art. 2 Abs. 4 PAG, die der Polizei „durch andere Rechtsvorschriften übertragen sind“ [390]. § 38 StVO lässt den Einsatz von Blaulicht zur Begleitung von Fahrzeugen ausdrücklich zu. Da nur Polizeifahrzeuge mit Blaulicht ausgerüstet sein dürfen und für Begleitung in Frage kommen, ergibt sich hieraus mittelbar die polizeiliche Aufgabe.

Die Polizeikräfte, die für die Begleitung zuständig sind, können durchaus einem anderen Rechtsträger angehören als die Erlaubnisbehörde. Geht der Transport über das Gebiet eines Bundeslandes hinaus, beinhaltet die Zustimmung einer anzuhörenden Behörde (konkludent) auch die Zusage über den Einsatz der jeweiligen Landespolizei.

Verweigert die Polizei aus nicht vom Unternehmer zu vertretenden Gründen die Begleitung, ist ihm die Durchführung des Transportes nicht möglich[391].

Zu überlegen wäre deshalb, ob nicht die Möglichkeit besteht, die Polizei zur Mitwirkung zu verpflichten. In den Fällen, in denen der Erlaubnis-/Genehmigungsbescheid polizeiliche Begleitung vorschreibt, entsteht für den Transporteur eine Situation, die vom Grundsatz her der Verpflichtung zur Benutzung staatlicher/kommunaler Einrichtungen aufgrund eines Anschluss- und Benutzungszwangs

---

389 *Schulz/Draaf*, Großraum-/Schwertransport – Leitfaden für die Praxis, 2. Auflage 2007, S. 153 Nr. 7.2.3: „Die höchste Stufe der Absicherung eines Großraum- und Schwertransports stellt die Polizei dar.“

390 *Berner/Köhler/Käß*, PAG, 10. Auflage 2010, Art. 2 PAG RN 68 Buchst. d. nennen hier ausdrücklich die „Begleitung von Gefahrguttransporten“ aufgrund ministerieller Bekanntmachung.

391 Zum Rechtscharakter der „Polizeibegleitung“ siehe oben Kap. XIII.4. bb).

gleicht. Genau wie in solchen Fällen[392] könnte einem Genehmigungsinhaber umgekehrt auch ein korrespondierender Anspruch auf Bereitstellung der staatlichen Leistung in Form der tatsächlichen Begeleitung zustehen, der mit der Leistungsklage verfolgt werden kann. Die Genehmigungsbehörde würde widersprüchlich handeln, wenn sie einen Transport zulässt, der dann an der erforderlichen staatlichen Mitwirkung scheitert.

Unbeschadet dessen ergibt sich jedenfalls aus der gesetzlichen Aufgabenzuweisung (Art. 2 Abs. 4 PAG, § 38 StVO) in Verbindung mit dem Gleichheitsgrundsatz ein Anspruch auf Begleitung. Materiell-rechtliche Grundlage des Anspruchs wäre der Erlaubnis-/Genehmigungsbescheid.

Wird die Begleitung endgültig verweigert, kann dies zu Schadensersatzansprüchen gegen den Rechtsträger der Polizei führen[393].

Genehmigungs- oder Erlaubnisbescheide, die Polizeibegleitung vorschreiben, sehen regelmäßig auch vor, dass die Begleitung bei der zuständigen Polizeidienststelle 48 Stunden vor Beginn des Transportes anzufordern ist[394]. Bei dieser Regelung handelt es sich um keine Auflage, sondern um eine Obliegenheit[395] des Unternehmers. Die „Regelung" dient nicht der Verkehrssicherheit- diese Funktion hat nur die Begleitung an sich. Die Bestimmung verfolgt allein den Zweck, der Polizei eine rechtzeitige Personalplanung zu ermöglichen. Meldet der Unternehmer den Transport verspätet hat, riskiert er, dass der Transport wegen fehlender Polizeibegleitung nicht durchgeführt werden kann.

Die Polizei erhebt für ihre Tätigkeit nach dem Kostengesetz des jeweiligen Bundeslandes Gebühren. In Bayern richtet sich die Kostenerhebung für die „polizeiliche Amtshandlung – Transportbegleitung" nach Art. 1, 2 und 6 des Kostengesetzes (KG) i. V. m. Tarif-Nr. 2.II.5/2 des Kostenverzeichnisses (KVz)[396] und Nr. 44 der Richtlinien zur Erhebung von Kosten und anderen öffentlich-rechtlichen Geldleistungen durch die Polizei (KR-Pol) vom 01.07.2006. Danach fällt je angefangener Stunde und je beteiligtem Beamten ein Betrag von 50,- € an. Eine Erhebung von Auslagen kommt daneben grundsätzlich nicht mehr in Betracht.

---

392 Siehe hierzu *Widtmann/Grasser/Glaser*, BayGO, Stand Mai 2011, Art. 24 GO RN 8.

393 Vgl. *Tiedemann* in: *Bader/Ronellenfitsch*, Verwaltungsverfahrensgesetz, 2010, § 36 RN 49 zur treuwidrigen Verhinderung des Eintritts einer Bedingung durch die Behörde.

394 Siehe Nr. 29 der RGST.

395 Im Sinne eines bestimmten vorbeugenden Verhaltens, um in den Genuss einer Vergünstigung zu gelangen (siehe OLG Köln, Urt. v. 17.03.1998 – 9 U 187/97 – juris).

396 Vom 12.10.201.

Wie die Begleitung konkret von Statten geht, liegt im Ermessen der Polizei, die dabei allerdings den Grundsatz der Verhältnismäßigkeit zu beachten hat[397]. Eine Überprüfung der Angemessenheit der polizeilichen Maßnahmen kann der Transporteur aber nicht unmittelbar erreichen, da die Begleitung selbst nur im öffentlichen Interesse erfolgt. Eine Inzidentkontrolle kann allerdings bei der rechtlichen Überprüfung des Gebührenbescheides erfolgen: denn Gebühren dürfen nicht erhoben werden, soweit sie bei richtiger Behandlung der Sache durch die Behörde nicht entstanden wären[398].

5. Polizeiliche Maßnahmen

Die Begleitung ist von den polizeilichen Maßnahmen zu unterscheiden, die nur punktuell wirksam werden. Bei der Begleitung übernimmt die Polizei die Absicherung auf der gesamten Strecke[399], polizeiliche Maßnahmen ergehen an „neuralgischen" Punkten in Form von Zeichen und Weisungen (§ 36 StVO) an die übrigen Verkehrsteilnehmer. Eine exakte Differenzierung ist bereits deshalb erforderlich, weil bei Notwendigkeit einer Polizeibegleitung keine Dauergenehmigung erteilt werden kann, wohl aber bei Anordnung einzelner polizeilicher Maßnahmen[400].

Polizeiliche Maßnahmen sind nach Nr. 28 der RGST vorzusehen bei:

- Notwendigkeit
  - der Sperrung des Gegenverkehrs (z. B. bei extrem breiten Transporten)
  - der Absenkung des Transports (z. B. beim Passieren von Überführungen mit geringer Höhe)
  - einer besonderen Anordnung für das Überfahren bestimmter Brückenbauwerke aufgrund der Länge des betreffenden Bauwerks.
- bei sonstigen schwierigen Straßenverhältnissen.
- in Autobahnbaustellenbereichen, wenn aufgrund der Abmessungen des Transportes ein Sicherheitsabstand zum gegengerichteten Fahrstreifen von mind. 0,5 m nicht eingehalten werden kann.

---

397 VG Düsseldorf, Urt. v. 17.08.2000 – 18 K 6260/98 – NVwZ-RR 2001, 240 zur Begleitung durch 2 Polizeifahrzeuge.

398 VG Düsseldorf, Urt. v. 17.08.2000 – 18 K 6260/98 – NVwZ-RR 2001.

399 *Schulz/Draaf*, Großraum-/Schwertransport – Leitfaden für die Praxis, 2. Auflage 2007, S. 153 Nr. 7.2.3.

400 *Draaf*, BSK-Mitteilungen: Polizei und Schwertransport, dhf 2004, 56.

Im Erlaubnisbescheid ist die jeweilige polizeiliche Maßnahme unter Angabe des genauen Streckenabschnitts angeführt. Je nach den konkreten Umständen können in einem Bescheid auch kumulativ Polizeibegleitung und polizeiliche Maßnahmen vorgeschrieben werden.

6. Der konkrete Fall

Bei der Lastfahrt hat das Fahrzeug eine Länge von 34,00 m[401]. Damit wird folgende Begleitung notwendig:

a) Begleitung auf der Autobahn (BAB)

Bei Längen ab 27,00 m ist nach Nr. 20 der RGST ein (hinter dem Transportfahrzeug fahrendes) privates Begleitfahrzeug mit WVZ-Anlage vorzuschreiben. Zeichen 101 und die nach hinten wirkenden gelben Blinklichter sind einzuschalten:

- bei der Auffahrt auf die BAB
- an Steigungen bei einer Geschwindigkeit von weniger als 40 km/h.

b) Begleitung außerhalb der BAB

Viele Straßenbaulastträger schreiben ab einer Gesamtlänge von 30 m zusätzlich Begleitung durch ein (vorausfahrendes) Polizeifahrzeug an (entspr. Nr. 25 der RGST).

401 Siehe oben Kap. VIII.11.

XIX. Verstöße/Ordnungswidrigkeiten

1. Überladung

Ein Verstoß gegen die Vorschriften über Achslasten und Gesamtgewichte ist nach § 69a Abs. 3 Nr. 4, § 34 Abs. 3 Nr. 4 StVZO, § 24 StVG i. V. m. Nr. 198 der Anlage zu § 1 Abs. 1 BKatV für den Fahrer und nach § 69a Abs. 3 Nr. 4, § 34 Abs. 3 Nr. 4 StVZO, § 24 StVG i. V. m. § 3 Abs 2 BKatV, Nr. 199 der Anlage zu § 1 Abs. 1 BKatV für den Halter des Fahrzeugs eine Ordnungswidrigkeit.

Nach Tabelle 3 im Anhang der BKatV (zu Nrn. 198 und 199 der Anlage) wird unterschieden zwischen Verstößen, begangen

a) durch Inbetriebnahme von überladenen Kfz mit einem zulässigen Gesamtgewicht über 7,5 t sowie von Kfz mit Anhängern, deren zulässiges Gesamtgewicht 2 t übersteigt. Die Höhe des Bußgeldes richtet sich stufenweise nach dem Grad der prozentualen Überschreitung (beispielsweise: 2 % bis 5 %: 30,- €; mehr als 5 %: 80,- €; mehr als 30 %: 380,- €).
b) durch Anordnen oder Zulassen der Inbetriebnahme von überladenen Kfz mit einem zulässigen Gesamtgewicht über 7,5 t sowie von Kfz mit Anhängern, deren zulässiges Gesamtgewicht 2 t übersteigt. Die Höhe des Bußgeldes richtet sich auch hier stufenweise nach dem Grad der prozentualen Überschreitung (beispielsweise: 2 % bis 5 %: 35,- €; mehr als 5 %: 140,- €; mehr als 25 %: 425,- €). Diese Regelsätze gelten für den Fahrzeughalter (§ 3 Abs. 2 BKatV). Unter „Inbetriebnahme“ ist nicht allein das Inbewegungsetzen des Fahrzeugs für die jeweilige Fahrt zu verstehen, sondern auch die unmittelbar anschließende Verkehrsteilnahme[402].

Ordnungswidrigkeiten, die mit einem Bußgeld von 40,- € oder mehr geahndet werden, werden zudem mit Punkten bewertet (§ 4 Abs. 2 Satz 1, § 28 Abs. 3 Nrn. 1 bis 3 StVG; Nr. 7 der Anlage 13 zur FeV). Diese 40,- €- Grenze wird bei einer Überladung von mehr als 5 % überschritten. Nach Nr. 5.23 der Anlage 13 FeV fallen 3 Punkte an, wenn ein Fahrzeug, das um mehr als 20 % überladen ist, in Betrieb genommen wird.

---

402 BGH, Beschl. v. 11.06.1974 – 4 StR 36/74 – BGHSt 25, 338.

Die Regelsätze gehen von fahrlässiger Begehung aus. Wird Vorsatz nachgewiesen, kann dies ab einem mit 35,- € bewehrten Verstoß zur Verdoppelung des Bußgeldes führen, und zwar auch in den Fällen, nach denen gem. Abs. 4 ohnehin schon ein erhöhter Regelsatz gilt (§ 3 Abs. 4a BKatV).

Überschreitung in %	Kfz über 7,5 t sowie Kfz mit Anhängen, deren zul. Gesamtgewicht 2 t übersteigt			
	Fahrer		Halter	
	Bußgeld (€)	Punkte	Bußgeld (€)	Punkte
2 bis 5	30,–	–	35,–	-
mehr als 5	80,–	1	140,–	1
mehr als 10	110,–	1	235,–	3
mehr als 15	140,–	1	285,–	3
mehr als 20	190,–	3	380,–	3
mehr als 25	285,–	3	425,–	3
mehr als 30	380,–	3	(425,–)	3

2. Überschreiten der zulässigen Maße

Hat der Fahrer ein Kraftfahrzeug, einen Anhänger oder eine Fahrzeugkombination in Betrieb genommen, obwohl die höchstzulässige Breite, Höhe oder Länge überschritten war, sieht die Tatbestands – Nummer 192 der BKatV dafür einen Regelsatz von 50,-€ vor. Die Geldbuße für den Halter beträgt 75,- €. In beiden Fällen wird die Ordnungswidrigkeit zudem mit 1 Punkt geahndet. Wird ein Fahrzeug geführt, das zusammen mit der Ladung eine Höhe von 4,20 m überschreitet, ist dies nach Nr. 104 BKatV mit 40,- € bewehrt. Für Verstöße gegen die übrigen Vorschriften über die Abmessung der Ladung sieht Nr. 105 BKatV ein regelmäßiges Bußgeld von 20,- € vor.

3. Kurvenlaufeigenschaften

Hält ein Kfz oder eine Fahrzeugkombination die vorgeschriebenen Kurvenlaufeigenschaften nicht ein, kann gegen den Fahrer ebenfalls ein Bußgeld von 50,- € und gegen den Halter ein Bußgeld von 75,- € verhängt werden (Nrn. 195 und 196 BKatV).

4. Fahrt ohne Erlaubnis

Ist keine Erlaubnis nach § 29 Abs. 3 StVO vorhanden, kann dies nach Nr. 116 BKatV mit 40,- € geahndet werden.

5. Ausnahmegenehmigung nicht mitgeführt/ Auflagenverstoß

Hat der Fahrer die Genehmigung nicht mitgeführt, fällt nach Nrn. 167 bzw. 231 BKatV ein Bußgeld von je 10,- € an. Wird gegen Auflagen einer Ausnahmegenehmigung oder Erlaubnis nach der StVO verstoßen, sieht Nr. 166 BKatV einen Regelsatz von 40,- € vor. Bei einem Verstoß gegen Auflagen einer Ausnahmegenehmigung nach § 70 StVZO fällt ein Betrag von 50,- € an[403].

6. Verfall (§ 29a OWiG)

Hat der Täter für eine mit Geldbuße bedrohte Handlung oder aus ihr etwas erlangt und wird gegen ihn wegen der Handlung eine Geldbuße nicht festgesetzt, so kann gegen ihn der Verfall eines Geldbetrages angeordnet werden, die dem Wert des Erlangten entspricht (§ 29a Abs. 1 OWiG). Das Gleiche gilt, wenn der Täter für einen anderen gehandelt hat (§ 29a Abs. 2 OWiG). Hat der Betroffene aus der Ordnungswidrigkeit einen wirtschaftlichen Vorteil gezogen und wird eine Geldbuße festgesetzt, kann dieser über die Geldbuße mit „abgeschöpft" werden. Nach § 17 Abs. 4 Satz 1 OWiG soll die Geldbuße den wirtschaftlichen Vorteil, den der Täter aus der Ordnungswidrigkeit gezogen hat, übersteigen. Eine Anordnung nach § 29 a OWiG kann nur getroffen werden, wenn gegen den Täter wegen der Handlung eine Geldbuße nicht festgesetzt wird, beispielsweise weil kein Verschulden nachweisbar ist. Für die Verfolgungsbehörden oder die Gerichte ist es oft schwierig und aufwändig, dem Fahrer oder Halter ein Verschulden nachzuweisen. Deshalb ist es eine „elegante" Möglichkeit, auf das Verfallsverfahren auszuweichen und so (wenigstens) den wirtschaftlichen

---

403 Nr. 233 BKatV.

Vorteil, der in der Überladung „steckt“ abzuschöpfen[404]. Da Fahrer und Halter auch nebeneinander verantwortlich sein können, hindert die Verhängung einer Geldbuße gegen den Fahrer auch nicht die Anordnung des Verfalls gegen den Halter[405].

---

404 *Fromm*, Bußgeldrechtliche Verantwortlichkeit für Überladungen im Güterverkehr, NZV 2009, 534.

405 OLG Zweibrücken, Beschl. v. 18.11.2009 – 1 SsBs 13/09 – VRS 118, 21.

XX. Amtshaftung

1. Rechtliche Grundlagen

Die Rechtsprechung geht davon aus, dass eine Erlaubnis nach § 29 Abs. 3 StVO nur im Interesse der Allgemeinheit erteilt wird, nicht dagegen auch im Interesse der Speditionsfirma[406]. Die Erlaubnis nach § 29 Abs. 3 StVO hebt die straßenverkehrsrechtliche Verbotsschranke auf, trifft aber keine Aussage darüber, ob die Strecke auch für die Durchführung des Transports geeignet ist. Die Erlaubnisbehörde trifft die Regelungen, die sicherstellen sollen, dass Straßen und Straßeneinrichtungen bei der Durchführung des Transports nicht beschädigt werden und dass auch keine Gefahren für die übrigen Verkehrsteilnehmer entstehen. Dagegen ist es nicht Zweck der Erlaubnis, für den Unternehmer eine Strecke auszuwählen, die er dann bedenkenlos benutzen kann. Er hat die Obliegenheit, die Strecke vielmehr selbst zu prüfen. Eine drittgerichtete Amtspflicht besteht ihm gegenüber nicht[407].

Die Straßenbaubehörde ist ebenfalls nicht verpflichtet, auf allen Straßen auch für den Großraum- und Schwerverkehr einen hinreichend sicheren Straßenzustand herzustellen[408]. Vor allem der Inhaber einer Dauererlaubnis oder Dauerausnahmegenehmigung hat sich vor Antritt der Fahrt zu vergewissern, dass die Strecke auch (noch) passt. Deshalb ist auch nach RN 134 VwV zu § 29 und RN 90 VwV zu § 46 StVO in die Dauererlaubnis die Auflage aufzunehmen, dass vor Fahrtantritt in eigener Verantwortung zu prüfen ist, ob der beabsichtigte Fahrtweg für den Verkehr geeignet ist. Damit wird dem Dauererlaubnisinhaber seine Verantwortung ausdrücklich vor Augen geführt[409]. Verstärkt wird dies weiterhin dadurch, dass der Antragsteller nach RN 126 VwV zu § 29 zu erklären hat, dass er darauf verzichtet,

---

406 OLG München Urt. v. 29.06.1995 – 1 U 6856/94 – juris. Gemeint ist: Die **Prüfung** im Rahmen der Erlaubniserteilung erfolgt allein im öffentlichen Interesse. Die Erteilung der Erlaubnis selbst ist dagegen (rein) privatnützig (siehe oben).

407 OLG München Urt. v. 29.06.1995 – 1 U 6856/94 – juris.

408 OLG Frankfurt, Urt. v. 05.06.1997 – 1 U 139/95 – juris

409 OLG Frankfurt, Urt. v. 05.06.1997 – 1 U 139/95 – juris.

Ansprüche daraus herzuleiten, dass die Straßenbeschaffenheit nicht den besonderen Anforderungen des Transports entspricht[410].

Nach dem OLG Koblenz[411] dient auch die Begleitung eines Schwertransports durch die Polizei nur der Abwehr der Gefahren, die von dem Transport ausgehen, und dem Schutz des allgemeinen Verkehrs. Deshalb zählen die sonstigen Verkehrsteilnehmer zum Kreis der von § 839 BGB erfassten „Dritten", nicht jedoch der Transporteur. Die Polizei trifft daher keine Amtspflicht bezüglich der Unversehrtheit des Transportgutes. Das gilt selbst dann, wenn die Polizeibeamten – fahrlässig- von der genehmigten Strecke abweichen. Denn verantwortlich dafür, dass die Strecke auch geeignet ist, ist allein der Unternehmer. Drittgerichtete Amtspflichten erkennt das Gericht aber in den Fällen an, in denen der Unternehmer selbst nicht überprüfen kann, ob die Strecke auch geeignet ist, etwa weil ihm dazu der erforderliche Sachverstand oder die notwendigen Informationen fehlen. Als Beispiel führt das Gericht den Fall an, dass die Erlaubnisbehörde die Tragkraft einer Brücke im Hinblick auf die durch den Transport zu erwartende Belastung prüft. Denn nur der Behörde lägen die erforderlichen Informationen, etwa die Einordnung in eine bestimmte Brückenklasse (DIN 1072) und der aktuelle Zustand aufgrund zurückliegender Brückenprüfungen (DIN 1076) vor, während der Transporteur sich vorab kein zuverlässiges Bild von der Eignung der Strecke verschaffen könne. In einem solchen Fall diene die behördliche Prüfpflicht nahe liegend auch dem Schutz des Transporteurs. Eine Einbeziehung von Fahrer und Transportgut in den Schutzbereich der Amtspflicht könnte nach zutreffender Ansicht des OLG auch dann anzunehmen sein, wenn der Schaden aufgrund einer fehlerhaften polizeilichen Weisung oder im Rahmen einer polizeilichen Verkehrsregelung eintritt.

2. Der konkrete Fall

Die in die Ausnahmegenehmigung eingeschlossene Dauererlaubnis enthält folgende Bestimmungen:

410 OLG Frankfurt, Urt. v. 05.06.1997 – 1 U 139/95 – juris.
411 OLG Koblenz, Urt. v. 29.08.2011 – 12 U 1473/09 –TranspR 2011, 431.

Es gelten folgende Bedingungen und Auflagen:

7. Vor Fahrtantritt ist zu prüfen,
   - ob der beabsichtigte Fahrweg für den Verkehr geeignet ist (Linienführung, Zustand und Breite der Straße und Brücken, Bahnübergänge einschl. Oberleitungen, Verkehrsbeschränkungen, Sperrungen und Umleitungen),
   - ob die in der Genehmigung festgelegten Maße und Gewichte, insbes. die Höhe, eingehalten werden.

Genehmigungsvorbehalt:

Die eingeschlossene Erlaubnis nach § 29 Abs. 3 StVO ist nur gültig, wenn nachfolgende Haftungserklärung vom Genehmigungsinhaber/Verantwortlichen unterschrieben ist und zuständigen Personen auf Verlangen vorgezeigt werden kann.

Erklärung zur Haftung für die Erlaubnis nach § 29 Abs. 3 StVO

Soweit durch den Betrieb des Fahrzeuges Schäden entstehen, verpflichte ich mich/verpflichten wir uns für alle Schäden an Straßen und deren Einrichtungen sowie an Eisenbahnfahrzeugen, Eisenbahnanlagen, sonstigen Eisenbahngegenständen aufzukommen und Straßenbaulastträger, Polizei, Verkehrssicherungspflichtige und Eisenbahnunternehmer von Ersatzansprüchen Dritter, die aus diesen Schäden hergeleitet werden, freizustellen. Ich verzichte/Wir verzichten ferner darauf Ansprüche daraus herzuleiten, dass die Straßenbeschaffenheit nicht den besonderen Anforderungen des Transportes entspricht.

____

(Genehmigungsinhaber bitte hier unterschreiben Firmenstempel/Unterschrift)

XXI. Exkurs: Lang – Lkw

1. Notwendigkeit neuer Lkw-Konzepte

Das bundesdeutsche Straßennetz ist inzwischen an der Grenze seiner Leistungsfähigkeit angelangt. Dennoch gehen Prognosen von einem weiteren dramatischen Anstieg der Verkehrszahlen aus. Insbesondere der die Straßen stark belastende Güterverkehr soll bis zum Jahr 2025 nach aktuellen Schätzungen[412] um 79 % ansteigen. Eine Lösungsmöglichkeit wird im Einsatz neuer Fahrzeuge gesehen, die länger sind als die herkömmlichen, der StVZO entsprechenden, und die deshalb um 1/3 mehr an Ladevolumen aufweisen.

2. Fahrzeugkonzepte: Lang – Lkw („Gigaliner") und Kögel „BIG MAXX"

a) Feldversuch mit Lang – Lkw

Am 01.01.2012 hat die Bundesregierung unter Federführung des Bundesministeriums für Verkehr, Bau und Stadtentwicklung (BMVBS) einen Feldversuch mit Lang – Lkw begonnen. Die rechtlichen Vorgaben dazu sind in der „Verordnung über Ausnahmen von straßenverkehrsrechtlichen Vorschriften für Fahrzeuge und Fahrzeugkombinationen mit Überlänge (LkwÜberlStVAusnV)" enthalten. § 4 der Verordnung lässt Ausnahmen von der StVZO und der StVO zu. Insbesondere darf nach § 4 Abs. 2 der Verordnung abweichend von § 32 Abs. 4 Nr. 3 StVZO und abweichend von § 22 Abs. 4 Satz 2 StVO die höchstzulässige Gesamtlänge bis zu 25,25 m betragen. Eine Erhöhung des zulässigen Gesamtgewichts ist nicht vorgesehen. Es sollen nur längere, nicht auch schwerere Fahrzeuge erprobt werden[413].

---

412 Die Bundesregierung, Masterplan Güterverkehr und Logistik, S. 6 (download unter: http://www.bmvbs.de/cae/servlet/contentblob/23142/publicationFile/491/masterplan-gueterverkehr-und-logistik.pdf)

413 Die in der Presse oft erwähnten „44 t" gelten ohnehin bereits für Fahrzeuge im kombinierten Verkehr.

EU-rechtliche Grundlage für den Feldversuch ist Art. 4 Abs. 5 der Richtlinie 96/53/EG[414]. § 5 der Verordnung legt fest, dass Lang – Lkw bestimmte, über die „Normalanforderungen" der StVZO hinausgehende technische Einrichtungen aufweisen müssen, die die Gefahren, die durch den Einsatz dieser längeren Fahrzeuge entstehen können, kompensieren helfen. So müssen die Fahrzeuge beispielsweise mit speziellen Konturmarkierungen versehen und mit einem Spurhaltesystem ausgerüstet sein oder ein Kamera – System am Heck des Fahrzeugs haben, das dem Fahrer die Sicht nach hinten ermöglicht. Auch an den Fahrer der Lang – Lkw werden im Hinblick auf die Zuverlässigkeit besondere Anforderungen gestellt.

Lang – Lkw dürfen nur auf einem bestimmten Straßennetz eingesetzt werden, das in einer Anlage zu § 2 der VO festgelegt ist. Die Geeignetheit der Strecke wurde in einem Anhörverfahren, das dem Erlaubnisverfahren nach § 29 Abs. 3 StVO ähnelt, ermittelt.

b) Überlange Sattelkombinationen

Bereits vor Beginn des Feldversuchs mit „Lang – Lkw" durften in einigen Bundesländern – auch in Bayern – aufgrund von Ausnahmegenehmigungen nach § 70 StVZO überlange Sattel-Kfz versuchsweise eingesetzt werden. In Bayern betrifft dies vor allem 300 Fahrzeugkombinationen der Firma Kögel, die sog. „BIG MAXX". Die dafür erforderliche Ausnahmegenehmigung erteilte am 03.08.2006 die Regierung von Schwaben. Die Ausnahmegenehmigung wurde am 14.10.2011 neu gefasst und gilt nun bis zum 30.11.2017. Abweichend von § 2 Abs. 1 der Lkw-ÜberlStAusnV dürfen diese Fahrzeuge in den am Versuch teilnehmenden (sieben) Bundesländern das gesamte Straßennetz dieser Länder nutzen.

3. Kein Transport unteilbarer Ladung

Die LkwÜberlStVAusnV ist als Rechtsverordnung des Bundes auf Grundlage von § 6 Abs. 1 und Abs. 3 StVG ergangen. Unabhängig davon, ob man die verfassungsrechtlichen Bedenken gegen den Erlass der Verordnung ohne vorherige Zustimmung durch den Bundesrat teilt[415], ist es dem Verordnungsgeber, der sich

414 Siehe hierzu oben Kap. IV. 4

415 Siehe hierzu *Battis*, Verfassungsrechtliche Prüfung des Entwurfs zu einer Verordnung über Ausnahmen von straßenverkehrsrechtlichen Vorschriften für

auf eine entsprechende Rechtsgrundlage des Gesetzgebers stützen kann, jedenfalls nicht verwehrt, überlange Fahrzeuge auch zum Transport teilbarer Ladung zuzulassen[416]. Sollten diese Fahrzeuge aber abweichend von der Verordnung eingesetzt werden – etwa auf einem anderen Streckennetz oder ohne die von der Verordnung geforderte zusätzliche Ausrüstung – ist dies nur möglich zum Transport unteilbarer Ladung nach Erteilung der Ausnahmegenehmigung nach § 70 StVZO und der Erlaubnis nach § 29 Abs. 3 StVO.

Fahrzeugkombinationen mit Überlänge vom 02.09.2011 (download unter: http://www.allianz-pro-schiene.de/presse/pressemitteilungen/2011/031-rechtsgutachten-gigaliner-ramsauers-verordnung-verfassungswidrig/rechtsgutachten-gigaliner-battis.pdf).

416 Siehe oben Kap. XII. 2d FN 245; anders wohl – unter (unzutreffender) Bezugnahme auf *Rebler*, Das System von Ausnahmegenehmigungen und Erlaubnissen, dargestellt am Beispiel Großraum- und Schwertransporten, NZV 2004, 450 – *Schillemeit*, Die Zulässigkeit eines bundesweiten Modellversuchs mit „Gigalinier“ bzw. „Lang – Lkw“ auf der Grundlage einer Bundesrechtsverordnung ohne Zustimmung des Bundesrates vom 13.09.2010, download unter: http://www.allianz-pro-schiene.de/presse/pressemitteilungen/2010/044-gutachten-bundesweite-tests-gigaliner-rechtswidrig/rechtsgutachten-gigaliner-feldversuch.pdf).

XXII. Zusammenfassung

1. Unter Großraum- und Schwerverkehr versteht man Transporte (unteilbarer Ladung) mit Fahrzeugen (Kfz, Anhänger) und Fahrzeugkombinationen (Lkw-Züge, Sattel-Kfz), die die gesetzlichen Höchstgrenzen der StVZO und der StVO über Länge, Breite, Höhe, Gesamtgewicht und/oder Achslasten überschreiten.
2. Die Straßen werden nach bestimmten Regelstandards gebaut. Die Vorschriften der StVZO korrespondieren mit diesen Baustandards. Nur ein Fahrzeug, das den Vorschriften der StVZO entspricht, ist deshalb als „verkehrsverträglich" anzusehen und ohne Ausnahmen zulassungsfähig.
3. Großraum- und Schwertransporter fallen schon definitonsgemäß aus dem „gesetzlichen Rahmen". Diese Fahrzeuge dürfen nur eingesetzt werden, wenn in einem besonderen Verwaltungsverfahren ihre Unbedenklichkeit geprüft wurde. Es müssen Vorkehrungen getroffen werden, um den Einsatz dieser Fahrzeuge verkehrssicher zu gestalten:
   a) Eine Ausnahmegenehmigung nach § 70 StVZO ist erforderlich, wenn das Fahrzeug oder die Fahrzeugkombination selbst den Maßen und Gewichten der StVZO nicht mehr entspricht. Wird bei einem Transport das zulässige Gesamtgewicht oder die zulässige Achslast überschritten, wird eine Ausnahmegenehmigung nach § 70 StVZO immer benötigt. Ist dagegen das Fahrzeug selbst nicht zu hoch, zu breit oder zu lang, sondern ist die Überschreitung der gesetzlichen Maße auf überstehende Ladung zurückzuführen, ist eine Ausnahme von den Vorschriften der StVZO nicht notwendig.
   b) Sind höhere Maße und Gewichte nicht nur fahrzeugtechnisch möglich, sondern werden sie bei einem Transport tatsächlich auch ausgenutzt, muss auch eine Erlaubnis nach § 29 Abs. 3 StVO eingeholt werden. Die Ausnahmegenehmigung nach § 70 StVZO ist „fahrzeugbezogen", die Erlaubnis nach § 29 Abs. 3 StVO ist „streckenbezogen" – die Ausnahmegenehmigung nach § 70 StVZO bestätigt nur, dass überhaupt eine Straßenzulassung möglich ist. Im Erlaubnisverfahren wird die Eignung einer konkreten Strecke geprüft.
   c) Hat das Fahrzeug keine „Übermaße", wird es vielmehr zum „Verkehrshindernis" erst durch überstehende Ladung, ist eine Ausnahme nach § 46 Abs. 1 Satz 1 Nr. 5 StVO von den Vorschriften des § 22 StVO nötig. Überschreitet

das Fahrzeug die Maße nach der StVZO und ragt die Ladung auch noch über die Fahrzeugsilhouette hinaus, sind daneben auch noch die Ausnahmegenehmigung nach § 70 StVZO und die Erlaubnis nach § 29 Abs. 3 StVO nötig.

d) Fahrten mit übergroßen und überschweren Fahrzeugen oder mit überdimensionierter Ladung beanspruchen die Straßen über den Gemeingebrauch hinaus und sind deshalb Sondernutzung. Eine gesonderte Sondernutzungserlaubnis entfällt jedoch nach straßenrechtlichen Kollisionsnormen.

4. Die Ausnahmegenehmigungen und die Erlaubnis können für eine einzelne Fahrt oder auch als Dauergenehmigung/– erlaubnis erteilt werden. Das ist aber nur möglich, wenn bestimmte Grenzwerte (Anhörfreigrenzen) eingehalten werden. Die Ausnahmegenehmigung nach § 70 StVZO gilt dann für 6 Jahre, Ausnahmegenehmigung und Erlaubnis nach der StVO für 3 Jahre.

5. § 70 Nr. 1 StVZO, nach dem die höheren Verwaltungsbehörden in bestimmten Einzelfällen oder allgemein für bestimmte Antragsteller Ausnahmen u. a. von den Vorschriften der §§ 32 und 34 genehmigen können, ist zunächst einmal eine Zuständigkeitsvorschrift. Darüber hinaus enthält § 70 StVZO aber auch eine materiellrechtliche Ermächtigung zum Erlass von Ausnahmegenehmigungen. Mit der Vorschrift soll es ermöglicht werden, besonderen Ausnahmesituationen gerecht zu werden. Die Erteilung der Genehmigung steht im Ermessen der Genehmigungsbehörde. Das Merkmal der Ausnahmesituation ist kein Tatbestandsmerkmal, sondern Bestandteil einer einheitlichen Ermessensentscheidung. Motiv und Ausnahmegrund für die Erteilung der Ausnahmegrund ist das Erfordernis des Transportes unteilbarer Ladung.

   Die Ausnahmegenehmigung ist ein begünstigender dinglicher Verwaltungsakt, der durch ausdrückliche Bestimmung im Genehmigungsbescheid aber an den jeweiligen Halter gebunden ist.

   Auch wenn § 71 StVZO scheinbar nur Auflagen in einer Ausnahgenehmigung zulässt, kann die Genehmigung dennoch auch unter Bedingungen oder mit anderen Nebenbestimmungen ergehen. § 71 StVZO hat keinen abschließenden Charakter.

   Eine Ausnahmegenehmigung nach § 70 StVZO kann befristet werden und auch rückwirkend erteilt werden. Sie kann für das ganze Bundesgebiet oder auch nur für einen bestimmten Bereich (eine bestimmte Strecke) gelten. Eine Ausnahmegenehmigung, die für das ganze Bundesgebiet gelten soll, darf grundsätzlich nur nach Anhörung der zuständigen Landesbehörden erteilt werden. Hält sich ein Fahrzeug oder eine Fahrzeugkombination innerhalb der Grenzen der „Richtlinien zu § 70 StVZO“, entfällt das Anhörverfahren.

Grundlage für die Entscheidung der Behörde ist ein Gutachten eines technischen Sachverständigen (amtlich anerkannter Sachverständiger oder Prüfer für den Kraftfahrzeugverkehr)

Die Erteilung der Ausnahmegenehmigung kann auch ein Genehmigungsservice beantragen. Inhaber der Genehmigung ist aber immer der Fahrzeughalter. Die Erteilung der Ausnahmegenehmigung wird in den Fahrzeugpapieren (Zulassungsbescheinigung Teil I) vermerkt.

6. Die Erlaubnis nach § 29 Abs. 3 StVO ist notwendig, wenn ein Fahrzeug oder eine Fahrzeugkombination bei einem Transport die gesetzlich allgemein zugelassenen Grenzen tatsächlich überschreitet. Die Erteilung der Erlaubnis nach § 29 Abs. 3 StVO liegt im Ermessen der Erlaubnisbehörde. § 29 Abs. 3 StVO sagt nur, wann eine Erlaubnis nötig ist, aber nicht wann sie erteilt werden darf. Hierzu muss auf die – bei Erteilung der Erlaubnis nach § 29 Abs. 3 StVO bereits vorliegende- Ausnahmegenehmigung nach § 70 StVZO zurückgegriffen werden: Rechtfertigung für die Erlaubniserteilung ist (ebenfalls) der Transport unteilbarer Ladung.

Gegenstand des Verfahrens nach § 29 Abs. 3 StVO ist die Prüfung, ob sich eine bestimmte Strecke für die Durchführung eines konkreten Transportes eignet. Damit soll sichergestellt werden, dass die Straßenverkehrsbehörden von vornherein Störungen verhindern oder in zumutbaren Grenzen halten können. Die Erlaubnis ist ein begünstigender Verwaltungsakt. Sie kann unter Bedingungen und Auflagen ergehen und auch Fahrzeitbeschränkungen enthalten. Die Erlaubnis berechtigt zur Durchführung eines Transportes. Sie bezweckt allerdings nicht, es dem Spediteur zu ermöglichen, ohne weiteren Erkundigungsaufwand und ohne eigenes Risiko eine Strecke ausgesucht zu erhalten, auf der er dann fahren kann.

Werden bei einem Transport bestimmte (Anhörfrei-)Grenzen überschritten, müssen die Baulastträger der Straßen angehört werden, über die der Transport rollen soll. Eine Erlaubnis kann erst erteilt werden, wenn die Baulastträger keine Einwände haben. Bei Überschreitung der Anhörfreigrenzen ist auch eine Dauererlaubnis ausgeschlossen.

Die Anhörfreigrenzen werden durch die VwV-StVO festgesetzt. Hinsichtlich des Gesamtgewichtes beziehen sich diese allerdings auf eine veraltete Regelung in der StVZO. Die in der Praxis i. d. R. anzutreffende „sture" Berufung auf die Gewichtsgrenze der VwV ist damit ermessensfehlerhaft. Im Verfahren nach § 29 Abs. 3 StVO ist eine weitere Richtlinie von Bedeutung, die „Richtlinie zu Antrags- und Genehmigungsverfahren für die Durchführung von Großraum- und Schwertransporten (RGST)". Sie enthält u. a. das

Antrags- und Bescheidformular, einen Auflagenkatalog und eine tabellarische Darstellung der Fahrauflagen.

7. § 46 Abs. 1 Satz 1 Nr. 5 StVO lässt Ausnahmen von den Vorschriften der StVO über Höhe, Länge und Breite von Fahrzeug und Ladung zu. Die Vorschrift greift nur dann ein, wenn die Ladung Übermaße aufweist. Eine Ausnahmegenehmigung nach § 46 Abs. 1 Satz 1 Nr. 5 StVO kann aber durchaus zusätzlich zu einer Ausnahmegenehmigung nach § 70 StVZO (und der Erlaubnis nach § 29 Abs. 3 StVO) notwendig werden, und zwar dann, wenn das Fahrzeug oder die Fahrzeugkombination nicht der StVZO entspricht und die (übergroße) Ladung über das Fahrzeug hinausragt. Ausnahmen von Gewichtsvorschriften sind nach § 46 Abs. 1 Satz 1 Nr. 5 StVO nicht möglich: die Vorschrift bezieht sich auf § 22 StVO, der nur Regelungen über Höhe, Länge und Breite enthält.

   Eine „Ladungsgenehmigung" darf nur für den Transport unteilbarer Ladung erteilt werden und nur dann, wenn für den Transport kein Spezialfahrzeug zur Verfügung steht.

8. Die Durchführung eines Schwertransports überschreitet die Grenzen des Gemeingebrauchs und stellt aus straßenrechtlicher Sicht eine Sondernutzung dar. Eine gesonderte Sondernutzungserlaubnis entfällt jedoch nach straßenrechtlichen Kollisionsnormen; sie geht in der straßenverkehrsrechtlichen Ausnahmegenehmigung oder Erlaubnis auf.

   Die Belange der Straßenbaubehörde werden jedoch dadurch gewahrt, dass sie im Verfahren zu beteiligen ist und dass die von ihr geforderten Bedingungen und Auflagen in den Genehmigungs- oder Erlaubnisbescheid aufzunehmen sind.

9. Nach den einschlägigen Richtlinien und Verwaltungsvorschriften dürfen Ausnahmegenehmigungen und Erlaubnis nur erteilt werden, wenn der Antragsteller zuverlässig ist. Diese persönliche Anforderung tritt zur technischen Eignung des Fahrzeugs hinzu. Die Ausnahmegenehmigung wird damit zur „personengebundenen Sacherlaubnis". Die Zuverlässigkeit ist nicht gegeben, wenn der Unternehmer in der Vergangenheit gegen Nebenbestimmungen in einer Erlaubnis oder Ausnahmegenehmigung verstoßen hat oder Transporte ungenehmigt durchgeführt hat.

10. Motiv und Ausnahmegrund bei der Zulassung von Großraum- und Schwertransporten ist (neben der Genehmigung von Überführungsfahrten von im Leerzustand schon übergroßen oder überschweren Fahrzeugen) die Notwendigkeit, überdimensionierte Ladung zu befördern. Der Transport unteilbarer Ladung ist deshalb rechtliche Bedingung für jede Ausnahmegenehmigung oder Erlaubnis. Wirtschaftliche Aspekte i. S. einer „Streckenminimierung"

oder der Möglichkeit, technisch vorhandene Ladekapazität auch auszunutzen, zählen dagegen nicht. Als unteilbar gilt eine Ladung,

- deren Zerlegung aus technischen Gründen unmöglich ist oder unzumutbare Kosten verursachen würde.
- die aus zwei Teilen besteht, welche aber aus statischen Gründen beim Transport miteinander verbunden werden müssen.
- aus mehreren Teilen besteht, wenn mindestens eines dieser Teile übergroß ist und die anderen (kleineren) Teile innerhalb des Rahmens bleiben, den das übergroße Ladungsstück zieht. Eine Gewichtsüberschreitung darf durch die kleineren Teile aber nicht bewirkt werden.

Mit der Definition dieser Fallgruppen in den Verwaltungsvorschriften ist der Ladungsbegriff als Grundlage für die Erteilung von Ausnahmegenehmigungen aber nicht abschließend bestimmt.

So dürfte es ermessensgerecht sein, die „anerkannten" Fälle von teilbarer Ladung um eine Fallgruppe der „funktionellen" Unteilbarkeit zu ergänzen. Das würde es beispielsweise ermöglichen, bei selbstfahrenden Arbeitsmaschinen Fahrwerk und die mit dem Fahrwerk zur Arbeitsleistung fest verbundenen Einrichtungen (z. B. Maschinenkörper eines Mähdreschers und dessen Schneidwerk) gemeinsam zum Einsatzort zu transportieren. Eine entsprechende Betrachtungsweise gibt es schon beim Transport von Kranzubehör, welches nach den VwV – StVO als unteilbar gilt.

11. Eine Verwendung zum Transport unteilbarer Ladung ist bei Lkw – Zügen (Zugfahrzeug und Anhänger) nur in der Form möglich, dass sich die Ladung auf dem Anhänger befindet und ein unbeladener Lkw den Anhänger zieht. Je nach Anhängelast und Straßenverhältnissen (Steigung, glatte Straßenoberfläche) kann es durchaus sein, dass die notwendige Traktion nicht sichergestellt werden kann und dass das Gespann am „Berg hängen bleibt". Um dies zu verhindern, ist es notwendig, die Antriebsachse des Zugfahrzeugs durch Gewichte auf der Ladefläche auszulasten. Bei Lkw – Zügen sind die Nebenbestimmungen, die den Transport unteilbarer Ladung fordern, entsprechend zu ergänzen (z. B. Zuladung von Zubehör über die geltende 10% – Grenze hinaus erlaubt).
12. Die Erteilung von Ausnahmegenehmigungen und Erlaubnis erfolgt durch Bescheid. Geregelt wird dabei:
    a) bei der Ausnahmegenehmigung nach § 70 StVZO:
    Die Zulassung von bestimmten „Abweichungen" von Vorschriften der StVZO für einen bestimmten Zeitraum und einen bestimmten Geltungsbereich.
    b) bei der Erlaubnis nach § 29 Abs. 3 StVO und der Ausnahmegenehmigung nach § 46 Abs. 1 Satz 1 Nr. 5 StVO:

Sowohl der Antrag als auch das Bescheidsmuster für beide Gestattungen sind durch die RGST vorgegeben. Die Hauptregelung besteht aus der Festlegung von Fahrzeit (Zeitraum), Fahrtstrecke, Ladung, Abmessungen von Fahrzeuge bzw. Ladung (Leerfahrt/Lastfahrt), Gewicht (tatsächlich) und den Achslasten bzw. Achsabständen.

13. Zum Schutz der Straßen und der (übrigen) Verkehrsteilnehmer enthalten die Erlaubnis- und Genehmigungsbescheide Nebenbestimmungen. Keine Nebenbestimmungen, sondern Genehmigungsinhaltsbestimmungen sind Fahrtzeitbeschränkungen. Sie treten nicht zur Hauptregelung hinzu, sondern konkretisieren sie.

    Ausnahmegenehmigungen und Erlaubnisse können nach pflichtgemäßem Ermessen mit Nebenbestimmungen versehen werden. I. d. R. differenziert die erlassende Behörde nicht danach, um welche Art von Nebenbestimmung es sich handelt. Die genaue Einordnung ist in diesen Fällen Auslegungsfrage.

    Bedingung für die Gültigkeit einer Ausnahmegenehmigung ist z. B. – entgegen der scheinbar abschließenden Regelung des § 71 StVZO, der nur von „Auflagen" spricht- das Vorliegen einer gültigen Erlaubnis nach § 29 Abs. 3 StVO. Weitere Bedingungen sind die Verwendung des Fahrzeugs zum Transport unteilbarer Ladung und der Abschluss einer erhöhten Haftpflichtversicherung.

    Die Gestattungen ergehen unter Widerrufsvorbehalt und sind befristet. Außerdem enthalten die Bescheide Auflagen, z. B. die Kenntlichmachung mit rot-weiß schraffierten Warntafeln.

14. Ausnahmegenehmigungen und Erlaubnis können widerrufen werden. Ein Widerruf ist beispielsweise möglich, wenn der Begünstigte gegen Auflagen verstoßen hat oder sich die Verkehrsverhältnisse so geändert haben, dass die Aufrechterhaltung der Genehmigung nicht mehr vertretbar wäre.

15. Die von den Bau- und Betriebsvorschriften nach § 70 StVZO genehmigte Ausnahme ist vom Fahrzeugführer durch eine „Urkunde" nachzuweisen, die während der Fahrt mitzuführen und bei Kontrollen vorzulegen ist. Im Gegensatz dazu genügt für den Nachweis einer Erlaubnis nach § 29 Abs. 3 StVO ausdrücklich ein mitgeführtes Telefax (§ 46 Abs. 3 Satz 4 StVO). Diese für die Erlaubnis getroffene Regelung ist analog auch auf die Ausnahmegenehmigung nach § 70 StVZO anzuwenden.

16. Erlaubnis und Genehmigung sind Verwaltungsakte. Wird dem Unternehmer eine Genehmigung versagt oder eine Erlaubnis nicht erteilt, kann er sich dagegen mit der Verpflichtungsklage wehren. Er hat aber nur einen Anspruch auf fehlerfreie Ausübung des Ermessens. Für den Rechtsschutz gegen

Nebenbestimmungen gelten keine Besonderheiten: folgt man der „klassischen" Position, sind nur Auflagen isoliert anfechtbar. Will man eine andere Nebenbestimmung, etwa eine Bedingung, „los werden", muss man Verpflichtungsklage auf uneingeschränkte Erteilung der Erlaubnis oder Genehmigung erheben. Das Gleiche gilt beim Rechtsschutz gegen modifizierende Auflagen oder Genehmigungsinhaltsbestimmungen. Nach neuerer Auffassung sind dagegen alle Nebenbestimmungen selbständig anfechtbar. Ob die Klage begründet ist, soll davon abhängen, ob der Rest-Verwaltungsakt sinnvoller- und rechtmäßigerweise Bestand haben kann. Ein anderes Ergebnis würde sich im Bereich der Durchführung von Großraum- und Schwertransporten aber nicht ergeben.

Vorläufiger Rechtsschutz nach § 123 VwGO ist grundsätzlich denkbar. Allerdings würde mit einer Regelungsanordnung – gerichtet auf Erteilung einer Genehmigung/Erlaubnis – die Hauptsache vorweggenommen. Damit der Antrag Erfolg hätte, müsste u. a. das Ermessen der Genehmigungsbehörde auf Null reduziert sein; es dürfte auch kein Anhörverfahren notwendig sein. Das wird aber nur selten der Fall sein.

Gegen den für sofort vollziehbar erklärten Widerruf einer Gestattung ist ein Antrag nach § 80 Abs. 5 VwGO möglich.

17. Bei einem Verstoß gegen Bestimmungen des Bescheides richten sich die Rechtsfolgen danach, gegen welche Art von Regelung konkret verstoßen wurde. Handelt es sich um eine Bedingung, eine Befristung oder eine modifizierende Auflage, betreibt der Unternehmer ungenehmigten Verkehr. Der Unternehmer „fällt" dann auf die gesetzlichen Maße und Gewichte zurück. Bei einem Auflagenverstoß bleibt ihm dagegen die Genehmigung oder Erlaubnis an sich erhalten.
18. Überschreitet ein Transport bestimmte Maße und Gewichte, muss er durch ein Begleitfahrzeug abgesichert werden. Hier sind – gestaffelt- folgende Formen möglich:
    a) Begleitung durch ein Privatfahrzeug, das nur mit gelbem Blinklicht ausgerüstet ist
    b) Begleitung durch ein WVZ-Fahrzeug mit einer Anlage zur Anzeige von Wechsel-Verkehrszeichen. Der Einsatz der Zeichen erfolgt nach Maßgabe des Erlaubnisbescheides. Die Besatzung des Fahrzeugs hat keine eigene Entscheidungskompetenz, sondern vollzieht nur den behördlichen Bescheid („Verwaltungshelfer"). Verkehrszeichen auf einem Fahrzeug gehen den stationären vor (§ 39 Abs. 2a StVO).

    oder

    c) die Polizeibegleitung als „intensivste" Form der Absicherung. Von der Polizeibegleitung sind die polizeilichen Maßnahmen zu unterscheiden, die den Einsatz der Polizei nicht auf der gesamten Strecke (in Form der Absicherung), sondern nur für punktuelle Verkehrsreglungen (z. B. Anhalten des übrigen Verkehrs an einer Engstelle) erfordern.

19. Wird bei einem Transport das gesetzlich zulässige Gesamtgewicht überschritten, ohne dass dafür eine Genehmigung vorliegt („Überladung"), ist dies bußgeldbewehrt. Die Höhe des Bußgeldes ist nach dem (prozentualen) Grad der Überladung gestaffelt. Ab einem Bußgeld von 40,- € fallen auch Punkte nach dem Punktsystem des StVG an. Auch der Verstoß gegen Vorschriften über die Abmessungen von Fahrzeugen oder der Ladung ist bußgeldbewehrt. Wird eine Geldbuße nicht festgesetzt, kann auch der Verfall eines Geldbetrages festgesetzt werden. Damit wird der wirtschaftliche Vorteil, den der Täter erzielt hat, abgeschöpft.

20. Das Erlaubnisverfahren nach § 29 Abs. 3 StVO/Ausnahmegenehmigungsverfahren nach § 46 Abs. 1 Satz 1 Nr. 5 StVO dient nur dem Interesse der Allgemeinheit. Ist eine genehmigte Strecke für einen Transport nicht geeignet, kann der Unternehmer daraus keine Amtshaftungsansprüche geltend machen. Das Gleiche gilt gegenüber begleitenden Polizeibeamten; sie trifft keinerlei Verantwortung für Transportgut und begleitetes Fahrzeug.

    Etwas anders gilt nur in Ausnahmefällen, etwa wenn aufgrund einer (fehlerhaften) Anweisung der Polizei, der der Unternehmer nachkommt, ein Schaden entsteht. Pflichten gegenüber dem Unternehmer bestehen möglicherweise auch dann, wenn eine Behörde über Spezialwissen verfügt, auf das der Unternehmer angewiesen ist, etwa bei der Prüfung der Statik einer Brücke.

21. Die Zulassung von überlangen (nicht auch überschweren) „Lang – Lkw" („Gigalinern") aufgrund der LkwÜberlStVAusnV hat nicht den Transport unteilbarer Ladung zur Voraussetzung. Nur wenn die Fahrzeuge auf einem anderen als dem in der Verordnung festgelegten Streckennetz eingesetzt werden (oder auch wegen nicht völlig der Verordnung entsprechender Ausstattung) nicht unter den mit der Verordnung genehmigten Probeversuch fallen, brauchen sie die Genehmigungen und Erlaubnisse wie jeder „normale" Großraumtransport.

Literaturverzeichnis

Bader, J./ Ronellenfitsch M.	Verwaltungsverfahrensgesetz, 1. Auflage 2010
Battis, Ulrich	Verfassungsrechtliche Prüfung des Entwurfs zu einer Verordnung über Ausnahmen von straßenverkehrsrechtlichen Vorschriften für Fahrzeugkombinationen mit Überlänge http://www.allianz-pro-schiene.de/presse/pressemitteilungen/2011/031-rechtsgutachten-gigaliner-ramsauers-verordnung-verfassungswidrig/rechtsgutachten-gigaliner-battis.pdf
Bauer, R./Roos, H./ Götzfried, H./Kralik, J.	StVO für die Praxis, Stand: Dezember 2011
Berner, G./Köhler, G /Käß, R.	Polizeiaufgabengesetz – PAG, 10. Auflage 2010
Bouska, Wolfgang	Reifenprofil an außerdeutschen Kraft-Fahrzeugen, VD 1977, 324
Braun, H./Konitzer H.	StVZO, Februar 2011
Breuer, Rüdiger	Konditionale und finale Rechtsetzung, AöR 2002, 523
Brinkrolf, Johannes	Gigaliner, Megaliner, 60-Tonner – einige Fakten zu Straßenschäden http://www.brinkrolf.com/lkw/index.htm
Büff, Karl-Ernst	Die Erteilung von Ausnahmegenehmigungen nach § 70 StVZO für Schwerlastfahrzeuge, VD 1979, 51

Burmann, M./Heß, R./ Jahnke, J./Janker, H.	Straßenverkehrsrecht, 21. Auflage 2010
Bundesanstalt für Straßenwesen (BASt)	Auswirkungen von neuen Fahrzeugkonzepten auf die Infrastruktur des Bundesfernstraßennetzes, 2. Auflage 2006
Bundesministerium für Verkehr, Bau und Stadtentwicklung	Schwertransporte in Deutschland http://www.forschungsinformationssystem.de/servlet/is/231492/
Bundesregierung	Masterplan Güterverkehr und Logisitk http://www.bmvbs.de/cae/servlet/contentblob/23142/publicationFile/491/masterplan-gueterverkehr-und-logistik.pdf
Detterbeck, Steffen	Allgemeines Verwaltungsrecht, 9. Auflage 2011
Ferner, W./Bachmeier, W./ Müller D.	Fachanwaltskommentar Verkehrsrecht, 1. Auflage. 2009
Fromm, Ingo	Bußgeldrechtliche Verantwortlichkeit für Überladungen im Güterverkehr, NZV 2009, 534
Giesa, Siegfried/Bald, Stefan	Hinweise für das Anbringen von Verkehrszeichen und Verkehrseinrichtungen (HAV), 12. Aufl. 2002
Draaf, Wolfgang	bsk-Mitteilungen: Polizei und Schwertransport, dfh 2004, 56
Gusy, Christoph	Verbot mit Erlaubnisvorbehalt – Verbot mit Dispensvorbehalt, JA 1981, 80
Huppertz, Bernd	Betriebs- und Verkehrssicherheit ausländischer Fahrzeuge, SVR 2010, 121
Ders.	Überprüfung ausländischer Fahrzeuge, PVT 2011, 195

Hentschel, Peter	Straßenverkehrsrecht, 39. Auflage 2007
Hentschel P./König P./ Dauer P.	Straßenverkehrsrecht, 41. Auflage 2011
Jagow, Joachim	Abmessungen und Gewichte für Nutzfahrzeuge, VD 1986, 173
Klewe, Klaus-Dieter	Anhörverfahren nach § 70 Abs. 2 StVZO für die Zulassung von Großraum- und Schwerfahrzeugen, VD 1979, 104
Kodal, Kurt (Hrsg.)	Straßenrecht, 7. Auflage. 2010
Kopp, F./Ramsauer, U.	VwVfG, 12. Auflage 2011
Larenz, K./Canaris, C-W.	Methodenlehre der Rechtswissenschaft, 2. Auflage 1995
Linhart, Helmut	Schreiben, Bescheide und Vorschriften in der Verwaltung, Stand 16.12.1011
Lütkes, Hermann (Hrsg.)	Straßenverkehrsrecht, Juli 2011
Manssen, Gerrit	Staatsrecht II- Grundrechte, 3. Auflage 2004
Maurer, Hartmut	Allgemeines Verwaltungsrecht, 18. Auflage 2011
Maunz, T./Dürig, G./Herzog, R./Scholz, R. (Hrsg.)	Grundgesetz, Januar 2011
Meyer, Johann	Was ist Wie?, Stand 01.05.2011
Naumann, Joachim	Brücken und Schwerverkehr – wo sind die Grenzen? in: Bauingenieur 2007, 326
Ossenbühl, Fritz	Tendenzen und Gefahren der neueren Ermessenslehre, DÖV 1988, 618
Peine, Franz-Joseph	Allgemeines Verwaltungsrecht, 10. Auflage 2011

Ostheimer, Herbert Handbuch für das Genehmigungs- und Erlaubnisverfahren im Transportbereich, 3. Auflage 2006

Pietzner, R./Ronellenfitsch, M. Das Assessorexamen im öffentlichen Recht, 12. Auflage 2010

Rebler, Adolf Das System von Ausnahmegenehmigungen und Erlaubnissen nach der StVO und der StVZO, NZV 2004, 450

Rebler, A./Borzym C. Großraum- und Schwertransporte und selbstfahrende Arbeitsmaschinen, 1. Auflage 2008

Dies. Bedingungen in einer Ausnahmegenehmigung für Großraum- und Schwertransporte, VD 2008, 63

Ronellenfitsch, Michael Die Verkehrsmobilität als Grund- und Menschenrecht, AöR 44 (1996), 167

Rumpel, Erwin Zur Verwendung von Genehmigungsinhaltsbestimmungen und Auflagen, BayVBl 1987, 577

Sauthoff, Michael Öffentliche Straßen, 2. Auflage 2010

Schillemeit, Ulrike Die Zulässigkeit eines bundesweiten Modellversuchs mit „Gigalinern“ bzw. „Lang – Lkw“ http://www.allianz-pro-schiene.de/presse/pressemitteilungen/2010/044-gutachten-bundesweite-tests-gigaliner-rechtswidrig/rechtsgutachten-gigaliner-feldversuch.pdf

Schulz, L./Draaf, W. Großraum-/Schwertransport- Leitfaden für die Praxis, 2. Aufl. 2007

Schwerdtfeger, Günther Öffentliches Recht in der Fallbearbeitung, 13. Auflage 2008

Simon, Alfons BayBO, 56. Ergänzungslieferung (August 1997)

Steiner, Udo (Hrsg.) — Besonderes Verwaltungsrecht, 8. Auflage 2006

TÜV Rheinland – Verkehr und Fahrzeuge — Kriterien zur Ballastierung von Gliederzügen mit Schwerlast-Anhänger im Rahmen von Ausnahmebegutachtungen und –genehmigungen nach § 70 StVZO

Weyreuther, Felix — Über „Baubedingungen", DVBl 1969, 232

Ders. — Modifizierende Auflagen, DVBl 1984, 365

Widtmann, J./Grasser, W./Glaser E. — Bayerische Gemeindeordnung – BayGO, Stand Mai 2011

Wolff, Hans/Bachoff, Otto — Verwaltungsrecht I, 12. Auflage 2007

Zeitler, Herbert (Hrsg.) — Bayer. Straßen- und Wegegesetz, Sept. 2011

Anlage I – Richtlinie zur Erteilung einer Ausnahmegenehmigung gem. § 70 StVZO

1. Vorbemerkungen zu den Richtlinien

1.1. Ausnahmen dürfen nur genehmigt werden, wenn alle zumutbaren Möglichkeiten zur Einhaltung der Vorschriften der StVZO voll ausgeschöpft sind. Hierbei ist ein strenger Maßstab anzulegen.

1.2. Ausnahmen dürfen nur genehmigt werden, wenn der Antragsteller das Gutachten eines amtlich anerkannten Sachverständigen für den Kraftfahrzeugverkehr vorlegt, aus dem die erforderlichen Ausnahmen, die Eignung des Fahrzeugs oder der Fahrzeugkombination und die im Interesse der Verkehrssicherheit für erforderlich gehaltenen Auflagen und Bedingungen hervorgehen.

1.3. Im Rahmen der Richtlinien erteilte Ausnahmegenehmigungen von den §§ 32, 32d und 34 StVZO sind auf höchstens 6 Jahre zu befristen. Vor der Erneuerung oder Verlängerung ist durch einen amtlich anerkannten Sachverständigen für den Kraftfahrzeugverkehr zu prüfen, ob die Ausnahmegenehmigung, besonders die Auflagen und Bedingungen der Verkehrsentwicklung und dem Stand der Technik angepasst werden müssen.

1.4. Die Ausnahmegenehmigung
- muss einen Widerrufsvorbehalt enthalten,
- ist nur mit Zustimmung der für den neuen Halter zuständigen Genehmigungsbehörden übertragbar,
- ist mit dem Vorbehalt der nachträglichen Aufnahme, Änderung oder Ergänzung von Bedingungen oder Auflagen zu erteilen.

1.5. Die Genehmigungsbehörde übersendet der in ihrem Land zuständigen Anhörungsbehörde jeweils eine Durchschrift der erteilten Genehmigungen, wenn eine oder mehrere Vorschriften der §§ 32, 32d und 34 StVZO nicht eingehalten und eine Anhörung nach diesen Richtlinien nicht erforderlich ist.

1.6. Ausnahmen sollen nur in dem Umfang genehmigt werden, der unumgänglich notwendig ist, um den beabsichtigten Zweck zu erreichen.

1.7. Bei Ausnahmegenehmigungen für Fahrzeuge, welche die in den Richtlinien aufgeführten Grenzwerte überschreiten, bedarf es zur Genehmigung und Ausdehnung des Geltungsbereichs auf andere Länder des Anhörungsverfahrens nach § 70 Abs. 2 StVZO. Hierbei sind der Genehmigungsentwurf und wo noch nötig, das Gutachten eines amtlich anerkannten Sachverständigen für den Kraftfahrzeugverkehr beizubringen.

1.8. Eine Ausnahmegenehmigung nach § 70 StVZO schließt die Erlaubnis nach § 29 Abs. 3 StVO (Erlaubnis für den Verkehr mit Fahrzeugen, deren Abmessungen, Achslasten oder Gesamtgewichte die gesetzlich zugelassenen Grenzen überschreiten oder deren Bauart dem Führer kein ausreichendes Sichtfeld lässt) nicht ein, kann jedoch mit ihr verbunden werden, soweit die VwV-StVO zu § 29 Abs. 3 StVO (Nr. V Ziff. 4) dies zulässt. Eine eventuelle erforderliche Erlaubnis nach § 29 Abs. 3 StVO ist als Bedingung in der Ausnahmegenehmigung nach § 70 StVZO aufzunehmen.

1.9. Anträge auf Ausnahmen können sowohl die Hersteller als auch die Fahrzeughalter, bei Fahrzeugen, die außerhalb des Geltungsbereiches der StVZO hergestellt worden sind, auch die im Inland ansässigen Importeure stellen. Für Halter außerdeutscher Kraftfahrzeuge und Anhänger, die nach der Verordnung über den internationalen Kraftfahrzeugverkehr zum vorübergehenden Verkehr in der Bundsrepublik Deutschlang zugelassen werden sollen, erteilen Ausnahmegenehmigungen von den Vorschriften der §§ 32, 32d und 34 StVZO die zuständigen Behörden, in deren Gebiet die Grenzübergangsstelle liegt.

1.10. Der Antragsteller muss zuverlässig sein; er ist insbesondere dann nicht zuverlässig, wenn er innerhalb der letzten drei Jahre vorsätzlich oder fahrlässig einen Verkehr ohne die erforderliche Ausnahmegenehmigung (§ 70 StVZO) und/oder Erlaubnis (§ 29 Abs. 3 StVO) vorgenommen und/oder gegen die Bedingungen und/oder Auflagen einer Erlaubnis (§ 29 Abs. 3 StVO) oder Ausnahmegenehmigungen (§ 70 StVZO) verstoßen oder in sonstiger Weise seiner Halterverantwortung zuwidergehandelt hat.

1.11. Sollen bei Zügen oder Sattelkraftfahrzeugen andere als in der Ausnahmegenehmigung unter Angabe der Fahrzeugidentifizierungsnummer aufgeführten Zugfahrzeuge verwendet werden, so ist hierfür eine Ergänzungsausnahmegenehmigung erforderlich. Soweit Ausnahmen mit noch unbekannten Zugfahrzeug erteilt werden, sind einschränkende Auflagen und Bedingungen entsprechend dem Typ des in Betracht kommenden Zugfahrzeugs vorzusehen (z. B. hinsichtlich Zuglänge, Kurvenlauf, Mindestmotorleistung, Bremsen, Achsabstände, Achslast). Durch ein Gutachten eines amtlich anerkannten Sachverständigen für den Kraftfahrzeugverkehr muss bestätigt werden, dass die Auflagen und Bedingungen bei der Fahrzeugkombination erfüllt sind. Der Fahrzeugführer muss dieses Gutachten mitführen und zuständigen Personen auf Verlangen zur Prüfung aushändigen.

1.12. Die Genehmigungsbehörde hat bei Ausnahmegenehmigungen vom Fahrzuggesamtgewicht die Zulassungsstelle zu benachrichtigen.

2. In die Ausnahmegenehmigung sind folgende Bestimmungen im Wortlaut aufzunehmen:

2.1. Die Ausnahmegenehmigung ist vom Fahrzeugführer im Original oder in beglaubigter Abschrift mitzuführen und zuständigen Personen auf Verlangen zur Prüfung auszuhändigen.

2.2. Der Genehmigungsinhaber muss über die gesetzlich vorgeschriebene Kraftfahrzeughaftpflichtversicherung hinaus für Schäden aus Verschulden einen Deckungsschutz in Höhe von mindestens 50 Mio. DM – bei Personenschäden aber maximal 7,5 Mio. DM je Person – abgeschlossen haben. Der nachgewiesene Deckungsschutz muss für die Dauer der Genehmigung aufrechterhalten werden.
Hinweis:
Ein entsprechender Versicherungsnachweis ist der Genehmigungsbehörde bei Antragstellung als Antragsvoraussetzung vorzulegen.

2.3. Bei Verstößen gegen diese Ausnahmegenehmigung ist die zuständige Genehmigungsbehörde zu benachrichtigen.

2.4. Wenn Sie vorsätzlich oder grob fahrlässig einen Verkehr ohne erforderliche Erlaubnis (§ 29 StVO) durchführen, gegen die Nebenbestimmungen (insbesondere Bedingungen und Auflagen) dieser Ausnahmegenehmigung (§ 70 StVZO) verstoßen oder in sonstiger Weise Ihrer Halterverantwortung (§ 31 StVZO) zuwiderhandeln müssen Sie damit rechnen, dass die Ihnen erteilte Ausnahmegenehmigung widerrufen wird und für einen angemessenen Zeitraum keine Ausnahmegenehmigung mehr erteilt werden.

2.5. Die Ausnahmegenehmigung ist der Zulassungsstelle vorzulegen.“

Erläuterungen der in den Richtlinien verwendeten Zeichen.
Ausnahmen von der StVZO

› größer als
≥ größer oder gleich
‹ kleiner als
≤ kleiner oder gleich

Auflagen, Bedingungen und Hinweise

a Auflagen
b technische Bedingungen
c Hinweise für den Sachverständigen

Richtlinie 1: Turmdrehkräne (Sattelkraftfahrzeuge und Züge mit Turmdrehkrananhängern)

Ausnahmen von der StVZO		Auflagen, Bedingungen und Hinweise	
1	von § 32 Abs. 1 Nr. 1 bis zu einer Breite von 3,00 m	a)	Kennzeichnung nach den Richtlinien für die Kenntlichmachung überbreiter und überlanger Straßenfahrzeuge sowie bestimmter hinausragender Ladungen in der jeweils gültigen Fassung.
2	von § 32 Abs. 4 bis zu einer Länge des Sattelkraftfahrzeuges oder Zuges von 27 m.	a+c)	Außerdem müssen am Ende der beiden Längsseiten des Anhängers Spurhalteleuchten nach § 51 Abs. 4 StVZO angebracht werden.
3	von § 32d bis zu folgenden Grenzwerten:	c)	Zur Prüfung der Kurvenlaufeigenschaften ist eine Teilkreisfahrt durchzuführen. Hierbei ist die vordere äußere Begrenzung des Zugfahrzeugs auf dem Kreis mit dem jeweils festgelegten Außenradius zu führen. Analog zu § 32d Abs. 2 StVZO ist das Kraftfahrzeug tangential in den Kreis ein- und nach einer Teilkreisfahrt von 120° wieder tangential auszufahren. Die sich dabei ergebende größte Ringflächenbreite und das Ausschermaß sind zu ermitteln. Bei der Prüfung des Kurvenlaufverhaltens darf der Turmdrehkran, insbesondere der Ausleger, nicht nach vorn über den Außenradius hinausragen.
3.1	bei Sattelkraftfahrzeugen mit einer zulässigen Höchstgeschwindigkeit von nicht mehr als 25 km/h Länge des Sattelkraftfahrzeuges ›15,50*–20m ›20–27 m Außenradius 12,5m 14,0 m Kreisfahrt 120° 120° Ringflächenbreite 7,5m 9,0 m Ausschermaß 1,1m 1,4 m *(16,5 m bei Erfüllung der Richtlinie 85/3/EWG)		
3.2	bei Zügen mit einer zulässigen Höchstgeschwindigkeit von nicht mehr als 25 km/h Länge des Zuges ›18–27 m Außenradius 12,5 m Kreisfahrt 120° Ringflächenbreite 7,5 m Ausschermaß 1,6 m		

Ausnahmen von der StVZO		Auflagen, Bedingungen und Hinweise	
3.1 und 3.2		b+c)	Soweit sich die angegebenen Grenzwerte nur mit gelenkten Achsaggregaten einhalten lassen, können bei einer zulässigen Höchstgeschwindigkeit von nicht mehr als 25 km/h auch Lenkungen verwendet werden, die nicht selbsttätig wirken. Diese Lenkungen müssen jedoch vom ziehenden Fahrzeug oder vom Anhänger aus betätigt werden können. In diesem Fall (bei Nachlenkung) darf nur Schrittgeschwindigkeit gefahren werden.
3.3	Züge und Sattelkraftfahrzeuge mit einer Höchstgeschwindigkeit von mehr als 25 km/h müssen die Kurvenlaufeigenschaften der Richtlinie 8 bzw. 9 erfüllen		
3.1, 3.2 und 3.3		a)	Bei einem Ausschermaß von mehr als 0,8 m ist an der Rückseite des Anhängers ein retroreflektierendes oder beleuchtetes Schild mit der Aufschrift „Achtung Anhänger schert aus“ anzubringen.
		c)	Anmerkung: Bei Anhängern mit einer Begrenzung des Einschlagwinkels der Zugdeichsel ist darauf zu achten, dass sämtliche Lenkungsteile während der Prüfung des Kurvenlaufs freigängig sind.
4	von § 34 Abs. 4 Nr. 1a bis zu einer Einzelachslast von 12 t	a+c)	Bei ungefederten Achsen ist die Geschwindigkeit auf 25 km/h zu begrenzen. Kennzeichnung nach § 58 StVZO.
5	von § 34 Abs. 4 Nr. 3c bis zu einer Doppelachslast – bei starren Doppelachsen von 20 t, – bei geteilten Doppelachsen von 24 t	a+c)	Bei ungefederten Achsen ist die Geschwindigkeit auf 25 km/h zu begrenzen. Kennzeichnung nach § 58 StVZO.
		b)	Der Achsabstand muss mindestens 1,3 m betragen. Zwischen den beiden Achsen muss ein Lastausgleich vorhanden sein.

Ausnahmen von der StVZO		Auflagen, Bedingungen und Hinweise	
6	von § 34 Abs. 5 bis zu einem Gesamtgewicht von 24 t bei zweiachsigen Fahrzeugen		
7	von § 35 bis zu einer Motorleistung von mindestens 3 kW/t des zulässigen Gesamtgewichts des Kraftfahrzeugs und der jeweiligen Anhängelast.	c)	Nur für Sattelkraftfahrzeug und Züge mit einer zulässigen Höchstgeschwindigkeit von nicht mehr als 25 km/h.
8	von § 42 Abs. 1	c)	Das ziehende Fahrzeug muss für die erhöhte Anhängelast geeignet sein. Die Eignung ist durch das Gutachten eines amtlich anerkannten Sachverständigen für den Kraftfahrzeugverkehr nachzuweisen.
9	von § 43 Abs. 4 Einrichtungen zur Verbindung des Zugfahrzeugs mit dem Kran brauchen nicht selbsttätig zu wirken.		
10	von § 44 Abs. 1 bei Ausführung als Sattelanhänger	a)	Einrichtungen zum Abstützen des abgesattelten Anhängers sind mitzuführen.
11		a)	Für den Turmdrehkran sind mindestens 2 Warndreiecke und mindestens 2 tragbare Warnleuchten nach § 35a Abs. 1 StVZO mitzuführen.
12		a+c)	Der Turmdrehkran muss, soweit erforderlich, mit einem Lenker besetzt sein. Es muss eine Einrichtung zur wechselseitigen Sprechverständigung zwischen dem Führer des Zugfahrzeugs und dem Lenker der Zusatzlenkanlage des Anhängers vorhanden sein. Bei Betätigung der Zusatzlenkanlage ist Schrittgeschwindigkeit zu fahren.

Richtlinie 2: Selbstfahrende Kräne (Autokräne und Mobilkräne), Gelenkmastfahrzeuge (Betonpumpen, Arbeitsbühnen, Feuerlöschfahrzeuge)

Ausnahmen von der StVZO		**Auflagen, Bedingungen und Hinweise**	
1	von § 32 Abs. 1 Nr. 1 bis zu einer Breite von 3 m – für Auto- und Mobilkräne – für Gelenkmastfahrzeuge mit einer Arbeitshöhe von mehr als 55 m.	a)	Kennzeichnung der Überbreite nach den Richtlinien für die Kenntlichmachung überbreiter und überlanger Straßenfahrzeuge sowie bestimmter hinausragender Ladungen in der jeweils gültigen Fassung.
2	von § 32 Abs. 3 Nr. 1 bis zu einer Länge von 20 m – bei mehr als 7 Achsen bis zu einer Länge von 22 m	a)	Kennzeichnung der Überlänge nach den Richtlinien für die Kenntlichmachung überbreiter und überlanger Straßenfahrzeuge sowie bestimmter hinausragender Ladungen in der jeweils gültigen Fassung.
3	von § 32d Abs. 1 bis zu folgenden Werten: Achszahl 4 5–6 7–8 9–10 Außenradius 14m 16,5m 16,5 m 16,5m Kreisfahrt 360° 360 ° 120° 120° Ringflächenbreite 7,2m 7,5m 8m 8,5m Ausschermaß 0,8m 0,8m 1,1m 1,4m	b+c) a+c)	Zur Prüfung der Kurvenlaufeigenschaften ist – bei Fahrzeugen bis 6 Achsen eine volle Kreisfahrt – bei Fahrzeugen mit 7 und mehr Achsen ist eine Teilkreisfahrt mit 120° durchzuführen. Hierbei ist die vordere äußere Begrenzung (ggf. der nach vorne überragende Ausleger) auf dem Kreis mit dem jeweils festgelegten Außenradius zu führen. Analog zu § 32d Abs. 2 StVZO ist das Kraftfahrzeug tangential in den Kreis ein- und nach einer Kreisfahrt von 120 wieder tangential auszufahren. Die sich dabei ergebende größte Ringflächenbreite und das Ausschermaß sind zu ermitteln.
4	von § 34 Abs. 4 Nr. 1a u. b bis zu einer Einzelachslast von 12 t.		Ist mindestens eine Achse ungefedert, so ist die Höchstgeschwindigkeit auf 30 km/h zu begrenzen (Kennzeichnung nach § 58 StVZO erforderlich).

Ausnahmen von der StVZO		Auflagen, Bedingungen und Hinweise	
5	von § 34 Abs. 4 Nr. 2c bis zu einer Doppelachslast von 24 t	b+c)	Der Achsabstand muss mindestens 1,3 m betragen. Bei Achsabständen unter 1,3 m dürfen die nach § 34 Abs. 4 Nr. 2 Buchst. b StVZO höchstzulässigen Doppelachslasten nicht überschritten werden. Zwischen den beiden Achsen muss ein Lastausgleich vorhanden sein. Ist eine Doppelachse ungefedert, so ist die Höchstgeschwindigkeit auf 30 km/h zu begrenzen. Kennzeichnung nach § 58 StVZO.
6	von § 34 Abs. 5 Nr. 1a, 2a, b, Nr. 3 u. 4 bis zu einem Gesamtgewicht für 2 Achsen 24 t 3 Achsen 36 t 4 Achsen 48 t 5 Achsen 60 t 6 Achsen 72 t 7 Achsen 84 t 8 Achsen 96 t 9 Achsen 108 t 10 Achsen 120 t		
7	von § 35b Abs. 2	a+c)	Wenn das Sichtfeld mehr als geringfügig beeinträchtigt ist, muss mind. eine geeignete Begleitperson besonders an Kreuzungen und Straßeneinmündungen dem Führer des Fahrzeugs die für das sichere Führen erforderlichen Hinweise geben. Messverfahren siehe Richtlinie zur Prüfung des Sichtfeldes an selbstfahrenden Arbeitsmaschinen (VkBl. 1995, S 274).
		b)	Die Entfernung von Mitte Lenkrad bis zur Vorderkante des Auslegers darf nicht mehr als 3,5 m betragen.

Ausnahmen von der StVZO		Auflagen, Bedingungen und Hinweise	
		c)	Gefährliche Teile gem. § 30c Abs. 1 StVZO sind hinten auf das Fahrzeug abzulegen. Angehängte Kranhaken und ihre Zusatzteile dürfen die Sicht des Fahrzeugführers nur geringfügig beeinträchtigen.
8	von § 35e Abs. 3	c)	Die Türen, ausgenommen Fahrerhaustüre, von Krankabinen, die gleichzeitig Fahrerkabinen sind, dürfen auch hinten angeschlagen sein. Das Türschloss und die Betätigungseinrichtung müssen so ausgeführt sein, dass ein unbeabsichtigtes Öffnen nicht zu erwarten ist.
9		a)	Zusätzlich zu den in § 41 Abs. 14 Satz 2 StVZO geforderten Unterlegkeilen müssen Kräne mit 2 oder 3 Achsen mind. 1 weiteren und Kräne mit mehr als 3 Achsen mind. 2 weitere Unterlegkeile mitführen.
10		a)	Der Oberwagen von Kränen muss gegen Verdrehen formschlüssig mechanisch gesichert sein.
		c)	Dies gilt nicht, wenn der Ausleger auf einem Nachläufer abgelegt wird.
		c)	Bei knickgelenkten Fahrzeugen darf nach dem Einlegen der Sicherung der Oberwagen noch soweit drehbar bleiben, wie es für die Lenkung erforderlich ist. Dabei darf die Fahrzeugbreite nicht überschritten werden.
		a)	Der Ausleger ist in Fahrtstellung mechanisch oder hydraulisch festzulegen und zu sichern („Sicherung von Kippeinrichtungen sowie von Hub- und sonstigen Arbeitsgeräten an Straßenfahrzeugen“ in der jeweils gültigen Fassung).

Ausnahmen von der StVZO		Auflagen, Bedingungen und Hinweise	
11		a)	Wenn der Ausleger nach vor über die übrigen Begrenzungen des Fahrzeugs hinausragt, ist sein vorderstes Teil an beiden Seiten durch rot-weiße retroreflektierende Schrägschraffierungen, bei Dunkelheit durch je eine nach der Seite wirkende Leuchte (bauartgenehmigte Begrenzungsleuchte) zu kennzeichnen.
12		a)	Der Lasthaken und andere Arbeitsgeräte müssen gegen Veränderungen ihrer Lage gesichert sein.
13		a+c)	In dem Gutachten ist vom amtlich anerkannten Sachverständigen für den Kraftfahrzeugverkehr der Rüstzustand des Fahrzeugs genau anzugeben. Insbesondere sind schwere Ausrüstungsteile und Ballastgewichte zu nennen. Ferner ist das Fahrzeug durch eine leichtverständliche Skizze darzustellen, die in die Ausnahmegenehmigung aufzunehmen ist.

Hinter Autokränen und Gelenkmastfahrzeugen mit nicht mehr als 6 Achsen dürfen Spezialanhänger zur Beförderung von Teilen des ziehenden Krans oder der Betonpumpe mitgeführt werden.

Zuglänge: max. 25,0 m
Breite des Anhängers: max. 2,5 m
Länge des Anhängers: max. 12,0 m
Zul. Gesamtgewicht des Anhängers:
2-achsig max. 18 t
3- und mehrachsig max. 24 t
Spezifische Motorleistung des Zuges: mind. 3 kW/t
Kurvenlauf des Zuges: Es gelten die Bedingungen für das Solofahrzeug.

Richtlinie 3: Bagger (ausgenommen Schaufellader)

Ausnahmen von der StVZO		Auflagen, Bedingungen und Hinweise	
1	von § 32 Abs. 1 Nr. 1 bis zu einer Breite von 2,75 m		
2	von § 34 Abs. 4 Nr. 1a u. b bis zu einer Einzelachslast von 12 t	a)	Bei ungefederten Achsen ist die Geschwindigkeit auf 30 km/h zu begrenzen. Kennzeichnung nach § 58 StVZO.
3	von § 34 Abs. 5 Nr. 1a bis zu einem zulässigen Gesamtgewicht von 24 t	a+c)	Zusätzlich zu den in § 41 Abs. 14 Satz 2 StVZO geforderten Unterlegkeilen muss mind. ein weiterer Unterlegkeil mitgeführt werden. Leergewicht angeben.
4	von § 35b Abs. 2	a+c)	Wenn das Sichtfeld mehr als geringfügig beeinträchtigt ist, muss mind. eine Begleitperson besonders an Kreuzungen und Straßeneinmündungen dem Führer des Fahrzeugs die für das sichere Führen erforderlichen Hinweise geben. Messverfahren siehe Richtlinie zu Prüfung des Sichtfeldes an selbstfahrenden Arbeitsmaschinen (VkBl.1995, S. 274), siehe im Anhang 10.
		a+c)	Die Entfernung von Mitte Lenkrad bis zur Vorderkante des Auslegers darf nicht mehr als 3,5 m betragen, es sei denn, der Bagger wird geschleppt (§ 33 StVZO).
		a)	Der vorderste Teil des Auslegers ist an beiden Seiten durch retroreflektierende rot-weiße Schrägschraffierungen, bei Dunkelheit durch je eine nach der Seite wirkende Leuchte (bauartgenehmigte Begrenzungsleuchte) zu kennzeichnen.
5	von § 35e Abs. 3	b)	Türen dürfen auch hinten angeschlagen sein.
		c)	Das Türschloss und die Betätigungseinrichtung müssen so ausgeführt sein, dass ein unbeabsichtigtes Öffnen nicht zu erwarten ist.

Ausnahmen von der StVZO		Auflagen, Bedingungen und Hinweise	
6	von § 49a Abs. 1 Zusätzliche Rückstrahler dürfen abnehmbar sein.	a)	Die zusätzlichen Rückstrahler gem. § 53 Abs. 4 StVZO sind vor jeder Fahrt auf öffentlichen Straßen in der vorgesehenen Anbaulage anzubringen.
7	von § 51b Abs. 2 Umrissleuchten		
8	von § 60 Abs. 2. Das hintere Kennzeichen darf abnehmbar sein.	a)	Abnehmbare Kennzeichen sind vor jeder Fahrt auf öffentlichen Straßen in der vorgesehenen Anbaulage anzubringen.
9		a)	Der Oberwagen muss gegen Verdrehen formschlüssig mechanisch gesichert sein. Der Ausleger ist in Fahrstellung mechanisch oder hydraulisch festzulegen und zu sichern („Sicherung von Kippeinrichtungen sowie von Hub- und sonstigen Arbeitsgeräten an Straßenfahrzeugen“ in der jeweils gültigen Fassung).
10		a)	Greifer, Schleppschaufel, Löffel und andere Arbeitsgeräte müssen gegen Veränderungen ihrer Lage gesichert sein.
11		a)	Bei Fahrten auf öffentlichen Straßen sind verkehrsgefährdende Teile, z. B. die scharfen Vorderkanten oder -zähne der Schaufeln abzudecken.

Richtlinie 4: Planiermaschinen (Motorgrader)

Ausnahmen von der StVZO		Auflagen, Bedingungen und Hinweise	
1	von § 32 Abs. 1 Nr. 1 bis zu einer Breite von 2,75 m		
2	von § 35 Abs. 2	a+c)	Wenn das Sichtfeld mehr als geringfügig beeinträchtigt ist, oder die Entfernung von Mitte Lenkrad bis zur Vorderkante des Fahrzeugs mehr als 3,5 m beträgt, muss mind. eine Begleitperson

Ausnahmen von der StVZO		Auflagen, Bedingungen und Hinweise	
			besonders an Kreuzungen und Straßeneinmündungen dem Führer die für das sichere Führen erforderlichen Hinweise geben. Messverfahren siehe Richtlinie zu Prüfung des Sichtfeldes an selbstfahrenden Arbeitsmaschinen (VkBl. 1995, S. 274).
3	von § 36a jedoch nur für die Vorderräder	a)	Bei ungünstiger Witterung (nasser Fahrbahn, Regen oder Schnee) darf eine Höchstgeschwindigkeit von 30 km/h nicht überschritten werden (Betriebsvorschrift). Hinweis: § 32 StVO (Straße darf nicht verschmutzt werden).
		c)	Das Fahrzeug muss mit einer Scheibenwaschanlage ausgerüstet sein.
4	von § 49a Abs. 1 in Verbindung mit § 51 Abs. 1 und § 54 für abnehmbare Beleuchtungseinrichtungen und Fahrtrichtungsanzeiger	a)	Vor Antritt jeder Fahrt muss geprüft werden, ob die Beleuchtungseinrichtung vorschriftsmäßig angebracht und funktionsfähig ist.
		c)	Die Scheinwerfer sind möglichst weit vorne am Fahrzeug anzubringen. Das ausgestrahlte Licht darf den Fahrzeugführer weder mittelbar noch unmittelbar über Rückspiegel oder sonstige spiegelnde Flächen beeinträchtigen.
5		c)	Der Abstand der Lichtaustrittsfläche der Scheinwerfer von der vorderen Begrenzung des Fahrzeugs darf nicht mehr als 1 m betragen.
6		a+c)	Alle Arbeitsgeräte sind in Fahrstellung zu sichern („Sicherung von Kippeinrichtungen sowie von Hub- und sonstigen Arbeitsgeräten an Straßenfahrzeugen“ in der jeweils gültigen Fassung).
7		a)	Bei Fahrten auf öffentlichen Straßen sind verkehrsgefährdende Teile, z. B. die scharfen Kanten der Arbeitsgeräte abzudecken.

Richtlinie 5: Schaufellader

Ausnahmen von der StVZO		Auflagen, Bedingungen und Hinweise	
1	von § 32 Abs. 1 Nr. 1 bis zu einer Breite von 3,0 m	a)	Kennzeichnung der Überbreite nach den Richtlinien für die Kenntlichmachung überbreiter und überlanger Straßenfahrzeuge sowie bestimmter hinausragender Ladungen in der jeweils gültigen Fassung.
2	von § 34 Abs. 4 Nr. 1a u. b bis zu einer Einzelachslast von 12 t	a)	Die Höchstgeschwindigkeit ist auf 50 km/h zu begrenzen. Kennzeichnung nach § 58 StVZO.
		b+c)	Die Achsen müssen mit Niederdruckreifen versehen werden.
3	von § 34 Abs. 5 Nr. 1a bis zu einem Gesamtgewicht von 24 t	c)	Leergewicht angeben.
4	von § 35b Abs. 2	a+c)	Wenn das Sichtfeld mehr als geringfügig beeinträchtigt ist oder die Entfernung von Mitte Lenkrad bis zur Vorderkante des Fahrzeugs mehr als 3,5 m beträgt, muss mind. eine Begleitperson besonders an Kreuzungen und Straßeneinmündungen dem Führer die für das sichere Führen erforderliche Hinweise geben. Messverfahren siehe Richtlinie zur Prüfung des Sichtfeldes an selbstfahrenden Arbeitsmaschinen (VkBl. 1995, S. 274).
5	von § 35e Abs. 3	b)	Türen dürfen auch hinten angeschlagen sein.
6	von § 36a für nicht hinreichend wirksame Radabdeckungen	c)	Das Fahrzeug muss mit einer Scheibenwaschanlage ausgerüstet sein.
		a)	Bei ungünstiger Witterung (nasser Fahrbahn, Regen und Schnee) darf eine Höchstgeschwindigkeit von 30 km/h nicht überschritten werden (Betriebsvorschrift). Hinweis § 32 StVO (Straße darf nicht verschmutzt werden).
7	von § 49a Abs. 1 i.V.m. § 51 Abs. 1 und § 54 für abnehmbare	a+c)	Beträgt der Abstand von der Vorderkante des Fahrzeugs bis zu den seitlich angebrachten Blinkleuchten mehr als 3,5 m,

Ausnahmen von der StVZO		Auflagen, Bedingungen und Hinweise	
	Beleuchtungseinrichtungen und Fahrrichtungsanzeiger		so ist zusätzlich ein Paar Blinkleuchten möglichst weit vorne, z. B. auf der abnehmbaren Schutzleiste an der Schaufel anzubringen. Beträgt der Abstand der Lichtaustrittsfläche der Scheinwerfer von der vorderen Begrenzung des Fahrzeugs mehr als 3,5 m, so ist möglichst weit vorne, z. B. auf der abnehmbaren Schutzleiste, zusätzlich ein Paar Begrenzungsleuchten anzubringen.
		a)	Vor Antritt jeder Fahrt muss geprüft werden, ob die Beleuchtungseinrichtung vorschriftsmäßig angebracht und funktionsfähig ist.
		c)	Die Scheinwerfer sind möglichst weit vorne am Fahrzeug anzubringen. Das ausgestrahlte Licht darf den Fahrzeugführer weder mittelbar noch unmittelbar über Rückspiegel oder sonstige spiegelnde Flächen beeinträchtigen.
8	von § 56 Abs. 2 Nr. 1 statt eines Innenspiegels und eines Außenspiegels dürfen zwei Innenspiegel verwendet werden.	c)	Art der Anbringung und Sichtfeld. Der amtlich anerkannte Sachverständige muss prüfen, dass die Sicht nach hinten gewährleistet ist.
9		a)	Die Schaufel ist in Fahrtstellung zu sichern („Sicherung von Kippeinrichtungen sowie von Hub- und sonstigen Arbeitsgeräten an Straßenfahrzeugen“ in der jeweils gültigen Fassung).
10		a)	Öffentliche Straßen dürfen außerhalb des Baustellenbereiches nur mit unbeladenem Schaufellader befahren werden, dabei sind verkehrsgefährdende Teile, z. B. die scharfen Kanten oder die Zähne der Schaufeln, abzudecken.
11		a)	Zusätzlich zu dem in § 41 Abs. 14 Satz 2 StVZO geforderten Unterlegkeil muss mind. ein weiterer Unterlegkeil mitgeführt werden.

Richtlinie 6: Autoschütter (Dumper)

Ausnahmen von der StVZO		Auflagen, Bedingungen und Hinweise	
1	Von § 32 Abs. 1 Nr. 1 bis zu einer Breite von 2,75 m	b+c)	Autoschütter mit einer durch die Bauart bestimmten Höchstgeschwindigkeit von nicht mehr als 8 km/h und mit einem zulässigen Gesamtgewicht von nicht mehr als 2 t.
2	Von § 41 Abs. 1. Die Fahrzeuge brauchen nur mit einer Bremsanlage ausgerüstet sein, die über mechanische Mittel festgestellt werden kann.		
3		a)	Öffentliche Straßen dürfen außerhalb des Baustellenbereiches nur unbeladen fahren.

Richtlinie 7: Muldenkipper

Ausnahmen von der StVZO		Auflagen, Bedingungen und Hinweise	
1	von § 32 Abs. 1 Nr. 1 bis zu einer Breite von 3,5 m	a)	Kennzeichnung der Überbreite nach den Richtlinien für die Kenntlichmachung überbreiter und überlanger Straßenfahrzeuge sowie bestimmter hinausragender Ladungen in der jeweiligen gültigen Fassung.
2	von § 34 Abs. 4 Nr. 1 bis zu einer tatsächlichen Einzelachslast von	b+c)	Die Achsen müssen gefedert sein. Außerdem müssen Reifen mit höchstens folgenden spezifischen Bodenpressungen (nach Angaben der Reifenhersteller) verwendet werden:
	17,5 t 16,5 t 15,0 t 14,0 t		0,20 N/mm² 0,25 N/mm² 0,30 N/mm² 0,35 N/mm²

Ausnahmen von der StVZO		Auflagen, Bedingungen und Hinweise	
		a)	Hinweisschilder mit dem für Straßenfahrten zulässigen Reifeninnendruck sind in Radnähe anzubringen.
3	von § 34 Abs. 5 Nr. 1 bis zu einem tatsächlichen Gesamtgewicht von 30 t.	c)	Leergewicht angeben.
4	von den §§ 49a und 60. Die hinteren Beleuchtungseinrichtungen und das hintere Kennzeichen dürfen abnehmbar, abklappbar oder einschiebbar sein.	a)	Vor Antritt jeder Fahrt auf öffentlichen Straßen muss geprüft werden, ob die Beleuchtungseinrichtungen und das Kennzeichen vorschriftsmäßig angebracht und funktionsfähig sind.
5	von § 50 Abs. 3. Der höchste Punkt der leuchtenden Fläche der Scheinwerfer darf höher als 1200 mm über der Fahrbahn liegen.	a)	Einstellung der Scheinwerfer nach § 50 Abs. 6 Satz 4 StVZO und – bei einer Anbringungshöhe von mehr als 1400 mm – Begrenzung der Geschwindigkeit bei Fahrten während der Dunkelheit oder wenn die Witterung es erfordert auf 30 km/h.
6		a)	Ausnahmegenehmigung für Muldenkipper mit von den Vorschriften der StVZO abweichenden Abmessungen und Gewichten dürfen nur für Überführungsfahrten ohne Beladung erteilt werden. Dabei gelten für den Arbeitseinsatz des Fahrzeugs bestimmte Austauschräder nicht als Ladung, sondern als Zubehör.

Richtlinie 8: Züge für Großraum- und Schwertransporte

Für die Beförderung folgender Ladungen können Ausnahmegenehmigungen insbesondere von §§ 32, 32d und 34 StVZO für Züge erteilt werden, wenn diese Ladungen nicht auf vorschriftsmäßigen Fahrzeugen bzw. Fahrzeugkombinationen befördert werden können und den Einsatz eines entsprechenden Spezialfahrzeugs oder -fahrzeugkombination erfordern, wobei dass Fahrzeug bzw. Fahrzeugkombination dabei die Ladung möglichst so angepasst sein muss, dass z. B. Maßüberschreitungen möglichst gering bleiben:

1. Einer unteilbaren Ladung,
   unteilbar ist eine Ladung, wenn ihre Zerlegung aus technischen Gründen unmöglich ist oder die Zerlegung und der Zusammenbau unzumutbare Kosten verursachen würden. Die Genehmigungsbehörde kann zur Vorbereitung der Entscheidung die Beibringung eines Sachverständigengutachtens über die Unteilbarkeit der Ladung bzw. über die Kosten der Zerlegung und des Zusammenbaus verlangen.
2. Einer aus zwei Teilen bestehenden Ladung,
   wenn die Teile aus Festigkeitsgründen nicht als Einzelstücke befördert werden können und diese unteilbar sind.
3. Mehrerer einzelner Teile,
   die je für sich unteilbar sind und jeweils wegen ihrer Länge, Breite oder Höhe die Benutzung eines Fahrzeugs mit einer entsprechenden Ausnahmegenehmigung nach § 70 StVZO erfordern, jedoch unter Einhaltung der nach § 34 StVZO zulässigen Achslasten und Gesamtgewichte. Kürzere Ladungsstücke dürfen bei Langmaterialtransportern beigeladen werden, wenn mind. 50 % des Gesamtgewichts der Ladung aus überlangen unteilbaren Ladungsstücken besteht, die eine Überlänge des Fahrzeugs erfordern und im übrigen die Vorschriften des § 34 StVZO eingehalten werden.
4. Austauschbare Ladungsträger bis max. 40 Fuß (z. B. Container, Wechselbehälter), bei Zügen bis zu einem Zuggesamtgewicht von 44 t, jedoch unter Einhaltung der nach § 32 StVZO zulässigen Abmessungen und der nach § 34 StVZO zulässigen Achslasten und nur im kombinierten Verkehr Schiene/Straße bzw. Straße/Schiene vom Versender bis zum nächstgelegenen geeigneten Verladebahnhof oder vom nächstgelegenen geeigneten Entladebahnhof bis zum Empfänger bzw. nur im kombinierten Verkehr Hafen/Straße innerhalb der Nahzone des Ortes in dem sich der Hafen befindet.
5. Zubehör zu Ladungen nach 1 oder 2,
   darf 10 % des Gesamtgewichts der Ladung nicht überschreiten und muss in dem Begleitpapier mit genauer Bezeichnung aufgeführt sein.
6. Einer teilbaren Ladung,
   im Zulauf zu oder im Ablauf von einem Großraum- oder Schwertransport, wenn die Ladefläche(n) des Fahrzeugs bzw. der Fahrzeugkombination die nach § 32 StVZO zulässigen Abmessungen einhält, die nach § 34 StVZO zulässigen Grenzwerte nicht überschritten werden und dieser Transport in die Erlaubnis nach § 29 StVO für den einzelnen Transport ausdrücklich genehmigt worden ist.

Ausnahmen von der StVZO		Auflagen, Bedingungen und Hinweise	
1	von § 32 Abs. 1 Nr. 1 bis zu einer Breite von 3,00 m, bei Verwendung von Ladeflächenverbreiterungen bis zu einer Breite von 3,25 m.	a)	Kennzeichnung der **Überbreite** nach den Richtlinien für die Kenntlichmachung überbreiter und überlanger Straßenfahrzeuge sowie bestimmter hinausragender Ladungen in der jeweils gültigen Fassung. Mit verbreiteter Ladung darf nur gefahren werden, wenn die Breite und Art der Ladung dies erfordert. Bei Leerfahrten sind die Ladeflächenverbreiterungen abzunehmen, einzuschieben oder einzuklappen.
2	von § 32 Abs. 4 Nr. 3 und 4 – bis zu einer Länge von 32 m – Teillängen nicht eingehalten.	a)	Kennzeichnung der **Überlänge** nach den Richtlinien für die Kenntlichmachung überbreiter und überlanger Straßenfahrzeuge sowie bestimmter hinausragender Ladungen in der jeweiligen gültigen Fassung. Bei veränderlicher Ladefläche ist diese auf das für die Unterstützung der Ladung erforderliche Maß zu beschränken. Leerfahrten dürfen bei ausziehbarer Ladefläche nur mit der kürzest möglichen Fahrzeug- bzw. Zuglänge durchgeführt werden.
3	von § 32d bis zu folgenden Grenzwerten: Länge des Zuges ≤ 23m ›23–27m ›27–32m Außenradius 12,5m 12,5m 14,0 m Kreisfahrt 360° 120° 120° Ringflächenbreite 7,2 m 7,2 m 8,5 m Ausschermaß 1,3 m 1,6 m 1,6 m	b+c)	Bei einer Länge des Zuges von mehr als 23 m ist zur Prüfung der Kurvenlaufeigenschaft eine Teilkreisfahrt durchzuführen. Hierbei ist die vordere äußere Begrenzung des Zugfahrzeugs auf dem Kreis mit dem jeweils festgelegten Außenradius zu führen. Analog zu § 32d Abs. 2 StVZO ist das Kraftfahrzeug tangential in der Kreis ein- und nach einer Teilkreisfahrt von 120 wieder tangential auszufahren. Die sich dabei ergebende größte Ringflächenbreite und das Ausschermaß sind zu ermitteln.

Ausnahmen von der StVZO		Auflagen, Bedingungen und Hinweise	
		c)	Soweit sich die angegebenen Grenzwerte nur mit gelenkten Achsaggregaten einhalten lassen, muss die Lenkung selbsttätig wirken.
		a)	Bei einem Ausschermaß von mehr als 0,8 m ist an der Rückseite des Anhängers ein retroreflektierendes oder beleuchtetes Schild mit der Aufschrift „Achtung Anhänger schert aus" anzubringen. Beträgt das Ausschermaß mehr als 1,1 m, so ist mind. eine Begleitperson erforderlich, die dem Führer des Fahrzeugs die für das sichere Führen erforderlichen Hinweis gibt. In besonderen Fällen kann die Erlaubnisbehörde (§ 29 Abs. 3 StVO) festlegen, dass eine Begleitperson für bestimmte Streckenabschnitte entbehrlich ist. Wird der Transport von einem Begleitfahrzeug gesichert, das nach dem „Merkblatt für die Ausrüstung der privaten, firmeneigenen Begleitfahrzeuge für Großraum- und Schwertransporte" ausgerüstet ist, dann ist eine Begleitperson nicht erforderlich.
4	von § 34 Abs. 4 Nr. 1a bei geteilten und gefederten Achsen mit gleichmäßig verteilten Einzelradlasten bis zu einer Einzelachslast von 12 t.		
5	von § 34 Abs. 4 Nr. 3c und d bis zu einer Doppelachslast – bei starren Doppelachsen von 20 t, – bei geteilten Achsen mit gleichmäßig verteilten Einzelradlasten von 24 t.	b+c)	Starre Doppelachsen müssen doppelbereift oder mit Niederdruckreifen versehen sein. Der Achsabstand muss mind. 1,3 m betragen. Bei Achsabständen unter 1,3 m dürfen die nach § 34 Abs. 4 Nr. 2 Buchstabe b StVZO höchstzulässigen Doppelachslasten nicht überschritten werden.

Ausnahmen von der StVZO		**Auflagen, Bedingungen und Hinweise**	
6	von § 34 Abs. 4 Nr. 4b bis zu einer gefederten Dreifachachslast mit mind. einer gelenkten Achse – bei starren Achsen von 30 t, – bei geteilten Achsen von 36 t		
7	von § 34 Abs. 5 Nr. 2a-c u. 3 bis zu einem Gesamtgewicht – bei drciachsigen Zugfahrzeugen von 27,5 t – bei vierachsigen Zugfahrzeugen von 35 t – bei Anhänger mit starren und gefederten Achsen von Anzahl der Achsen mal 10 t, jedoch höchstens 80 t – bei Anhänger mit geteilten und gefederten Achsen von Anzahl der Achsen mal 12 t, jedoch höchstens 96 t.		
8	von § 34 Abs. 6 Nr. 5 bis zu einem Zuggesamtgewicht unter Berücksichtigung von 7 und 9.		
9	von § 35	b+c)	Die Motorleistung muss betragen: – bei Zugmaschinenzügen keine Ausnahmen – bei anderen Zügen von mehr als 40 t Zuggesamtgewicht mind. 4,4 kW/t des genehmigten Zuggesamtgewichtes – jedoch sind nicht mehr als 260 kW erforderlich.
10	von § 42 Abs. 1 (gilt nur für Lastkraftwagenzüge)	c)	Das ziehende Fahrzeug muss für die erhöhte Anhängelast geeignet sein.

Ausnahmen von der StVZO		Auflagen, Bedingungen und Hinweise	
		a+c)	Sofern Steigungen über 8 % befahren werden sollen, muss – die Summe der Antriebsachslasten mind. 25 % des zulässigen Gewichtes des Zuges betragen, – oder die Eignung ist durch ein Gutachten eines amtlich anerkannten Sachverständigen für den Kraftfahrzeugverkehr nachzuweisen.
11	von § 49a wegen des retrofeflektierenden und beleuchteten Schildes an der Rückseite des Anhängers und von §§ 49a und 60 Abs. 2 wegen der abnehmbaren Beleuchtungseinrichtungen und des abnehmbaren Kennzeichens am Anhänger, soweit dies technisch begründet ist.	a)	Vor Antritt jeder Fahrt auf öffentlichen Straßen muss geprüft werden, ob die Beleuchtungseinrichtungen und das Kennzeichen vorschriftsmäßig angebracht und funktionsfähig sind.
12		a+c)	An den Anhängern ist der Lastangriffspunkt zur Sicherung der Lastverteilung dauerhaft kenntlich zu machen. Lastangriffspunkte und Schwerpunkte der Ladung sollen übereinstimmen.
13		a)	Für den Anhänger sind mind. 2 Warndreiecke und 2 tragbare Warnleuchten nach § 53a Abs. 1 StVZO mitzuführen. Für Anhänger mit einem zulässigen Gesamtgewicht von mehr als 24 t und mehr als 2 Achsen sind zusätzlich zu den in § 41 Abs. 14 Satz 2 StVZO geforderten Unterlegkeilen mind. 2 weitere Unterlegkeile mitzuführen.
14		b+c)	Der Genehmigungsbehörde ist ein Gutachten eines amtlich anerkannten Sachverständigen für den Kraftfahrzeugverkehr über die Eignung des Zuges – insbesondere über die verkehrssicheren Betrieb- vorzulegen.

Richtlinie 9: Sattelkraftfahrzeuge für Langmaterial-, Großraum- und Schwertransporte

Für die Beförderung folgender Ladungen können Ausnahmegenehmigungen von §§ 32, 32d und 34 StVZO für Sattelkraftfahrzeuge für den Großraum- und Schwerverkehr erteilt werden, wenn diese Ladungen nicht auf vorschriftsmäßigen Sattelkraftfahrzeugen befördert werden können und den Einsatz eines entsprechenden Spezialfahrzeugs oder -fahrzeugkombination erfordern.

Die Fahrzeugkombination muss dabei der Ladung möglichst so angepasst sein, dass z. B. Maßüberschreitungen möglichst gering bleiben.

1. Einer unteilbaren Ladung,
   unteilbar ist eine Ladung, wenn ihre Zerlegung aus technischen Gründen unmöglich ist oder die Zerlegung und der Zusammenbau unzumutbare Kosten verursachen würde.

   Die Genehmigungsbehörde kann zur Vorbereitung der Entscheidung die Beibringung eines Sachverständigengutachtens über die Unteilbarkeit der Ladung bzw. über die Kosten der Zerlegung und des Zusammenbaus verlangen.
2. Einer aus zwei Teilen bestehenden Ladung,
   wenn die Teile aus Festigkeitsgründen nicht als Einzelstücke befördert werden können und diese unteilbar sind.
3. Mehrerer einzelner Teile,
   die je für sich unteilbar sind und jeweils wegen ihrer Länge, Breite oder Höhe die Benutzung eines Fahrzeugs mit einer entsprechenden Ausnahmegenehmigung nach § 70 StVZO erfordern, jedoch unter Einhaltung der nach § 34 StVZO zulässigen Achslasten und Gesamtgewichte. Kürzere Ladungsstücke dürfen bei Langmaterialtransportern beigeladen werden, wenn mindestens 50 % des Gesamtgewichts der Ladung aus überlangen unteilbaren Ladungsstücken besteht, die eine Überlänge des Fahrzeugs erfordern und im übrigen die Vorschriften des § 34 StVZO eingehalten werden.
4. Austauschbare Ladungsträger bis max. 40 Fuß (z. B. Container, Wechselbehälter), bei Sattelkraftfahrzeugen bis zu einem Zuggesamtgewicht von 44 t, jedoch unter Einhaltung der nach § 32 StVZO zulässigen Abmessungen und der nach § 34 StVZO zulässigen Achslasten und nur im kombinierten Verkehr Schiene/Straße bzw. Straße/Schiene vom Versender bis zum nächstgelegenen geeigneten Verladebahnhof oder vom nächstgelegenen geeigneten Entladebahnhof bis zum Empfänger bzw. nur im kombinierten Verkehr Hafen/Straße innerhalb der Nahzone des Ortes in dem sich der Hafen befindet.

5. Zubehör zu Ladungen nach 1 oder 2,
darf 10 % des Gesamtgewichts der Ladung nicht überschreiten und muss in dem Begleitpapier mit genauer Bezeichnung aufgeführt sein.
6. Einer teilbaren Ladung,
im Zulauf zu oder im Ablauf von einem Großraum- oder Schwertransport, wenn die Ladefläche(n) des Fahrzeugs bzw. der Fahrzeugkombination die nach § 32 StVZO zulässigen Abmessungen einhält, die nach § 34 StVZO zulässigen Grenzwerte nicht überschritten werden und dieser Transport in die Erlaubnis nach § 29 StVO für den einzelnen Transport ausdrücklich genehmigt worden ist.
7. Transport von in der Länge unteilbaren Ladungen verwendet werden, die auf vorschriftsmäßigen Fahrzeugen nicht befördert werden können und den Einsatz eines entsprechenden Spezialfahrzeugs bzw. -fahrzeugkombination erfordern.

Das Fahrzeug bzw. Fahrzeugkombination muss dabei der Ladung möglichst so angepasst sein, dass z. B. Längenüberschreitungen möglichst gering bleiben. Wird bei in der Länge veränderlichen Sattelkraftfahrzeugen im Einzelfall die nach § 32 Abs. 4 StVZO zulässige Länge nicht überschritten, dürfen unter Einhaltung der zulässigen Gewichte auch in der Länge teilbare Ladungen befördert werden. Umfasst die Ausnahmegenehmigung auch Abweichungen von § 34 StVZO, sind die unter Abschnitt 1, 2 und 5 genannten Bedingungen aufzunehmen.

Ausnahmen von der StVZO		**Auflagen, Bedingungen und Hinweise**	
1	von § 32 Abs. 1 Nr. 1 bis zu einer Breite von 3,00 m, bei Verwendung von Ladeflächenverbreiterung bis zu einer Breite von 3,25 m.	a)	Kennzeichnung nach den Richtlinien für die Kenntlichmachung überbreiter und überlanger Straßenfahrzeuge sowie bestimmter hinausragender Ladungen in der jeweils gültigen Fassung. Mit verbreiteter Ladefläche darf nur gefahren werden, wenn die Breite und Art der Ladung dies erfordert. Bei Leerfahrten sind die Ladeflächenverbreiterungen abzunehmen, einzuschieben oder einzuklappen.
2	von § 32 Abs. 4 Nr. 1 u. 2 – bis zu einer Länge des mit dem Sattelanhänger gebildeten Sattelkraftfahrzeuges von 27 m – Teillängen nicht eingehalten.	a)	Kennzeichnung nach den Richtlinien für die Kenntlichmachung überbreiter und überlanger Straßenfahrzeuge sowie bestimmter hinausragender Ladungen in der jeweils gültigen Fassung. Bei veränderlicher Ladefläche ist diese auf das für die Unterstützung der Ladung erforderliche Maß zu beschränken. Leerfahrten dürfen bei ausziehbarer Ladefläche nur mit der kürzest möglichen Fahrzeuglänge durchgeführt werden.

Ausnahmen von der StVZO		Auflagen, Bedingungen und Hinweise	
3	von § 32d bis zu folgenden Grenzwerten: Länge des Sattelkraftfahrzeugs: ≤17,5m ›17,5–20m ›20–23 m ›23–25 m › 25–27 m Außenradius 12,5m 12,5m 14m 14m 14m Ringflächenbreite 7,2m 7,2m 7,5m 8,0m 9,0m Ausschermaß 0,8m 1,1m 1,4m* 1,4m* 1,4m*	b+c)	Bei einer Länge des Sattelkraftfahrzeuges von mehr als 17,5 m ist zur Prüfung der Kurvenlaufeigenschaften eine Teilkreisfahrt durchzuführen. Hierbei ist die vordere äußere Begrenzung des Zugfahrzeuges auf dem Kreis mit dem jeweils festgelegten Außenradius zu führen. Analog zu § 32d Abs. 2 StVZO ist das Kraftfahrzeug tangential in den Kreis ein- und nach einer Kreisfahrt von 120° wieder tangential auszufahren. Die sich dabei ergebende größte Ringflächenbreite und das Ausschermaß sind zu ermitteln. * Soweit sich die Grenzwerte beim Ausschermaß mit der selbsttätigen Lenkung nicht einhalten lassen, ist eine Zusatzlenkung notwendig.
		c)	Soweit sich die angegebenen Grenzwerte nur mit gelenkten Achsaggregaten einhalten lasen, muss die Lenkung selbsttätig wirken. Mehr als 2 ungelenkte Achsen sind bei Sattelanhängern nicht zulässig. Lenkeinrichtungen müssen selbsttätig wirken.
		a)	Bei einem Ausschermaß von mehr als 0,8 m ist an der Rückseite des Sattelanhängers ein retroreflektierendes oder beleuchtetes Schild mit der Aufschrift „Achtung! Anhänger schert aus." anzubringen. Bei einem Ausschermaß von mehr als 1,1 m und/oder der Ringflächenbreite bei einem Außenradius von 14 m von mehr als 7,2 m, ist mindestens eine Begleitperson erforderlich, die dem Führer des Fahrzeugs die für das sichere Führen erforderlichen Hinweise gibt.

Ausnahmen von der StVZO		Auflagen, Bedingungen und Hinweise	
			In besonderen Fällen kann die Erlaubnisbehörde (§ 29 Abs. 3 StVO) festlegen, dass eine Begleitperson für bestimmte Streckenabschnitte entbehrlich ist. Wird der Transport von einem Begleitfahrzeug gesichert, das nach dem „Merkblatt für die Ausrüstung der privaten, firmeneigenen Begleitfahrzeuge für Großraum- und Schwertransporte“ ausgerüstet ist, dann ist eine Begleitperson nicht erforderlich.
		c)	Anmerkung: Bezüglich der Festlegung einer zulässigen Höchstgeschwindigkeit wird auf die Richtlinie für die Prüfung der Lenkanlagen in der jeweiligen Fassung verwiesen.
4	von § 34 Abs. 4 Nr. 1a bei geteilten und gefederten Achsen mit gleichmäßig verteilten Einzelradlasten bis zu einer Einzelachslast von 12 t.		
5	von § 34 Abs. 4 Nr. 3c und d bis zu einer Doppelachslast – bei starren Doppelachsen von 20 t, – bei geteilten Achsen mit gleichmäßig verteilten Einzelradlasten bis zu einer Doppelachslast von 24 t.	b+c)	Die Achsen müssen gefedert sein. Starre Doppelachsen müssen doppelt bereift oder mit Niederdruckreifen versehen sein. Der Achsabstand muss mind. 1,3 m betragen. Bei Achsabständen unter 1,3 m dürfen die nach § 34 Abs. 4 Nr. 2 Buschstabe b StVZO höchstzulässigen Doppelachslasten nicht überschritten werden.
5.1	von § 34 Abs. 4 Nr. 4b bis zu einer gefederten Dreifachachslast mit mind. einer gelenkten Achse – bei starren Achsen von 30 t, – bei geteilten Achsen von 36 t.		

Ausnahmen von der StVZO		Auflagen, Bedingungen und Hinweise	
6	von § 34 Abs. 5 Nr. 1, 2a-c u. 3 bis zu einem folgenden Gesamtgewicht: – bei dreiachsiger Sattelzugmaschine 27,5 t – bei vierachsiger Sattelzugmaschine 35 t		
6.1	von § 34 Abs. 6 Nr. 3, 4 und 5 bis zu einem Gesamtgewicht des mit dem Sattelanhänger mit höchstens 8 Achsen gebildeten Sattelkraftfahrzeuges, wobei die in Ziff. 4 und 5 dieser Richtlinie aufgeführten Grenzwerte für die Achslast nicht überschritten werden dürfen, zuzüglich dem Gesamtgewicht der Sattelzugmaschine.	c) a+c)	Das ziehende Fahrzeug muss für die erhöhte Sattellast geeignet sein. Sofern Steigungen über 8 % befahren werden sollen, muss – die Summe der Antriebs-Achslasten mind. 25 % des zulässigen Gewichtes des Sattelkraftfahrzeuges betragen, – oder die Eignung ist durch das Gutachten eines amtlich anerkannten Sachverständigen für den Kraftfahrzeugverkehr nachzuweisen.
7	von § 35	a+c)	Die Motorleistung muss betragen: – bei einem Gesamtgewicht des Sattelkraftfahrzeuges von mehr als 40 t mind. 4,4 kW/t des genehmigten Gesamtgewichts des Sattelkraftfahrzeuges – jedoch sind nicht mehr als 260 kW erforderlich
8	von § 49a wegen des retroreflektierenden und beleuchteten Schildes an der Rückseite des Sattelanhängers und von §§ 49a und 60 Abs. 2 wegen der abnehmbaren Beleuchtungseinrichtungen und des abnehmbaren Kennzeichens am Sattelanhänger, soweit dies technisch begründet ist.	a)	Vor Antritt jeder Fahrt auf öffentlichen Straßen muss geprüft werden, ob die Beleuchtungseinrichtungen und das Kennzeichen vorschriftsmäßig angebracht und funktionsfähig sind.

Ausnahmen von der StVZO		Auflagen, Bedingungen und Hinweise	
9		a+c)	An Sattelanhänger für Großraum- und Schwertransporte ist der Lastangriffspunkt zur Sicherung der Lastverteilung dauerhaft kenntlich zu machen. Lastangriffspunkt und Schwerpunkt der Ladung sollen übereinstimmen.
10		a)	Für den Sattelanhänger sind mind. 2 Warndreiecke und 2 tragbare Warnleuchten nach § 53a Abs. 1 StVZO mitzuführen. Für Sattelanhänger mit mehr als 2 Achsen sind zusätzlich zu den in § 41 Abs. 14 Satz 2 StVZO geforderten Unterlegkeilen mind. 2 weitere Unterlegkeile mitzuführen.
11		b+c)	Der Genehmigungsbehörde ist das Gutachten eines amtlich anerkannten Sachverständigen für den Kraftfahrzeugverkehr über die Eignung des Sattelkraftfahrzeuges – insbesondere über den verkehrssicheren Betrieb – vorzulegen

Anmerkung:

Ausnahmen für **Anhängerarbeitsmaschinen**, wie zum Beispiel: Steinbrecheranlagen, Betonpumpen usw., werden analog den Richtlinien 8 und 9 erteilt. Voraussetzung ist, dass vom amtlich anerkannten Sachverständigen für den Kraftfahrzeugverkehr die technische Notwendigkeit der Abweichungen bestätigt wird. Bei Sattelanhängerarbeitsmaschinen (Steinbrecheranlage) kommt es vor, dass sie aufgrund ihrer Konstruktion eine Überhöhe von mehr als 4 m haben. Für diese Fahrzeuge gibt es deshalb keine Dauer-Ausnahmegenehmigung, sondern nur eine Einzel-Ausnahmegenehmigung für Überführungsfahrten. Für die Erteilung einer solchen Genehmigung ist ein Gutachten eines amtlich anerkannten Sachverständigen für den Kraftfahrzeugverkehr (Zuggutachten) erforderlich. Der Sattelanhänger muss in diesem Fall ein **rotes Kennzeichen** führen (siehe Ausführungen im Abschnitt II, Amtliches Kennzeichen). Eine Betriebserlaubnis muss für den

Sattelanhänger nicht erteilt werden. Werden mehrere typen- oder baugleiche Anhängerarbeitsmaschinen mit den gleichen bestimmten Zugfahrzeugen überführt, so muss nicht für jede einzelne Fahrzeugkombination eine Ausnahmegenehmigung erteilt werden. Es bietet sich direkt an, alle Fahrzeuge mit Angabe des Herstellers, Typ und der Fahrzeug-Ident.-Nummer in eine Ausnahmegenehmigung zusammenzufassen. Die Genehmigung wird jeweils auf eine Überführungsfahrt beschränkt. Die Geltungsdauer der Genehmigung ist von der Fertigstellung der Fahrzeuge und der erforderlichen Zeit für die Überführungsfahrten abhängig. Die Erlaubnis nach § 29 Abs. 3 StVO kann im gleichen Rahmen erteilt werden, wenn Ausgangs- und Zielort immer die gleichen sind. Ansonsten ist eine Einzel-Erlaubnis notwendig.

Richtlinie 10: Langmaterialzüge (Zugfahrzeuge mit gelenktem Nachläufer)

Für die Beförderung folgender Ladungen können Ausnahmegenehmigungen insbesondere von §§ 32, 32d und 34 StVZO erteilt werden, wenn diese Ladungen nicht auf vorschriftsmäßigen Langmaterialzügen befördert werden können und den Einsatz eines entsprechenden Spezialfahrzeugs oder -fahrzeugkombination erfordern. Die Fahrzeugkombination muss dabei der Ladung möglichst so angepasst sein muss, dass z. B. Maßüberschreitungen möglichst gering bleiben.

1. Einer unteilbaren Ladung,
   unteilbar ist eine Ladung, wenn ihre Zerlegung aus technischen Gründen unmöglich ist oder die Zerlegung und der Zusammenbau unzumutbare Kosten verursachen würde.

   Die Genehmigungsbehörde kann zur Vorbereitung der Entscheidung die Beibringung eines Sachverständigengutachtens über die Unteilbarkeit der Ladung bzw. über die Kosten der Zerlegung und des Zusammenbaus verlangen.
2. Einer aus zwei Teilen bestehenden Ladung,
   wenn die Teile aus Festigkeitsgründen nicht als Einzelstücke befördert werden können und diese unteilbar sind.
3. Mehrerer einzelner Teile,
   die je für sich unteilbar sind und jeweils wegen ihrer Länge, Breite oder Höhe die Benutzung eines Fahrzeugs mit einer entsprechenden Ausnahmegenehmigung nach § 70 StVZO erfordern, jedoch unter Einhaltung der nach § 34 StVZO zulässigen Achslasten und Gesamtgewichte. Kürzere Ladungsstücke dürfen bei

Langmaterialtransportern beigeladen werden, wenn mindestens 50 % des Gesamtgewichts der Ladung aus überlangen unteilbaren Ladungsstücken besteht, die eine Überlänge des Fahrzeugs erfordern und im übrigen die Vorschriften des § 34 StVZO eingehalten werden.

4. Austauschbare Ladungsträger bis max. 40 Fuß (z. B. Container, Wechselbehälter), bei Sattelkraftfahrzeugen bis zu einem Zuggesamtgewicht von 44 t, jedoch unter Einhaltung der nach § 32 StVZO zulässigen Abmessungen und der nach § 34 StVZO zulässigen Achslasten und nur im kombinierten Verkehr Schiene/Straße bzw. Straße/Schiene vom Versender bis zum nächstgelegenen geeigneten Verladebahnhof oder vom nächstgelegenen geeigneten Entladebahnhof bis zum Empfänger bzw. nur im kombinierten Verkehr Hafen/Straße innerhalb der Nahzone des Ortes in dem sich der Hafen befindet.
5. Zubehör zu Ladungen nach 1 oder 2,
   darf 10 % des Gesamtgewichts der Ladung nicht überschreiten und muss in dem Begleitpapier mit genauer Bezeichnung aufgeführt sein.
6. Einer teilbaren Ladung,
   im Zulauf zu oder im Ablauf von einem Großraum- oder Schwertransport, wenn die Ladefläche(n) des Fahrzeugs bzw. der Fahrzeugkombination die nach § 32 StVZO zulässigen Abmessungen einhält, die nach § 34 StVZO zulässigen Grenzwerte nicht überschritten werden und dieser Transport in die Erlaubnis nach § 29 StVO für den einzelnen Transport ausdrücklich genehmigt worden ist.

Ausnahmen von der StVZO		**Auflagen, Bedingungen und Hinweise**	
1	von § 32 Abs. 1 Nr. 1 bis zu einer Breite von 2,80 m.	a)	Kennzeichnung der Überbreite nach den Richtlinien für die Kenntlichmachung überbreiter und überlanger Straßenfahrzeuge sowie bestimmter hinausragender Ladungen in der jeweils gültigen Fassung.
2	von § 32 Abs. 4 Nr. 3 bis zu einer Länge von 32 m (gemessen ohne Ladungsüberhang).	a)	Kennzeichnung der Überlänge nach den Richtlinien für die Kenntlichmachung überbreiter und überlanger Straßenfahrzeuge sowie bestimmter hinausragender Ladungen in der jeweils gültigen Fassung.

Ausnahmen von der StVZO		**Auflagen, Bedingungen und Hinweise**	
3	von § 32d bei einer Stützweite der Ladung von: ≤13 m ›13–16 m ›16–18 m < 20 m bis zu folgenden Grenzwerten: Zuglänge 20 m 23 m 27 m 32 m Außenradius 12,5m 14m 16,5m 16,5m Kreisfahrt 120° 120° 120° 120° Ringflächenbreite (ohne Betätigung einer Zusatzlenkung): 7,2m 7,5m 8,5m 8,5m Ausschermaß (ohne Betätigung einer Zusatzlenkung) 1,0m 0,8m 1,1m 1,4m Ringflächenbreite (mit Zusatzlenkung) – 7,2m 7,2m 7,2m Ausschermaß (mit Zusatzlenkung) – 0,8m 0,8m 0,8m	b+c)	Zur Prüfung der Kurvenlaufeigenschaften ist eine Teilkreisfahrt durchzuführen. Hierbei ist die vordere äußere Begrenzung des Zugfahrzeugs auf dem Kreis mit dem jeweils festgelegten Außenradius zu führen. Analog zu § 32d Abs. 2 StVZO ist das Kraftfahrzeug tangential auszufahren. Die sich dabei ergebende größte Ringflächenbreite und das Ausschermaß sind zu ermitteln.
		a)	Bei einem Ausschermaß von mehr als 0,8 m ist an der Rückseite des Anhängers ein retroreflektierendes oder beleuchtetes Schild mit der Aufschrift „Achtung! Anhänger schert aus“ anzubringen. Beträgt die Ringflächenbreite bei einem Außenradius ab 14 m mehr als 7,2 m, so ist mindestens eine Begleitperson erforderlich, die dem Führer des Fahrzeugs die für das sichere Führen erforderlichen Hinweise gibt. In besonderen Fällen kann die Erlaubnisbehörde (§ 29 Abs. 3 StVO) festlegen, dass eine Begleitperson für bestimmte Streckenabschnitte entbehrlich ist. Je nach Ladungsüberhang (übe 4,5 m) hat die Erlaubnisbehörde zu prüfen, ob ein Begleitfahrzeug vorzuschreiben ist. Wird der Transport von einem Begleitfahrzeug gesichert, das nach dem „Merkblatt für die Ausrüstung der privaten, firmeneigenen Begleitfahrzeuge für Großraum- und Schwertransporte“ ausgerüstet ist, dann ist eine Begleitperson nicht erforderlich.

Ausnahmen von der StVZO		Auflagen, Bedingungen und Hinweise	
		c)	Anmerkung: Bei Ladungsüberhang hat der Sachverständige das Ausschermaß zusätzlich zu ermitteln. Bezüglich der Festlegung einer zulässigen Höchstgeschwindigkeit wird auf die Richtlinie für die Prüfung der Lenkanlagen in der jeweils gültigen Fassung verwiesen.
4	von § 34 Abs. 4 Nr. 1a bei geteilten und gefederten Achsen mit gleichmäßig verteilten Einzelradlasten bis zu einer Einzelachslast von 12 t.		
5	von § 34 Abs. 4 Nr. 3c und d bis zu einer Doppelachslast – bei starren Doppelachsen von 20 t – bei geteilten Achsen mit gleichmäßig verteilten Einzelradlasten von 24 t.	c)	Die Achsen müssen gefedert sein. Starre Doppelachsen müssen doppelbereift oder mit Niederdruckreifen versehen sein.
6	von § 34 Abs. 5 Nr. 1, 2a-c u. 3, Abs. 6 Nr. 5 bis zu einem Gesamtgewicht – bei dreiachsigem Zugfahrzeug von 27,5 t, – bei vierachsigem Zugfahrzeug von 35 t – bei Nachläufer mit starren und gefederten Achsen, Anzahl der Achsen mal 10 t, jedoch höchstens 40 t – bei Nachläufer mit geteilten und gefederten Achsen, Anzahl der Achsen mal 12 t, jedoch höchstens 48 t.	c) a+c)	Das ziehende Fahrzeug muss für die erhöhte Anhängelast geeignet sein. Sofern Steigungen über 8 % befahren werden sollen, muss – die Summe der Antriebsachslasten mind. 25 % des zulässigen Gewichtes des Zuges betragen, – oder die Eignung ist durch einen amtlich anerkannten Sachverständigen für den Kraftfahrzeugverkehr nachzuweisen.
7	von § 34 Abs. 6 Nr. 5 bis zu einem Zuggesamtgewicht unter Berücksichtigung von 6 und 8.		

Ausnahmen von der StVZO		Auflagen, Bedingungen und Hinweise	
8	von § 35	b+c)	Die Motorleistung muss betragen: – bei Zügen von mehr als 40 t Zuggesamtgewicht mind. 4,4 kW/t des genehmigten Zuggesamtgewichtes. – jedoch sind nicht mehr als 260 kW erforderlich.
9	von § 49a wegen des retroreflektierenden und beleuchteten Schildes an der Rückseite des Nachläufers und von §§ 49a und 60 Abs. 2 und des abnehmbaren Kennzeichens am Nachläufer, soweit dies technisch begründet ist.	a)	Vor Antritt jeder Fahrt muss geprüft werden, ob die Beleuchtungseinrichtungen und das Kennzeichen vorschriftsmäßig angebracht und funktionsfähig sind.
10		a)	Die Ladung muss mit den Ladeschemeln betriebssicher verbunden sein. Beim Transport von Betonfertigteilen muss eine Bescheinigung des Herstellers über die Transportfähigkeit nach DIN 1045 mitgeführt werden. Außerdem müssen die Auflagepunkte am Transportgut gekennzeichnet sein.
11		a)	Für den Nachläufer sind mind. 2 Warndreiecke und 2 tragbare Warnleuchten nach § 53a Abs. 1 StVZO mitzuführen. Für Nachläufer mit einem zulässigen Gesamtgewicht von mehr als 24 t und mehr als 2 Achsen sind zusätzlich zu den in § 41 Abs. 14 Satz 2 StVZO geforderten Unterlegkeilen mind. 2 weitere Unterlegkeile mitzuführen.
12		b+c)	Der Genehmigungsbehörde ist das Gutachten eines amtlich anerkannten Sachverständigen für den Kraftfahrzeugverkehr über die Eignung des Zuges – insbesondere über den verkehrssicheren Betrieb – vorzulegen.

Richtlinie 11: Fahrzeugkombinationen im Schaustellergewerbe

Ausnahmen von der StVZO		**Auflagen, Bedingungen und Hinweise**	
1	von § 32 Abs. 1 Nr. 1 bis zu einer Breite von 2,75 m für Anhängerarbeitsmaschinen.		
2	von § 32 Abs. 3 Nr. 1 bis zu einer Länge des Anhängers von 15 m.	b+c)	Bei einer Länge des Anhängers von mehr als 12 m darf nur mit einer Höchstgeschwindigkeit von 25 km/h gefahren werden. Andernfalls ist die technische Eignung der Fahrzeugkombination für eine höhere Geschwindigkeit durch das Gutachten eines amtlich anerkannten Sachverständigen für den Kraftfahrzeugverkehr nachzuweisen (Die technischen Anforderungen gemäß RL 8 bzw. RL 9 sind einzuhalten).
3	von § 32 Abs. 4 bis zu einer Länge der Fahrzeugkombination von 27 m.	a)	Kennzeichnung der Überlänge nach den Richtlinien für die Kenntlichmachung überbreiter und überlanger Straßenfahrzeuge sowie bestimmter hinausragender Ladungen in der jeweils gültigen Fassung.
		b)	Bis zu einer Zuglänge von 20 m kann eine Ausnahmegenehmigung unter Benennung der Fahrzeuge auch ohne Zuggutachten erteilt werden, sofern die Höchstgeschwindigkeit nicht mehr als 25 km/h beträgt (Kennzeichnung nach § 58 StVZO).
4	von § 32a und § 32 Abs. 4 Nr. 3. Es darf ein zweiter Anhänger bis zu einer Länge der Fahrzeugkombination von 27 m mitgeführt werden.	a)	Kennzeichnung der Überlänge nach den Richtlinien für die Kenntlichmachung überbreiter und überlanger Straßenfahrzeuge sowie bestimmter hinausragender Ladungen in der jeweils gültigen Fassung.
		a)	Die Höchstgeschwindigkeit ist auf 25 km/h zu beschränken. Kennzeichnung nach § 58 StVZO.

Ausnahmen von der StVZO		Auflagen, Bedingungen und Hinweise	
5	von § 32d bis zu folgenden Grenzwerten:	a)	Bei einem Ausschermaß von mehr als 0,8 m ist an der Rückseite des Anhängers ein retroreflektierendes oder beleuchtetes Schild mit der Aufschrift „Achtung! Anhänger schert aus.“ anzubringen.
5.1	bei Sattelkraftfahrzeugen mit einer zulässigen Höchstgeschwindigkeit von nicht mehr als 25 km/h		
	Länge des Sattelkraftfahrzeugs ›15,5–20m ›20–27m Außenradius 12,5 m 14,0 m Kreisfahrt 120° 120° Ringflächenbreite 7,5 m 9,0 m Ausschermaß 1,1 m 1,4 m	c)	Zur Prüfung der Kurvenlaufeigenschaften ist eine Teilkreisfahrt durchzuführen. Hierbei ist die vordere äußere Begrenzung des Zugfahrzeugs auf dem Kreis mit dem jeweils festgelegten Außenradius zu führen. Analog zu § 32d Abs. 2 StVZO ist das Kraftfahrzeug tangential in den Kreis ein- und nach einer Teilkreisfahrt von 120° wieder tangential auszufahren. Die sich dabei ergebende größte Ringflächenbreite und das Ausschermaß sind zu ermitteln.
5.2	bei Zügen mit einer zulässigen Höchstgeschwindigkeit von nicht mehr als 25 km/h Länge des Zuges ›20–27 m Außenradius	a)	Bei einem Ausschermaß von mehr als 0,8 m ist an der Rückseite des Anhängers ein retroreflektierendes oder beleuchtetes Schild mit der Aufschrift „Achtung! Anhänger schert aus.“ anzubringen.
	12,5 m Kreisfahrt 120° Ringflächenbreite 7,5 m Ausschermaß 1,6 m	c)	Zur Prüfung der Kurvenlaufeigenschaften ist eine Teilkreisfahrt durchzuführen. Hierbei ist die vordere äußere Begrenzung des Zugfahrzeuges auf dem Kreis mit dem jeweils festgelegten Außenradius zu führen. Analog zu § 32d Abs. 2 StVZO ist das Kraftfahrzeug tangential in den Kreis ein – und nach einer Teilkreisfahrt von 120° wieder tangential auszufahren. Die sich dabei ergebende größte Ringflächenbreite und das Ausschermaß sind zu ermitteln. Soweit sich die angegebenen Grenzwerte nur mit gelenkten Achsaggregaten einhalten lassen, können bei einer zulässigen

Ausnahmen von der StVZO		Auflagen, Bedingungen und Hinweise	
			Höchstgeschwindigkeit von nicht mehr als 25 km/h auch Lenkungen verwendet werden, die nicht selbsttätig wirken. Diese Lenkungen müssen jedoch vom ziehenden Fahrzeug oder vom Anhänger aus betätigt werden können.
5.3	Züge und Sattelkraftfahrzeuge mit einer Höchstgeschwindigkeit von mehr als 25 km/h müssen die Kurvenlaufbedingungen der Richtlinie 8 bzw. 9 erfüllen.	a)	Bei einem Ausschermaß von mehr als 0,8 m ist an der Rückseite des Anhängers ein retroreflektierendes oder beleuchtetes Schild mit der Aufschrift: „Achtung! Anhänger schert aus." anzubringen.
6	von § 34 Abs. 4, 5 und 6 bis zu den in den Richtlinien 8 u. 9 aufgeführten Grenzwerten.	b)	Jedoch nur bei Anhängerarbeitsmaschinen.
7	von § 35 bis zu einer Motorleistung von mind. 2,2 kW/t des zulässigen Gesamtgewichtes des Zuges.	a)	Nur für Fahrzeugkombinationen mit einer zulässigen Höchstgeschwindigkeit von nicht mehr als 25 km/h. Im Übrigen gelten die Werte der Richtlinie 8 und 9.
8	von § 42 Abs. 1	b+c)	Das ziehende Fahrzeug muss für die Anhängelast geeignet sein. Die Eignung ist durch das Gutachten eines amtlich anerkannten Sachverständigen für den Kraftfahrzeugverkehr nachzuweisen.
9		a)	Für die Fahrzeugkombination sind mind. 2 Warndreiecke und 2 tragbare Warnleuchten nach § 53a Abs. 1 StVZO mitzuführen. Für Anhänger mit einem zulässigen Gesamtgewicht von mehr als 24 t und Sattelanhänger mit mehr als 2 Achsen sind zusätzlich zu den in § 41 Abs. 14 Satz 2 StVZO geforderten Unterlegkeilen mind. 2 weitere Unterlegkeile mitzuführen.
10		b+c)	Der Genehmigungsbehörde ist ein Gutachten eines amtlich anerkannten Sachverständigen für den Kraftfahrzeugverkehrs über die Eignung des Zuges – insbesondere über den verkehrssicheren Betrieb – vorzulegen. Bei Zuglängen von nicht mehr als 20 m

Ausnahmen von der StVZO		Auflagen, Bedingungen und Hinweise	
			und bei einer Höchstgeschwindigkeit von nicht mehr als 25 km/h ist das Gutachten nach Satz 1 nicht unabdingbar.
		b)	Bis zu einer Zuglänge von 20 m kann eine Ausnahmegenehmigung unter Benennung der Fahrzeuge auch ohne Zuggutachten erteilt werden, sofern die Höchstgeschwindigkeit nicht mehr als 25 km/h beträgt (Kennzeichnung nach § 58 StVZO).

Anlage 2: Genehmigungsbescheid

Firma

Ihre Zeichen, Ihre Nachricht vom	Unser Zeichen	Bearbeiter(in)	Ort, Datum
	E-Mail	Telefon/Telefax	Zimmer-Nr.

Ausnahmegenehmigung gem. § 70 StVZO für einen Langmaterialzug (Sattelzugmaschine 3-Achser + Zwischen-Sattelanhänger 3-Achser +Anhänger für Langmaterial 5-Achser)

Anlage
1 Kostenrechnung

Die Regierung.... erteilt gemäß § 70 Abs. 1 Nr. 1 und 2 der Straßenverkehrszulassungsordnung (StVZO) vom 15.11.1974 in Verbindung mit § 13 Abs. 1 der Verordnung über Zuständigkeiten im Verkehrswesen (ZustVVerk) vom 22.12.1998 (GVBl. S. 1025) in der derzeit geltenden Fassung folgende

Ausnahmegenehmigung:

A.

1. Geltungsbereich:	**Bundesrepublik Deutschland**
2. Geltungsdauer:	**31.07.20... Ab einer Fahrzeuglänge von 32 m und/oder einem Gesamtgewicht von 97,50 t: Diese Genehmigung gilt nur zusammen mit einer weiteren Genehmigung, die Strecke und Zeitraum des jeweiligen Transportes festlegt.**

3. Die Ausnahmegenehmigung ist nur wirksam, wenn eine gültige Erlaubnis nach § 29 Abs. 3 StVO mitgeführt wird, die bei der unteren Straßenverkehrsbehörde (Landratsamt, Kreisfreie Stadt, Große Kreisstadt) zu beantragen ist.

   Soweit die Erlaubnis bereits mit in dieser Ausnahmegenehmigung eingeschlossen ist, erlangt sie erst dann Wirksamkeit, wenn die unter Abschnitt – F – eingefügte Haftungserklärung/-freistellung vom Genehmigungsinhaber unterschrieben wird.

4. Diese Ausnahmegenehmigung ist stets widerruflich und nur mit Zustimmung der für den neuen Halter zuständigen Genehmigungsbehörde übertragbar und wird mit dem Vorbehalt der nachträglichen Aufnahme, Änderung oder Ergänzung von Bedingungen oder Auflagen erteilt.

B.
Fahrzeugbeschreibung:

<table>
<tr><th></th><th>Sattel-zugmaschine</th><th>Zwischen-Sattelanhänger</th><th colspan="2">Anhänger f. Langmaterial (Nachläufer)</th><th colspan="2">Fzg.-Kombination</th></tr>
<tr><td>amtl. Kennzeichen</td><td></td><td></td><td colspan="2"></td><td colspan="2"></td></tr>
<tr><td>Hersteller</td><td>DAIMLER (D)</td><td>DOLL</td><td colspan="2">DOLL</td><td colspan="2">–</td></tr>
<tr><td>Typ</td><td>934.24</td><td>D3L-0</td><td colspan="2">–</td><td colspan="2">–</td></tr>
<tr><td>Fz.-Ident.-Nummer</td><td>WDB9342411*</td><td>W09M27330B*</td><td colspan="2">W09M19550B*</td><td colspan="2"></td></tr>
<tr><td>Höchstgeschw. in km/h</td><td>80</td><td>80</td><td colspan="2">80</td><td colspan="2">80</td></tr>
<tr><td>Motorleistung in kW</td><td>440</td><td>–</td><td colspan="2">–</td><td>4,09–4,51</td><td>kW/t</td></tr>
<tr><td>Leergewicht in t</td><td>10,70</td><td>8,80</td><td colspan="2">11,50</td><td colspan="2">31,0</td></tr>
<tr><td>Sattel-/Aufliegelast in t</td><td>16,78/–</td><td>–/21,0</td><td colspan="2">–</td><td colspan="2">–</td></tr>
<tr><td>zul. Gesamtgewicht in t</td><td>27,50</td><td>51,0</td><td>max. 50,0**</td><td>gen. 40,0 *</td><td>max. 107,5</td><td>gen. 97,50</td></tr>
<tr><td>Nutzlast in t</td><td colspan="2">–</td><td colspan="2">28,50–38,50</td><td colspan="2">66,50–76,50</td></tr>
<tr><td>Kupplungsmaß a)/b) nach Rili 9653/EG in m</td><td>5,00</td><td>7,25</td><td colspan="2">9,95</td><td colspan="2">–</td></tr>
</table>

<table>
<tr><th></th><th colspan="3">Sattel-
zugmaschine</th><th colspan="3">Zwischen-
Sattelanhänger</th><th>Anhänger f.
Langmaterial
(Nachläufer)</th><th colspan="3">Fzg.-Kombination</th></tr>
<tr><td>Höhe
in m</td><td colspan="3">3,70</td><td colspan="3">4,00</td><td>3,80</td><td colspan="3">4,00</td></tr>
<tr><td>Länge
in m</td><td colspan="3">7,30</td><td colspan="3">8,00</td><td>10,0</td><td>min.
22,20</td><td>max.
65,0</td><td>gen.
32,0</td></tr>
<tr><td>Breite
in m</td><td colspan="3">2,50</td><td colspan="3">2,55</td><td>2,55</td><td colspan="3">2,55</td></tr>
<tr><td>Anzahl der Achsen/
angetrieben</td><td colspan="3">3/2</td><td colspan="3">3</td><td>5</td><td colspan="3">11</td></tr>
<tr><td>Achslasten
in t</td><td>9,0</td><td>10,0</td><td>10,0</td><td>10,0</td><td>10,0</td><td>10,0</td><td>5-mal 10,0</td><td colspan="3">–</td></tr>
</table>

* Lt. Richtlinie nicht mehr als 40 t möglich.

** 10 t Achslast. (Lt. RiLi aber nicht mehr als absolut 40 t möglich, desh. ab 40 t außerh. der RiLi. Techn. möglich aber bis zu 12 t).

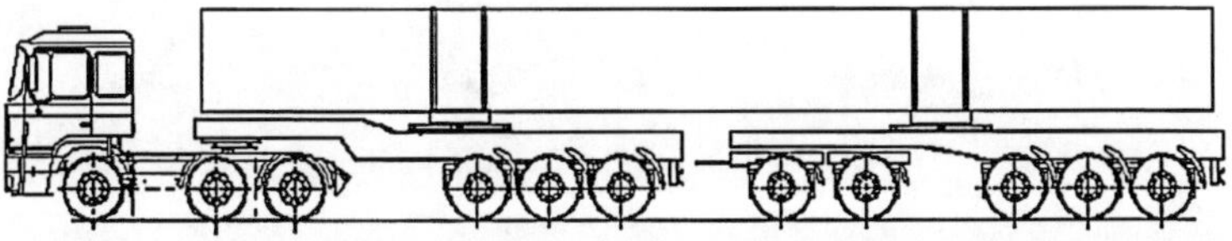

Achse-Nr.	1		2		3		4		5		6	
Zulässige Achslast in t *(technisch)*	9,0		10,0		10,0		10,0 *(12,0)*		10,0 *(12,0)*		10,0 *(12,0)*	
Achsabstand in m		3,30		1,35		2,45		1,36		1,36		3,68 - 42,50
Bauart starr / geteilt	s		s		s		s		s		s	
gelenkt / ungelenkt	g		u		u		u		u		g	
Art der Lenkung (Anh)	Achse 6 Reibungslenkung mit elektrohydr. Zusatzlenkung											
gefedert / ungefedert	g											

Achse-Nr.	7		8		9		10		11		
Zulässige Achslast in t *(technisch)*	10,0 *(12,0)*		10,0 *(12,0)*		10,0 *(12,0)*		10,0 *(12,0)*		10,0 *(12,0)*		
Achsabstand in m		1,80		1,73		1,44		1,41			
Bauart starr / geteilt	s		s		s		s		s		
gelenkt / ungelenkt	g		g		u		u		g		
Art der Lenkung (Anh)	Achse 7 u. 8 hydraulische Selbstlenkung mit elektrohydr. Zusatzlenkung; Achse 11 Reibungslenkung mit elektrohydr. Zusatzlenkung										
gefedert / ungefedert	g										

Werte der Kreisfahrt bei zusammengekoppelter Fahrzeugkombination (Leerfahrt):

Länge [m]	22,20
Kreisfahrt [Grad]	120
Außenradius [m]	14,00
Ringflächenbreite [m]	4,80
Ausschermaß [m]	0,50
Stützweite Ladung [m]	-
Nachlenkung (ja/nein)	nein

Werte bei der Kreisfahrt mit Ladung, ohne Ladungsüberhang:

	Länge [m]	Kurvenläufigkeit			Ausschermaß		Ringflächenbreite		Stützweite der Ladung	Bemerkungen
		Vollkreis [360°]	Teilkreis [120°]	Außenradius [m]	ohne Verbreiterung [m]	mit Verbreiterung [m]	ohne Verbreiterung [m]	mit Verbreiterung [m]		
1	30,00		x	16,50	0,80	-	7,30	-	18,20	mit Zusatzlenkung
2	32,00		x	16,50	0,80	-	8,30	-	20,20	
3	35,00		x	16,50	0,80	-	10,30	-	23,20	
4	40,00		x	20,00	0,80	-	11,10	-	28,20	
5	45,00		x	25,00	0,80	-	11,00	-	33,20	
6	50,00		x	30,00	0,80	-	11,30	-	38,20	
7	55,00		x	35,00	0,80	-	11,80	-	43,20	
8	60,00		x	40,00	0,80	-	12,20	-	48,20	
9	65,00		x	40,00	0,80	-	14,40	-	53,20	

C.
Abweichungen

Für die Sattelzugmaschine gilt:
§ 34 Abs. 4 Nr. 2 Buchst. d) StVZO
Die Doppelachslast beträgt bei einem Achsabstand von 1,3 m bis weniger als 1,8 m 20,00 t (statt 19,00 t).

§ 34 Abs. 5 Nr. 2 Buchst. b) StVZO
Das zulässige Gesamtgewicht des Kraftfahrzeugs beträgt 27,50 t (statt 26,00 t).

§ 52 Abs. 4 StVZO
Das Zugfahrzeug ist mit gelbem Rundumlicht dauerhaft ausgestattet.

Für den Sattelanhänger/Anhänger gilt:
§ 34 Abs. 4 Nr. 3c) StVZO
Die Doppelachslast beträgt bei Achsabständen von mehr als 1,3 m bis zu 1,8 m 20,00 t (statt 18,00 t).

§ 34 Abs. 5 Nr. 2c) StVZO
Das zulässige Gesamtgewicht beträgt 30 t bzw. 50 t (statt 24,0 t).

§ 34 Abs. 4 Nr. 4 Buchst. b StVZO
Die Dreifachachslast beträgt bei Achsabständen von mehr als 1,3 m bis zu 1,4 m 30,00 t (statt 24,00 t).

§ 49a
Das Schild „Achtung! Anhänger schert aus ist beleuchtet/retroreflektierend.

Für die gesamte Fahrzeugkombination gilt:
§ 32 Abs. 4 Nr. 1 StVZO
Die Länge beträgt bis zu 65,0 m (statt 15,50m).

§ 32 a StVZO
Es wird ein Sattelanhänger hinter einem Sattel-Kfz mitgeführt.

§ 32 d StVZO
Die Kurvenlaufeigenschaften sind nicht erfüllt.

§ 34 Abs. 6 Nr. 5 StVZO
Das zulässige Gesamtgewicht der Fahrzeugkombination (mehr als 4 Achsen) beträgt bis zu 107,5 t (statt 40,00 t).

§ 34 Abs. 9 StVZO
Der Abstand der letzten Achse der Sattelzugmaschine zur ersten Achse des Sattelanhängers (Untersetzachse) beträgt 2,45 m (statt 2,5 m).

§ 35 StVZO
Die installierte Motorleistung beträgt 4,09 kW/t (statt 5 kW/t).

D.
Bedingungen

Die Ausnahmegenehmigung gilt nur, wenn die Ladungen nicht auf vorschriftsmäßigen Fahrzeugen befördert werden können und den Einsatz eines entsprechenden Spezialfahrzeuges bzw. –Kombination erfordern. Die Fahrzeugkombination muss dabei der Ladung möglichst so angespaßt sein, dass z. B. Längenüberschreitungen möglichst gering bleiben.

Das Fahrzeug/der Zug darf nur für die Beförderung folgender Ladungen verwendet *werden:*

g) *Einer unteilbaren Ladung. Unteilbar ist eine Ladung, wenn ihre Zerlegung aus technischen Gründen unmöglich ist oder die Zerlegung und der Zusammenbau unzumutbare Kosten verursachen würde.*

h) *Die Genehmigungsbehörde kann zur Vorbereitung der Entscheidung die Beibringung eines Sachverständigengutachtens über die Unteilbarkeit der Ladung bzw. über die Kosten der Zerlegung und des Zusammenbaus verlangen.*

i) *Einer aus zwei Teilen bestehenden Ladung, wenn die Teile aus Festigkeitsgründen nicht als Einzelstücke befördert werden können und diese unteilbar sind.*

j) *Mehrerer einzelner Teile, die je für sich unteilbar sind und jeweils wegen ihrer Länge, Breite oder Höhe die Benutzung eines Fahrzeuges/Zuges mit einer entsprechenden Ausnahmegenehmigung nach § 70 StVZO erfordern, jedoch unter Einhaltung der nach § 34 StVZO zulässigen Achslasten und Gesamtgewichte. Kürzere Ladungsstücke dürfen bei Langmaterialtransporten beigeladen werden, wenn mindestens 50% des Gesamtgewichts der Ladung aus überlangen unteilbaren Ladungsstücken besteht, die eine Überlänge des Fahrzeugs erfordern und im Übrigen die Vorschriften des § 34 StVZO eingehalten werden.*

k) *Zubehör zu Ladungen nach a) oder c) darf 10% des Gesamtgewichts der Ladung nicht überschreiten und muss in dem Begleitpapier mit genauer Bezeichnung aufgeführt sein.*

l) *Einer teilbaren Ladung, im Zulauf zu oder im Ablauf von einem Großraum- oder Schwertransport, wenn die Ladefläche(n) des Fahrzeugs bzw. der Fahrzeugkombination die nach § 32 StVZO zulässigen Abmessungen einhält, die nach § 34 StVZO zulässigen Grenzwerte nicht überschritten werden und dieser Transport in die Erlaubnis nach § 29 StVO für den einzelnen Transport ausdrücklich genehmigt worden ist.*

**Folgende Ladeflächenlängen müssen bei teilbarer Ladung eingehalten werden.*

***Bei Zügen* (Lkw + Anhänger) gem. § 32 Abs. 4 Nr. a**

- *größter Abstand zwischen dem vorderen äußeren Punkt der Ladefläche hinter dem Führerhaus des Lkw und dem hintersten äußeren Punkt der Ladefläche des Anhängers der Fahrzeugkombination, abzüglich des Abstandes zwischen der hinteren Begrenzung des Lkw und der vorderen Begrenzung des Anhängers 15,65 m, und*
- *größter Abstand zwischen dem vordersten äußeren Punkt der Ladefläche hinter dem Führerhaus des Lkw und dem hintersten äußeren Punkt der Ladefläche des Anhängers der Fahrzeugkombination 16,40 m:*

Bei Sattelkraftfahrzeugen *(Sattelzugmaschine mit Sattelanhänger), § 32 Abs. 4 Nr. 2 a StVZO*

- *Achse Zugsattelzapfen bis zur hinteren Begrenzung 12,00 m.*

E.
Auflagen

3. Das Fahrzeug ist nach den Richtlinien für die Kenntlichmachung überbreiter und überlanger Straßenfahrzeuge sowie bestimmter herausragender Ladungen vom 19.12.1973 (VkBl. 1974 S. 2, 1976 S. 477, 1983 S. 23) in Verbindung mit § 51 a StVZO und nach der ECE-Richtlinie Nr. 70 zu kennzeichnen.
4. Für den Anhänger sind mindestens 2 Warndreiecke, 4 Unterlegkeile und 2 tragbare Warnleuchten nach § 53a (1) StVZO mitzuführen.
5. Der Lastangriffspunkt zur Sicherung der Lastverteilung ist dauerhaft kenntlich zu machen. Lastangriffspunkt und Schwerpunkt der Ladung sollen übereinstimmen.
6. Die Ladung muss mit den Ladeschemeln betriebssicher verbunden sein.
7. Beim Transport von Betonfertigteilen muss eine Bescheinigung des Herstellers über die Transportfähigkeit nach DIN 1045 mitgeführt werden. Außerdem müssen die Auflagepunkte am Transportgut gekennzeichnet sein.
8. An der Rückseite des Sattelanhängers ist ein retroreflektierendes oder beleuchtetes Schild mit der Aufschrift „Achtung! Anhänger schert aus.“ anzubringen
9. Es ist mindestens eine Begleitperson erforderlich, die dem Führer des Fahrzeugs die für das sichere Führen erforderlichen Hinweise gibt. In besonderen Fällen kann die Erlaubnisbehörde (§ 29 Abs. 3 StVO) festlegen, dass eine Begleitperson für bestimmte Streckenabschnitte entbehrlich ist. Wird der Transport von einem Begleitfahrzeug gesichert, das nach dem „Merkblatt für die Ausrüstung der privaten, firmeneigenen Begleitfahrzeuge für Großraum- und Schwertransporte“ ausgerüstet ist, dann ist eine Begleitperson nicht erforderlich. Beifahrer nach Nr. 21 der RGST92 bleibt hiervon unberührt.
10. Beim Betätigen einer Zusatzlenkanlage darf nur mit Schrittgeschwindigkeit gefahren werden. Die Betätigungseinrichtung der Nachlenkung muss am Ende des Sattelanhängers angebracht werden
11. Es muss eine Einrichtung zur wechselseitigen Sprechverständigung zwischen dem Führer des Zugfahrzeuges und dem Lenker der Zusatzlenkanlage des Anhängers vorhanden sein.
12. Sofern Steigungen über 8 % befahren werden sollen, muss die Summe der Antriebs-Achslasten mindestens 25 % des tatsächlichen Gewichtes des Sattelkraftfahrzeuges betragen oder die Eignung ist durch das Gutachten eines amtlich anerkannten Sachverständigen nachzuweisen.
13. Der Genehmigungsinhaber muss über die gesetzlich vorgeschriebene Kraftfahrzeughaftpflichtversicherung hinaus für Schäden aus Verschulden einen

Deckungsschutz in Höhe von mindestens 25,56 Mio. Euro – bei Personenschäden aber maximal 3,83 Mio. Euro je Person – abgeschlossen haben. Der nachgewiesene Deckungsschutz muss für die Dauer der Genehmigung aufrechterhalten werden.

14. Der jeweilige Fahrer muss ausreichende Erfahrung auf diesem Fahrzeugtyp nachweisen können, die erforderliche Fahrerlaubnis besitzen und über die Auflagen dieser Ausnahmegenehmigung unterrichtet sein.
15. Der Fahrzeughalter oder dessen Beauftragter hat die Fahrer in Abständen von 12 Monaten über ihre besondere Verpflichtung in der verkehrssicheren Führung des Fahrzeuges zu belehren. Die Belehrung ist von den Fahrern unterschriftlich zu bestätigen. Der Fahrzeughalter hat die Bestätigungen mindestens ein Jahr aufzubewahren.
16. Soweit durch den Betrieb des Fahrzeuges Schäden entstehen, hat der Halter für alle Schäden an Straßen und deren Einrichtungen sowie an Eisenbahnfahrzeugen, Eisenbahnanlagen, sonstigen Eisenbahngegenständen aufzukommen und Straßenbaulastträger, Polizei, Verkehrssicherungspflichtige und Eisenbahnunternehmer von Ersatzansprüchen Dritter, die aus diesen Schäden hergeleitet werden, freizustellen. Es können ferner keine Ansprüche daraus hergeleitet werden, dass die Straßenbeschaffenheit nicht den besonderen Anforderungen entspricht.
17. Diese Ausnahmegenehmigung und der Versicherungsnachweis sind im Original oder in beglaubigter Form während der Fahrt mitzuführen und zuständigen Personen auf Verlangen zur Prüfung auszuhändigen (§ 70 Abs. 3 a StVZO).
18. Die Fahrzeugpapiere sind der zuständigen Kfz-Zulassungs-Stelle zur Eintragung der Ausnahmegenehmigung oder eines entsprechenden Vermerks vorzulegen.

Hinweise: Bei Verstößen gegen diese Ausnahmegenehmigung ist die zuständige Genehmigungsbehörde zu benachrichtigen. Wird vorsätzlich oder grob fahrlässig ein Verkehr ohne erforderliche Erlaubnis (§ 29 StVO) durchgeführt, gegen die Nebenbestimmungen (insbesondere Bedingungen und Auflagen) dieser Ausnahmegenehmigung (§ 70 StVZO) verstoßen oder in sonstiger Weise der Halterverantwortung (§ 31 StVZO) zuwidergehandelt, muss damit gerechnet werden, dass die erteilte Ausnahmegenehmigung widerrufen wird und für einen angemessenen Zeitraum keine Ausnahmegenehmigungen mehr erteilt werden. Die sonstigen allgemeinen verkehrsrechtlichen Bestimmungen sowie die Vorschriften des Güterkraftverkehrsgesetzes bleiben durch diese Ausnahmegenehmigung unberührt.

F.
Erlaubnis/Ausnahmegenehmigung nach der Straßenverkehrsordnung:

Die nach **§ 29 Abs. 3 StVO und § 22 Abs. 1 StVO i. V. m. § 46 Abs. 1 Nr. 5 StVO** erforderliche Erlaubnis bzw. Ausnahmegenehmigung wird nach Nr. VII. 6 i. V. m. Nr. V. 4 der VwV und Nr. 29.3.3.6 der Vollzugs-Bek zu § 29 StVO stets widerruflich

bis zum 31.12.20…

Hinweis: Die Verlängerung kann schriftlich, formlos bei der genehmigenden Behörde beantragt werden.

bis zu folgenden Werten eingeschlossen:

- Breite von 3,00 m,
- Höhe von 4,00 m,
- Länge von 23 m,
- Gesamtgewicht von 41,8 t,
- Doppelachslast von 20,00 t,
- Dreifachachslast von 30,0 t,
- Vierfachachslast von 40,0 t.

Werden diese Werte überschritten, ist eine gesonderte Erlaubnis bei der unteren Verkehrsbehörde zu beantragen.

Es gelten folgende Bedingungen und Auflagen:

1. Vor Fahrtantritt ist zu prüfen,
   - ob der beabsichtigte Fahrweg für den Verkehr geeignet ist (Linienführung, Zustand und Breite der Straße und Brücken, Bahnübergänge einschl. Oberleitungen, Verkehrsbeschränkungen, Sperrungen und Umleitungen),
   - ob die in der Genehmigung festgelegten Maße und Gewichte, insbes. die Höhe eingehalten werden.
2. Diese Erlaubnis befreit nicht von der Beachtung der durch Verkehrszeichen vorgeschriebenen Verkehrsbeschränkungen.
3. Um sicherzustellen, dass die Auflagen eingehalten werden können, muss während des gesamten Transportes eine sachkundige Person anwesend sein, die Deutsch spricht.
4. Bei erheblicher Sichtbehinderung z. B. durch Nebel, Schnee oder Regen, bei Glatteis ist die Fahrt zu unterbrechen und das Fahrzeug möglichst außerhalb der Fahrbahn abzustellen und in geeigneter Weise zu sichern.

5. Die Richtlinien für die Kenntlichmachung überbreiter und überlanger Straßenfahrzeuge sowie bestimmter herausragender Ladungen vom 19.12.1973 (VkBl. 1974 S. 2, 1976 S. 477, 1983 S. 23), zul. geändert am 04.01.83 (VkBl. 1983 S. 23) und die Vorschriften zur Ladungssicherung sind zu beachten.

Genehmigungsvorbehalt:
Die eingeschlossene Erlaubnis nach § 29 Abs. 3 StVO ist nur gültig, wenn nachfolgende Haftungserklärung vom Genehmigungsinhaber/Verantwortlichen unterschrieben ist und zuständigen Personen auf Verlangen vorgezeigt werden kann.

Erklärung zur Haftung

für die Erlaubnis nach § 29 Abs. 3 StVO

Soweit durch den Betrieb des Fahrzeuges Schäden entstehen, verpflichte ich mich/verpflichten wir uns für alle Schäden an Straßen und deren Einrichtungen sowie an Eisenbahnfahrzeugen, Eisenbahnanlagen, sonstigen Eisenbahngegenständen aufzukommen und Straßenbaulastträger, Polizei, Verkehrssicherungspflichtige und Eisenbahnunternehmer von Ersatzansprüchen Dritter, die aus diesen Schäden hergeleitet werden, freizustellen. Ich verzichte/Wir verzichten ferner darauf Ansprüche daraus herzuleiten, dass die Straßenbeschaffenheit nicht den besonderen Anforderungen des Transportes entspricht.

____________________	____________________
(Genehmigungsinhaber bitte hier unterschreiben!)	Firmenstempel/Unterschrift

G.
Kosten

Für diese Ausnahmegenehmigung wird eine Gebühr von **... Euro**, für die Erlaubnis/Ausnahmegenehmigung nach § 29 Abs. 3, § 22 Abs. 1, 46 Abs. 1 Nr. 5 StVO eine Gebühr von ... **Euro** festgesetzt, die Sie als Antragsteller zu tragen haben. Die Kostenentscheidung beruht auf §§ 1, 9 und 11 des Verwaltungskostengesetzes vom 05.10.1994- BGBl. I S 2911) i. V. m. §§ 1 bis 5 der Gebührenordnung für Maßnahmen im Straßenverkehr (GebOSt), zuletzt geändert durch die Verordnung vom 18.12.2001 (BGBl I Nr. 68 S. 3622) und Nr. 255, 263 des Gebührentarifs für Maßnahmen im Straßenverkehr (GebTSt).

Anlage 3

I. Antrag:

Die oben genannte Firma beantragt gem. §§ 44, 46 und 47 StVO eine

☒ **Erlaubnis** gem. § 29 Abs. 3 StVO zur Durchführung von Großraum- und/oder Schwertransporten; die erforderliche/n Ausnahmegenehmigung/en gem. § 70 StVZO lag/en der Erlaubnisbehörde vor.

☐ **Einzel-** ☐ **Dauer-**
☐ **Ausnahmegenehmigung** gem. §§ 46 Abs. 1 Nr. 5 und 46 Abs. 1 Nr. 2 StVO zur Beförderung von Ladungen mit Überbreite, Überhöhe und/oder Überlänge und zur Benutzung von Autobahnen oder Kraftfahrstraßen

1.

Für die Zeit vom	bis einschließlich	Fahrten (Anzahl)	Konvoi	Zahl der Fahrzeuge
30.05.2011	29.08.2011		☐ ja ☐ nein	

von (Abgangsort und genaue Anschrift der Ladestelle): A-Stadt

nach (Empfangsort und genaue Anschrift der Empfangsstelle): B-Stadt

2.

Kraftfahrzeug: SZM / Dolly
Anhänger-Art: Nachläufer
Ladung: Betonfertigteile, Stahlteile

Kennzeichen	Kraftfahrzeug			Anhänger		
Gesamt-	länge	breite	höhe	Transporthöhe absenkbar auf	Gewicht (tatsächlich) 90,00 t	
Leerfahrt	22.18	2.75	3.72		Zugfahrzeug 10,5t	Anhänger 20,5t
Lastfahrt	34.00	2.75	4.00			

Die Ladung ragt nach vorn 0,0 Meter / nach hinten 0,0 m über das Fahrzeug hinaus.

Achsfolge	1. Achse	2. Achse	3. Achse	4. Achse	5. Achse	6. Achse	7. Achse	8. Achse	9. Achse	10. Achse
Achslast in t	7,50	8,50	8,50	8,50	8,50	8,50	8,00	8,00	8,00	8,00
Achsabstand in		330	135	210	149	140	165	150	150	150
Räder je Achse	2	4	4	4	4	4	4	4	4	4
Achsfolge	10. Achse	11. Achse	12. Achse	13. Achse	14. Achse	15. Achse	16. Achse	17. Achse	18. Achse	19. Achse
Achslast in t		8,00								
Achsabstand in		150								
Räder je Achse		4								

Reifen-/ Doppelreifenbreite der maximalen Achslast 40 cm Spurweite 250 Cm zwischen den Außenkanten der äußeren Räder gemessen

3.

Fahrweg/ Geltungsbereich

A-Stadt – B... – AS...- A... – AS... St.. Richtung... nach ca. 500 m.. B-Stadt Ziel

II. Erlaubnis/Ausnahmegenehmigung: Die beantragte Erlaubnis/Ausnahmegenehmigung wird stets widerruflich dem Antragsteller, der von ihm vertretenen Person bzw. dem Unternehmen wie folgt erteilt:

Nur von der Behörde auszufüllen		
1. Die aufgeführten Bedingungen und Auflagen sowie Hinweise und die beiliegende Rechtsbehelfsbelehrung sind Bestandteile dieses Bescheides. **Anlage:**	**Bescheid umfasst** **Seiten.**	
2. Fahrtweg: ☐ wie beantragt genehmigt	☐ geändert (siehe besondere Anlage)	
3. Geltungsdauer: ☐ wie beantragt	☐ von	bis einschließlich
4. Der Antragsteller hat die Kosten des Verfahrens zu tragen. Die Kostenentscheidung beruht auf den §§ 1, 2 und 4 der Gebührenordnung für Maßnahmen im Straßenverkehr (GebOSt) i.V. mit Nr. 263 und Nr. 264 des Gebührentarifs.		
Gebühren	Auslagen	Gesamtbetrag
Behörde	Datum, Unterschrift	Dienstsiegel

Erlanger Schriften zum Öffentlichen Recht

Herausgegebenvon Max-Emanuel Geis, Heinrich de Wall, Markus Krajewski,
Bernhard W. Wegener, Andreas Funke und Jan-Reinard Sieckmann

Band 1 Ingo Mehner: Privatisierung bayerischer Kreiskrankenhäuser. 2012.

Band 2 Claudius Fischer: Disziplinarrecht und Richteramt. 2012.

Band 3 Jan Schubert: Die Handelskooperation zwischen der Europäischen Union und den AKP-Staaten und deren Vereinbarkeit mit dem GATT. 2012.

Band 4 Michael Link: Open Access im Wissenschaftsbereich. 2013.

Band 5 Adolf Rebler: Die Genehmigung der Durchführung von Großraum- und Schwertransporten. 2014.

www.peterlang.com